KB266251

임대·권리금·인테리어
공사비까지 줄이는
현실적인 창업 전략

작은 가게,
돈 남기는 인테리어

임대 · 권리금 · 인테리어
공사비까지 줄이는
현실적인 창업 전략

작은 가게, 돈 남기는 인테리어

이민(인테리어 작가) 지음

카페 · 베이커리 · 주점 자영업자와 인테리어 시공업자를 위한
임대부터 실측, 설계, 디자인, 견적, 공정표, 시공, 현장 관리까지
셀프 인테리어 공사의 모든 것

푸른미디어

가게를 시작하기 전에 알았어야 할 것들

2013년 〈카페인테리어 싸게하기〉를 출간했고, 2022년에는 전작의 개정판 격인 〈작은가기 인테리어 싸게하기〉를 출간했다. 그리고 2026년, 앞서 다루지 못했던 내용과 돈사기를 추가한 개정 증보판 격인 〈작은가게, 돈 남기는 인테리어〉를 출간하기에 이르렀다.

90년대 말 국가를 대혼란에 빠지게 했던 IMF(1997년 일어난 외환위기)는 대한민국을 ㅈ영업의 혼돈의 르네상스 시대에 빠지게 만들었다. 이때 인테리어 업자들은 시ㄷ과는 정반대로 대호황을 맞이한다.

조기퇴직, 명예퇴직을 하며 두둑한 퇴직금을 받고 직장을 뛰쳐나온(사실은 쫓겨난) 사람들이 할 수 있는 일은 당시에는 치킨집, 김밥집, 국밥집, 고깃집 정도였기에 창업 경쟁은 치열했다.

건물마다 치킨집이 국밥집이 고깃집이 들어섰으니 짧게는 6개월 길어야 1년 만에 첫 창업한 많은 가게들이 문을 닫았고, 그런 가게를 또 비슷한 사람들이 인수하여 인테리어를 새로 했다.

이 무렵 동네 지물포, 철물점, 설비가게들이 가게 유리창에 종합인테리어라는 포스터를 붙이거나 아예 간판을 종합인테리어로 바꾸기 시작한다. 인테리어의 수요에 비해 공급이 턱없이 부족했기 때문에 일어난 현상이다. 인테리어 비용이나 완성도는 나중에 다시 언급하겠지만 상상은 될 것이다.

97년 IMF가 터진 이듬해인 98년 2월 대한민국 실업자 수는 170만 명으로 집계되었고 당시 실업률은 7%에 달했다. 96년의 실업률이 2%였으니 실로 엄청난 증가다. 이후로 퇴직한 사람들까지 합하면 200만 명가량이 실직을 했다는 얘기다.

그들은 다 어디로 가서 생계를 꾸렸을까?

자영업! 바야흐로 전 세계에서 가장 높은 자영업 시대가 온 것이고 이후로 생존을 위한 자영업자들의 투쟁은 대한민국을 가장 특이한 전문점들의 나라로 진화하게 된다.

어쨌든 대한민국은 4년간의 외환위기를 겪고 2001년에 위기를 탈출했다. 하지만 그 기간에 직장을 떠나온 사람들 대부분은 옛 직장으로 돌아가지 못했고 지극히 일부가 자영업으로 성공을 했고 얼마의 사람들이 유지를 했으며 그마저 못한 사람들은 방황하거나 자금이 거덜난 사람들은 막노동이라도 해야 했다.

필자도 그중 1인으로 2005년 1월에 부도가 났고 1년 동안 권토중래를 꿈꾸다가 몇 푼의 생활비에 목덜미를 잡혀 노가다 판에 시다바리 개잡부로 발을 들였다.

그 무렵 대한민국에는 카페 창업 열풍이 분다. 작업실 카페, 갤러리 카페, 브런치 카페, 디저트 카페, 베이커리 카페 등으로 진화하면서 IMF 때 급속히 늘어난 인테리어 업자들이 몇 년 호황 뒤 제살 깎아먹기를 하다가 다시 호황을 맞은 것이다.

소비자는 또다시 봉이 될 위기.

아무튼 당시에는 카페를 차리면 먹고 살 만은 했기에 고가의 인테리어 비용을 무릅쓰고도 카페 창업은 러시를 이뤘다.

2009년, 이미 늙어버린 뼈를 노가다 판에서 5년가량 다시 굳힌 필자는 카페 인테리어를 전업하자는 결심을 하고 홍보와 마케팅을 했다.

디자인, 광고, 마케팅 등에 관한 학습을 했고 창업과 부도의 경험을 바탕으로 업종별 창업 컨설팅을 겸한 인테리어 작업은 첫 창업자들에게는 많은 도움이 된 듯했다. 덕분에 필자도 신용불량자 신세이면서 두 자녀를 키우고 가르쳤다. 한 마디로 먹고 살 만했고 여차하면 신용불량자 신세를 면할 수도 있겠다 싶을 무렵 코로나 사태라는 질병 위기가 몰려왔다. 이건 '찾아왔다'가 아닌 '몰려왔다'가 옳은 표현이다. 코로나는 일회성이 아닌 해변의 파도 같은 오고 또 밀려오는 현상이어서 인류학자도, 질병학자도, 미래학자도 앞날을 예측하지 못했다.

그래도 1년쯤 지나자 사람들은 적응을 하며 살길을 찾기 시작했다.

하지만 코로나로 인한 세계적 경제 위기, 이어진 러시아와 우크라이나 전쟁, 이스라엘과 하마스 전쟁, 윤석열의 집권과 계엄 사태, 트럼프의 재집권 등으로 모든 것이 엉망이 되어버렸다.

과거 통계를 보면 경제 위기가 터지면 보통 1년 정도 시장은 움직임이 둔화되었다가 1년이 지나면 다시 투자의 움직임이 감지된다. 그런데 코로나 이후 5년 동안 너무나 많은 다양한 위기가 덮치면서 시장을, 미래를 예측하는 것이 불가능한 것처럼 보였다.

그래도 지표는 있다. 사람은 먹고 살아야 한다는, 그렇기 위해서는 생산, 경제 활동을 할 수밖에 없다는 것.

그리고 우여곡절을 겪으며 필자는 아직 인테리어 업자이고 지금도 크고 작은 브런치 카페와 베이커리 카페, 주점, 와인 바, 칵테일 바 등의 인테리어 공사를 계속하고 있으며 여러 건의 상담도 동시에 진행하고 있다.

인테리어 상담을 해오는 분들 중에는 이미 가게 임대를 완료한 상태이고 일부는 가게 자리를 물색 중인데 결정을 하지 못하고 고민하고 있는 경우도 있다. 그런데 안타까운 것은 이미 계약을 한 경우나, 계약을 앞둔 경우나 모두 건물주나 부동산 업자에게 너무 저자세로 임한다는 것이다. 이런 현상 또한 외환위기 이후 급속히 증가한 자영업 창업으로 인한 임대 상가의 부족으로 인한 것이다.

소비자는 왕이라고 했는데 유달리 건축물의 소비자는 건물주의 소작농 취급을 받는다. 가진 자와 덜 가진 자에 대한 사회적 인식 때문이기도 하겠지만 건물주와 부동산 업자의 야합에 의한 횡포가 원인이 되기도 한다.

인테리어 공사를 하면서 건물주의 횡포에 속앓이를 하는 임차인을 수없이 지켜보았다. 그런데 건물주와 세입자 관계에서 문제가 발생하면 건물주는 단지 기분

상하는 일이지만 세입자는 자존심에 심각한 상처를 받기도 할 뿐만 아니라 사업의 진행에 큰 차질을 빚을 수도 있다.

벙어리 냉가슴이란 말이 딱 어울리게 되는데 이러지도 못하고 저러지도 못하는 모습을 옆에서 지켜보고 있으면 안타깝기 그지없다.

임차인들이 마음 상하는 일을 줄일 수 있는 방법은 없을까? 하지만 임대차에 관한 전문가가 아닌 입장에서 큰 도움을 줄 수 있는 방법은 없어 보였다.

단, 있다면 타산지석을 보여주는 것…! 그래서 틈 나는 대로 필자가 목격한 사례들을 블로그를 통해 이웃들에게 전달했다. 물론 사건도 붙이고, 전문가들의 조언이나 분석도 참고로 하기도 했다.

하지만 전문가가 아니다 보니 간혹 틀린 내용, 현실적이지 않은 내용들도 있었다. 특히 권리금에 관해서는 2015년 5월 관련법이 생기고 2018년에 이어 2021년 개정을 거쳐 임차인들의 임대 기간과 권리금 등의 권익이 일부 보장될 수 있게 되었다. 임대차 관련 법에서 새로 제정된 권리금 관련해서는 따로 소개하기로 하고 인테리어를 이야기하기 전에 가게 임대차에 대한 우여곡절을 겪은 창업자들의 이야기를 먼저 시작한다.

contents

LIQUOR
BAR

CAFE
BAKERY

part 1
상가 임대, 시작의 조건

상가를 구하러 다니며 알게 된 것들

어떤 가게든 영업을 하기 위해서는 임대를 해야 한다. 카페, 라면집, 튀김집, 케이크 전문점, 옷 가게, 생과일 주스 전문점, 뜨개방, 액세서리, 안경점, 빵집, 햄버거집, 돈가스 전문점, 샌드위치 전문점 등. 고정된 장소에서 해야 하는 자영업은 장소의 임대라는 필수불가결한 조건을 갖춰야 한다.

물론 건물을 속 시원하게 매입해 버려도 되지만 그런 돈이 있다면 사업의 방향이 많이 바뀌었을 것이니 고려할 필요가 없다. 아무튼, 가게를 준비하는 데 가장 많은 시간과 노력이 들어가는 것 중 하나가 자신의 마음에 드는 장소와 준비한 사업비에 적합한 장소를 고르고 선택하는 일이다.

처음에는 돈만 있으면 되겠지 생각하고 가게 자리를 물색하는데 일주일만 지나고 나면, 가게 자리를 고른다는 것이 결코 만만한 것이 아님을 깨닫게 된다. 부동산 업자나 건물주의 말만 듣고 선뜻 계약을 한다는 것도 생각보다 어렵다 보니 친구, 가족, 친인척들까지 동원해 같이 돌아다니기도 한다.

그런데 주변 사람들의 이야기를 듣다 보면 판단은 더 어려워진다. 달라고 하는 권리금은 정말 주야 하는 것인지에 대한 판단도 어렵다. 권리금이란 기존의 가게 자리에 형성된 상권(상표가치, 고정 손님)에 대한 권리와 집기 비품을 인수하는 비용을 말하는데, 그런 것들이 뚜렷하게 없는데도 불구하고 권리금을 요구하는 경우가 상당수 있기 때문이다.

임차인(세입자)은 임대인(건물주)에게 주눅이 드는 경향이 있는데 이는 오랜 세월 집주인과 세입자의 관계가 갑과 을로, 있는 자와 없는 자의 관계로 형성되어 왔기 때문이다. 하지만 면밀히 따져 보면 임대사업을 하는 건물주는 판매자(영업)이고 세입자는 소비자이다. 자본주의 사회에서 소비자는 왕이다. 그런데 유독 장소의 소비자만이 저자세를 취하도록 사회적 분위기가 형성되어 있고 아직까지 당연시 여기는 경향이 있다.

그렇게 된 데는 다른 많은 원인이 있겠지만 가장 큰 원인은 공급과 수요의 균형이 맞지 않아 건물주와 결탁한 부동산이 과도한 횡포를 부렸기 때문이다. 건물주의 영원한 하수인인 부동산은 임대차 계약에 있어서는 겉으로는 임차인 편이지만 속마음은 항상 건물주의 편이라고 생각하면 틀림이 없다.

하지만 그들을 탓할 수도 없다. 그게 속성이니까.

악어와 악어새, 상어와 빨판상어처럼…!

"걱정하지 마."

"여기 건물주는 그럴 분이 아니야."

“내가 장담할게.”

“다 돈 벌고 나갔어.”

“자리가 얼다나 좋은데.”

“내가 책임질게.”

“나만 믿어.”

참 고맙고 감사한 말씀들이다. 외롭게 사업을 준비하는 사람에게는 위안이 되는 말들이다. 하지만, 계약서에는 절대로 기록되지 않는, 세입자가 쉽게 믿어서는 안 되는 부동산 업자가 자주 하는 말이다.

계약서 한 줄에 울고 웃었던 날

임대차 계약을 하기 위해서 건물주와 부동산 중개인과 임차 예정자 세 사람이 만난다. 이 자리에서 가장 존중받는 인물은 계약 전의 세입 예정자다. 하지만 가장 존중받아야 할 세입자(소비자)는 건물주와 부동산 중개인과의 대화에서 주도적 입장을 취하지 못하는 경우가 허다하다.

백화점에서는 물건을 구경하러 매장에 들어가면 매장 직원이 두 손을 앞으로 맞잡고 졸졸 따라다니며 친절하게 설명하고, 소비자 역시 좀 부담스러울 때도 있지만 그런 서비스가 당연하다고 여긴다. 하지만 부동산 사무실에서 건물주와 만나면 주눅이 들고 위축된 모습을 하게 되는데, 이는 오랜 세월 우리 사회의 관습처럼 되어버린 것이다.

그렇다 하더라도 임대차 계약은 사업을 시작하는 가장 중요한 부분임을 명심하고 계약 조건이 편파적이거나 당신의 마음에 들지 않는 부분이 있을 때는 구매자로서의 주장을 확실히 하고 경우에 따라서는 특기사항이나 단서 조항에 명기해 줄 것을 요구해야 한다.

임대차 계약과 관련해서는 대부분이 소비자인 세입자에게 불리한 경우가 많다. 건물주는 권위적이고 항상 한 계단 위에서 내려다보는 자세다. 세입자는 임대료를 더 낮출 수는 없을까, 아니면 좀 더 유리한 조건은 없을까 고민하며 저자세를 취한다. 심지어는 부동산 중개업자 앞에서도 자세를 낮추게 된다.

하지만 건물 주인이든, 부동산 업자 앞이든 저자세를 보일 필요가 없다고 생각한다. 도리어 요구할 것이 있으면 당당하게 요구하고, 궁금한 것은 묻고 확인할 필요가 있다. 미심쩍은 것이 있는데 설마 하고 넘어갔다가 나중에 후회하며 가슴앓이를 하는 경우를 필자는 많이 목격했다. 계약서에 도장 찍고 잔금을 치르고 나면 제갈량을 데려와도 방법이 없다.

어떤 건물주는 계약서에 도장이 찍히고 보증금이 입금되면 자신의 영토 안에서 제왕적 권위를 과시하기도 한다. 하지만 당당한 세입자 앞에서는 권위적인 건물주라도 최소한의 격식을 갖추려 한다. 건물주 입장에서는 당당한 세입자가 사업도 잘할 것이라 생각하고, 사업을 잘하는 세입자는 월세도 늦지 않게 잘 낼 것이라고 생각하기 때문에 당당한 세입자에게 좀 더 좋은 조건으로 조정해 줄 가능성이 있다.

영업허가가 나지 않는 상가가 있다?

오래된 동네, 낮은 건물의 함정

금천구 시흥동 주택가의 작은 카페 인테리어 공사 의뢰가 들어왔다. 좁은 골목이지만 서민들이 모여 사는 곳이라 유동인구가 많았고 골목 사거리 코너에 위치하고 맞은편에 대형 마트가 있다. 컨셉트만 잘 잡으면 흔한 말로 장사 좀 될 것 같은 자리였다.

건물은 지어진 지 40년 이상 되었고 2층은 건물주가 사는 주택이고 1층은 총 네 개의 상가로 나뉘어 있었다.

동네 빵집, 반찬가게, 튀김집 그리고 카페 자리.

카페 자리는 원래 생선가게였는데 맞은편에 대형 마트가 생기면서 장사가 어려워지자 가게 자리를 마트에 넘기고 이사를 갔고, 마트는 창고 겸 임시 매장으로 사용하고 있었다. 마트 입장에서는 필요 없는 공간을 생선가게의 항의 때문에 민원

소지를 없애고자 인수한 것이라 불필요한 임대료가 나가는 실정이었다.

그러던 차에 마트와 인연이 있던 카페 주인이 가게 자리를 마트로부터 전전대를 하게 되었고 카페 인테리어와 관련된 자료를 찾던 중에 내게 연락이 왔다.

하지만 필자는 전전대는 피하는 게 좋겠다, 아니면 건물주로부터 여러 가지를 확인받아야 한다고 조언을 했다. 카페 주인은 마트와 절친하고 건물주와도 확인 절차를 끝냈으니 문제 될 것이 없다고 했다.

카페 자리는 건물주와 마트가 몇 개월 전에 계약을 했고 카페 주인은 마트와 전전대 계약서를 작성해야 하는데 사업자등록증을 내고 영업 신고를 하려면 계약서에 건물주의 전전대 동의서가 첨부되어야 한다. 카페 주인은 그런 절차까지 이미 알고 준비했다고 한다. 그래서 필자는 마트와 건물주 사이의 원 임대차 계약서 사본을 확인 첨부하라고 했다.

며칠 후 계약서에 도장을 찍고 잔금까지 치렀으니 인테리어 공사를 해달라고 연락이 왔다.

주상복합 공간 / 가겟방

예전에 어렵게 살던 시절에는 가겟방이라는 것이 있었다.

필자도 초등학교 5학년 때 외할머니 댁에 얹혀 산 적이 있는데, 당시 외할머니는 가난한 동네 골목 안의 매우 작은 구멍가게를 하셨는데 3평이 될까 말까 한 작은 가겟방에서 할머니와 외삼촌 셋, 그리고 나까지 포개어 살았다.

예전에는 가게 안쪽의 쪽방에서 아이들 두세 명과 부부가 생활하는 주거공간이 같이 있는 그런 구조가 많았다. 장사하는 사람들은 당연히 그렇게 사는 것으로 여겨지기도 했다.

그 시절에는 다들 그렇게 살았던 터라 당연한 걸로 여겼지만, 지금은 소규모 상가 안쪽에 보일러를 깔거나 온돌 패널을 설치해 좌식 룸을 두고 가게 주인의 휴식 공간 내지는 창고 형태로 사용하는 경우가 있다.

영세한 자영업자들이 주거용 집과 가게를 별도로 두고 생활하기 힘든 데서 탄생한 주상복합 공간인데, 시흥동의 공간이 그런 곳으로 건설 당시 주상복합 공간으로 설계 건축된 듯하다. 등기부등본에 보면 건물 1층 총 40평 중에 24평은 상업시설로 나머지 16평은 주거시설로 등록되어 있다. 지금은 1층 상가들이 모두 방을 철거하고 매장으로 활용하고 있지만 과거에는 모두 상가 안쪽 방을 주거시설로 활용했다는 것을 의미한다.

인테리어 공사가 절반쯤 진행되었을 무렵 뜻하지 않은 사건이 발생한다.

카페 주인이 관할 구청에 영업 신고를 하러 갔는데 해당 건물에는 계약서상에 기록된 계약 평수 8평에 대한 영업허가를 내줄 만한 공간이 남아 있지 않다는 것이었다. 청천벽력과 같은 일이었다. 이미 계약을 하고 인테리어 공사까지 시작했는데 영업허가를 낼 수 없다는 것이다. 착하고 경험이 없는 카페 주인은 망연자실했고 건물주에게 따졌지만 건물주는 그럴 리가 없다고만 했다. 그의 입장에서는 그동안 임대를 해 왔지만 아무 문제 없었기 때문이다.

카페 주인이 구청의 담당자에게 확인해 보니 생선가게나 야채가게는 업종의 특성상 영업허가를 내지 않아도 되었기 때문에 그동안은 문제가 되지 않았다고 한다. 따라서 건물주도 그동안은 아무런 문제가 없는 것으로 생각한 것이다.

그럼 도대체 카페가 임대한 상업 공간은 어디로 사라진 것일까?

필자는 카페 주인에게 건축허가 도면이나 준공 도면을 건물주에게 받아내라고 했다. 만약 없다면 구청 건축과에 가면 건물주 동의하에 준공 도면 사본을 받을 수 있다고 했다. 그런데 카페 주인이 확보해온 도면에는 건물 1층 전체 평면도만 있을 뿐 네 개의 점포를 분할하고 각 점포의 주거공간을 구분할 수 있는 상세도는 없었다.

건물주가 40년 전의 건축 도면을 가지고 있기란 어려운 일이지만 구청에서 준공 도면을 보유하고 있지 않다는 것도 문제가 있다고 판단되었다. 어쩌면 건축 도면이 있는데 책임 회피를 하기 위해 없다고 할 수도 있었다. 이는 구청에 문제를 제기할 수 있는 실마리가 된다.

필자는 젊은 카페 주인에게 가겟방에 대한 개념을 설명했다.

"추정하건대 네 개의 가게가 모두 앞쪽 절반은 상가로, 안쪽 절반은 주거로 허가가 났을 텐데 세월이 지나면서 임차인들이 방을 철거해 모두 상가로 활용하게 되었을 것이다. 또 세월이 흘러 가게 주인이 바뀌는 과정에서 새로 가게를 임대한 사람과 건물주 간의 계약에 상가 6평 방 4평으로 기록되어야 할 것이 상가 10평으로 기록되고, 이 계약서를 가지고 구청에 영업 신고를 하게 되면서 상가 1호가 10평, 상가 2호가 10평을 신고하게 되자 가장 나중에 영업 신고를 하게 된 카페 자리의 상업 공간이 남아있지 않게 된 건 아닌지 확인해보라"고 조언을 했다.

예측은 적중했다. 구청에 확인해 보니 영업 신고를 낼 만한 상가 자리가 남아있지 않다던 당초 이야기와는 달리 3평 정도가 남아 있으니 그것만 가지고 영업 신고를 하라고 했다. 하지만 상업시설로 계약한 면적이 총 8평인데 3평만 허가를 내고 영업을 하게 되면 5평에 해당하는 공간은 불법으로 영업하는 셈이 되고 카페를 운영하는 기간 내내 마음속에 불편, 불안의 요소로 남을 것이 뻔했다.

구청에서도 상가 1, 2, 3호의 영업허가를 내줄 때 자세히 확인하지 않은 과실(전 임자의)을 인정하고, 해당 건물 1층의 주거공간으로 되어있는 나머지 공간을 상업 공간으로 변경 신청을 하면 변경허가를 내주기로 했다. 그렇게 되면 영업허가를 내는 데 아무런 문제가 발생하지 않게 된다.

하지만, 이번에는 건물주가 문제를 삼았다. 우선은 변경 신청을 하는 데 비용이 든다는 점과 추후에 건물을 팔 때 양도세가 발생한다는 점을 들어 변경 신청을 할 수 없다는 것이었다.

건물주 입장에서는 우려할 만한 일이기는 하지만 이기적인 생각인 것이다. 계약관계상의 문제를 따져보면 부동산 중개인이나 건물주 모두 명백한 사기 계약을 주도한 셈이 된다. 존재하지 않는 상업공간을 존재하는 것으로 계약을 했기 때문이다.

이 점을 부동산 중개인에게 항의했더니 처음에는 충분히 확인하지 않은 임차인의 잘못이라고 책임을 떠넘겼지만, 조목조목 따지며 손해배상 운운하자 건물주를 설득하는 쪽으로 방향을 바꾸었다.

만약 상업공간으로 변경 신청을 하지 않을 경우에는 계약 해지를 하게 된다. 그와 동시에 건물주의 명백한 귀책사유로 인한 계약 해지의 경우 계약금 반환 및 인테리어 공사비용, 영업손실비용 등을 건물주와 부동산 중개인이 책임져야 한다.

상업시설로 변경 신청을 하는 데 드는 비용과 계약 해지 후 손해배상을 하는 데 드는 비용을 비교한 건물주는 결국 변경 신청을 했고(구청의 압력도 작용한 듯하다), 카페는 예정보다 2주일쯤 늦게 오픈을 했다.

연말연시에 구청의 담당 부서가 이 정도로 빠른 업무처리를 자발적으로 해줬다는 것도 획기적인 사건이다. 하지만 오픈 준비에 전력을 다해도 부족했을 시간에 전혀 예상치 못한 것에 신경을 쓰느라 받은 스트레스는 이루 말할 수 없는 것이다.

허공에도 권리금이 있다

　몇 해 전, 서너 달 꾸준히 연락해 오던 예비창업자가 있었다. 카페 자리를 알아보고 다니는 중이라며 구경한 가게마다 위치 정보를 알려주고 입지 분석 및 인테리어 공사비용을 물어 왔다.

　그러던 중 마포구 신수동에 마음에 드는 가게를 발견했다며 필자에게 상권 분석을 의뢰하였는데, 홍익대 상권에서 살짝 벗어나기는 했지만 원룸이 많고 아파트도 있고 주변 음식점들도 비교적 잘 되는 편이라 긍정적인 답변을 했다. 그러나 이틀 후, 계약을 하러 갔더니 이미 다른 사람이 계약을 해버렸다며 아쉬워했다.

　다시 한 달 후에 상수역과 가까운 곳에 신축 건물을 계약할 것이라며 연락이 왔다. 20평이 넘는 규모라 월세가 좀 부담이 되지만 권리금이 없는 점이 마음에 든다며 상권은 어떤지 살펴달라고 했다. 주변에 카페들이 밀집되어 있고 퓨전 음식점들과 맛집들도 포진해 있는 데다 역세권이라 전 달에 놓친 곳보다 좋은 자리라는 생각이 들었다.

준공까지는 1개월가량이 남아있었다. 때문에 상담자는 계약을 차일피일 미뤘다. 그러다 준공 일이 임박해 오자 상담자는 부동산을 통해 계약을 하고자 했지만, 이번에는 부동산에서 계약을 미루기 시작했다. 현재 상담자 말고도 이미 임대 상담을 진행하고 있는 사람이 더 있었던 것이다.

건물은 완공되었고(공사비에 대한 압박이 사라짐), 소비자(임대자)가 줄을 섰기 때문에 부동산 중개인이나 건물주 입장에서는 서두를 필요가 없게 된 것이다. 조금만 뜸을 들이면(임차 예정자끼리 경쟁을 붙이면) 보증금과 월세를 올릴 수 있기 때문이다. 필자라도 1~2주는 기다릴 것이다. 건물주 입장에서 보면 잘만 하면 바닥 권리금이란 것도 챙길 수 있다는 전망이 보이기 때문이다.

"월세를 30만 원 더 올리자고 하더니, 이번에는 50만 원을 더 올려달라고 해서요."

결국 그분은 마음고생만 하고 그 건물을 포기하고 말았다.

모든 것은 타이밍이다.

준공 예정일을 1개월 정도 남겨두고 있는 시점에 임차인 입장에서는 계약서를 작성하기가 망설여진다. 준공이 되지 않은 건물에 계약금을 지불하는 것은 불안하기 때문이다. 반면 건물주 입장에서는 준공 1개월 전쯤이 자금 사정이 가장 어려울 때이다. 다른 말로 하면, 임차인 입장에서 임대 조건을 가장 좋게 끌고 갈 수 있는 시기이고, 임대인 입장에서는 자금 확보를 위해 좀 더 저렴한 임대 조건을 걸

시기이다. 그런데 이 시기가 지나고 나면 건물주 입장에서는 아쉬울 것이 없다.

사실 시공사나 건물주 입장에서는 준공이 되기 전에 분양이나 임대를 완료하고 싶은 욕심이 있다. 때문에 준공 전에는 다소 임차인에게 유리한 조건을 제시하는 사례가 더러 있는 편이다. 결국 좋은 기회를 놓친 셈이 되었다.

그것도 역세권에 입지도 좋고 상권도 좋은데. 상담자의 망설임 때문에 나름대로 괜찮은 것으로 판단되었던 장소 두 곳을 놓쳤다.

다시 1개월 후에 상담자로부터 연락이 왔다.

이번에는 합정동 카페골목이었다. 홍대 상권이나 합정동 카페골목의 변방을 보러 다니던 분이 느닷없이 카페골목으로 진입한 것이다. 지도를 보니 카페골목에서 딱 한 골목 비켜났지만 합정역과는 좀 더 가까운 곳으로 대형 일본식 퓨전 주류점 두세 곳이 성업 중인 곳이다.

필자가 보기엔 지도상으로 봐서는 그런대로 괜찮아 보였다. 권리금을 2,000만 원 주었다고 했다. 그런데 기존에 상가가 아닌 빌라 2층이란다. 빌라 2층을 방과 칸막이를 철거해 용도변경을 한 곳으로 10평 정도 된다고 하는데 권리금을 2,000만 원이나 주었다고 해서 갑자기 마음이 답답해졌다.

권리금은 정확히 1,900만 원을 주었다고 했다. 2,000만 원을 달라는 것을 100만 원 깎았다고 한다. 기존에 가게를 하던 자리도 아닌데 무슨 명목의 권리금이냐고 물으니 주택을 상가로 용도변경하면서 들어간 공사비용이라고 한다.

통상적으로 건물이라는 상품을 구입(임대)하는 데는 보증금, 월세라는 비용을 지불한다. 그리고 건물이라는 상품은 공사가 끝나 준공검사가 완료된 상태를 이야기한다. 준공검사가 완료되려면 상하수도 및 전기가 개통되어야 하고 창과 문이 설치되어야 한다. 그런데 창문도 철거만 해놓은 상태로 세입자가 인테리어 공사를 하면서 새로 설치 시공을 해야 한다고 했다.

그리고 이 경우에 상가로 용도변경하는 데 들어간 공사비용은 상품을 만들기 위해 들어간 비용이며 이 비용은 보증금이나 월세 등의 임대료를 책정하는 근거로 사용한다면 이해가 가는 것이지만, 별도의 공사비(권리금이라는 이름으로)를 임차인에게 떠넘기는 것은 부당한 일이다. 그런데도 상담자는(임차인, 소비자) 당연한 것으로 여기고 지불했다고 한다.

아무튼 계약을 했으니 견적을 내달라고 해서 현장 실측에 들어갔다. 주택가 좁은 골목으로 승용차가 겨우 들어가는 15m 지점인데, 다행히 맞은편에 카페 하나가 있고 같은 건물 같은 층에 골목 쪽으로 네일숍이 인테리어 공사를 끝내고 오픈 준비 중이었다.

가게는 주택 당시의 철문이 그대로이고(카페를 하려면 바꿔야 한다) 거실과 주방, 방 한 개와 화장실 등으로 구분되던 벽과 천장을 철거하고, 창문도 모두 철거한(새로 해야 한다) 상태에서 창밖에 1m 폭에 4m 길이의 방부목 테라스를 만들어 놓은 상태였다. 이 공간에는 어닝이나 고정천막을 설치해야 하는데 테이블을 놓기에는 좁은 공간이라 확장 공사를 해야 쓸모가 있다.

상가로 만들기 위한 전체 공사비를 높게 친다 하더라도 500만 원은 넘지 않을 공사로 보였다. 새로 투입되어야 할 비용은 만만치가 않았다. 다른 장소에 1,900

만 원의 권리금이면 하다못해 낡은 에스프레소 머신이나 냉장고, 제빙기, 에어컨, 삐그덕거리는 테이블과 의자 정도라도 있기 마련이다. 하지만 홍대 주변, 합정동 카페거리 주변에는 허공에 권리금을 지불한다.

상담자가 첫 번째 상담 의뢰했던 곳은 1층이고 낡은 비품이라도 있었다. 그리고 권리금도 더 저렴했고 기존에 장사를 하던 곳이었다. 하루 더 고민한다는 것이 문제가 되었다. 두 번째 의뢰해 온 곳은 신축이었으나 준공까지 1개월이 필요했지만 권리금은 없었고 시세보다 저렴했다. 그런데 망설이다 또 시기를 놓쳤다.

그리고 이제 장고 끝에 악수를 둔다고 허공에 권리금 1,900만 원을 걸고 건물 앞에 와서도 카페가 보이지 않는 빌라 건물 2층을 계약했다. 간판을 걸 곳도 없다. 하지만 주변 상권기 좋은 편이라 인테리어를 특징 있게 하고 운영을 잘하면 되겠지라고 생각한 듯했다.

상담자는 카페를 운영해 본 경험이 한 번도 없다고 한다. 인테리어 디자인 컨셉트에 대해서도 알아서 해 주셔야죠 하신다.

"하면 되지 않겠어요?" 하는데, 용기는 가상하다는 생각을 해 본다.

그 용기로 첫 번째든, 두 번째 가게를 계약했더라면 하는 아쉬움을 안고 인테리어 공사를 포기했다. 여러 가지 정황상 주변의 카페들과 경쟁할 만한 특징 있는 카페를 만들 자신이 없었기 때문이다.

타이밍도 중요하지만 인연도 중요하다. 가장 중요한 것은 치밀한 준비 정신이 아닌가 싶다. 준비가 되어있지 않으면 타이밍을 맞추기 힘들고 타이밍이 맞지 않으면 좋은 인연도 맺기 힘들다는 생각이 든다.

권리금에 마음이 무너졌던 이야기

직장인 여성이 회사를 그만두고 합정동 카페골목에 컵케이크 전문점을 내겠다며 인테리어 상담을 요청해 왔다. 30대 초반의 초보 주부로 직장 생활을 하고 있는데 컵케이크 전문점을 창업하면서 직장 생활을 접고 사업가의 길을 가고자 하는 다소 험난한 선택을 하신 분이다.

오후 다섯 시, 하루 일정을 끝내고 합정동 현장에 찾아가니 핸섬한 남편과 네 살쯤 되어 보이는 귀여운 아이와 함께 임대한 한창 증축 공사 중인 건물 앞에서 나를 기다리고 있었다.

"원래 이 건물은 단독주택이었는데 증개축을 하면서 상가로 용도변경했대요."

"저희가 임대한 곳은 저 아래 반지하로 10평 정도 되는데 11월 초에 준공검사를 받아야 한답니다."

"그때까지 준공에 필요한 화장실, 창과 문, 기본 조명 공사 등을 끝내달래요."

이처럼 의뢰인은 건물주와 부동산 중개인에게서 들은 이야기를 필자에게 들려준다.

앞에서도 언급했지만 상가 임대에 있어 임대 상품이란 준공검사가 끝난 상태의 공간을 말하는데 세입자에게 준공과 관련한 공사를 그 기간 안에 끝내라고 했다고 한다.

말문이 막혔다. 필자의 눈앞에 서있는 건물은 헤밍웨이의 소설 〈노인과 바다〉에서 노인이 사투를 벌이고 잡아 올린 초대형 생선을 항구까지 끌고 왔을 때 남은 생선 뼈다귀 같은 모습을 하고 있었다. 증축을 하기 위해서 H빔과 굵은 각 파이프와 원형 파이프가 높게 솟아 있었고, 상가로 용도변경하기 위해 반지하와 1, 2층의 창과 문과 벽을 모두 헐고 뜯어내어 앙상한 뼈대만 남아 있었던 것이다.

첫날은 실측을 한 후에 준공을 위해 당장 시공해야 할 부분에 대한 얘기를 듣고 차후 컵케이크 전문점에 걸맞는 인테리어 디자인에 대한 의논을 하기로 했다.

임대를 했으면 세입자가 원하는 인테리어 디자인을 고민하고 설계를 하고 시공을 해야 하는데, 준공 날짜가 임박했으니 우선은 거기에 맞춰 공사를 한 후 준공이 난 후에야 원하는 인테리어 공사를 진행할 수 있다는 것이었다. 준공 예정일까지는 약 10일 정도가 남았다.

실측을 하고 창과 문을, 화장실을, 기본 전기 공사를 어떻게 할 것인지 의논을 하고 철수했다.

그리고 다음 날, 필자는 아무리 생각해도 모든 정황이 앞뒤가 맞지 않는 것 같아 다시 현장을 방문했다. 여전히 아마존의 식인 물고기 피라냐가 잘 발라먹어 뼈만 남은 초대형 생선 같은 모습의 건물은 아무리 봐도 10일 후에 준공검사를 받을 수 있는 모습이 아니었다. 1층과 2층, 증축 중인 3층과 4층의 공사 진행 상황을 볼 때는 부지런히 서두른다 해도 1개월 이상의 공사 기간이 필요해 보였다. 계단도, 엘리베이터도 놓여있지 않았고 상하수도 배관도, 전기의 배관 배선도 전혀 이뤄지지 않았으며 심지어는 4층의 지붕도 올려지지 않은 상태였다.

다음 날 상담자 그녀를 다시 만났다.

"원래 창과 문, 화장실, 기본 조명은 건물주가 해주는 것입니다."

"원래 준공검사가 완료된 가게를 임대하는 것입니다. 물론 그 전에 가계약은 할 수가 있죠."

"그런데 제가 보기에는 건물주가 서둘러 공사를 한다고 해도 11월 초가 아니라 빨라야 11월 말, 아니면 12월이 되어야 준공이 날 것 같습니다."

"공사 진행된 상태로 보나, 현재 공사 작업 중인 사람들의 수나 공사 내용으로 볼 때, 이 건물은 정상적으로 공사가 진행되고 있다고 볼 수가 없습니다."

"한 마디로 공사가 잠정 중단된 상태로 보입니다."

"확인하시고 다시 연락 주세요."

10일 후 준공검사를 받겠다는 공사 현장에는 잡역부 3명만이 현장 정리, 청소 등을 하고 있었다. 한 마디로 공사를 하고 있는 모습이 아니었다. 현장에 쌓여있는 자재들의 관리 상태로 보아 현장에 반입된 지는 오래 되었거나 시공 지연으로 비와 먼지에 오염된 채 방치되고 있었다. 자금 회전에 어려움을 겪는 공사 현장의 전형적인 모습이었다.

“계약은 하셨어요?”

“네 했어요. 권리금도 50%는 벌써 주었는걸요.”

“…?”

필자는 말문을 잃었다. 참, 그분께 이 글을 써도 좋다는 허락을 받았다. 창업을 준비하는 다른 분들에게 타산지석이 되었으면 좋겠다는 뜻으로.

우리는 모두 총명하다. 그런데 당한다. 너무 믿거나 아니면 모르기 때문이다.

믿는 것은 죄가 아니다. 모르는 것도 죄가 아니다. 하지만 결과는 그 어떤 형벌보다 무서울 때가 있다.

절친한 부동산 중개인은 누구인가?

11월 초 준공검사를 받는다던 건물은 11월 말이 되어서도 전혀 변화가 없었다. 반지하의 상가는 층 세 칸으로 구분되어 임대가 되었다고 하는데 맨 우측의 옷 가게는 계약을 취소해버렸다고 했으며, 가운데 들어올 편의점은 인테리어 공사를 맡은 업체 직원이 공사를 준비하고 있다며 부산하게 움직였다.

1층에 들어올 프랜차이즈 카페의 인테리어 공사와 함께 편의점 공사를 맡았다는 인테리어 업체는 12월 말 안에 준공이 나면 그나마 다행이라며, 자신들은 계약관계가 확실하기 때문에 준공검사에 지장이 없는 범위 내에서 편의점과 프랜차이즈 카페 인테리어 공사를 진행할 계획이라고 했다.

필자에게 인테리어 공사를 의뢰한 컵케이크 전문점 예비창업자는 여전히 부동산 중개인의 “12월 초 준공 예정이니 걱정하지 말라”는 말에 따라 기다렸다가 준공검사가 끝난 후에 인테리어 공사를 시작하자는 긍정적인 이야기를 하고 있었다. 준공검사에 필요한 공사(처음에는 세입자에게 하라고 했던)는 건물주가 해주기로 했다며 다행이라고 기뻐했다.

11월 말일 드디어 엘리베이터 공사가 시작되었다.

"공사비가 부족하다고 남은 권리금 50%를 마저 달라고 해서 입금했어요."

그랬다. 부동산 업자에게 준공 일정이 왜 자꾸 늦어지냐고 채근을 했더니 큰 문제는 없는데 공사를 현금으로(은행 대출 없이) 하다 보니 조금 어려움이 있다며, 어차피 지불할 돈이니 건물주에게 도움이 되게(공사를 빨리 끝내 준공 일자를 당길 수 있도록) 남은 권리금을 마저 달라고 했다는 것이다.

"입금하시기 전에 제게 물어보시지 그러셨어요…."

부동산 업자는 12월 15일 준공을 예고했으나 엘리베이터 시공자들에게 물어보니 엘리베이터 설치공사에 걸리는 기간이 빨라야 15일 늦어지면 20일 이상 걸린다고 했다. 그렇다면 대략 계산했을 때 12월 20일에서 25일쯤이면 준공검사를 받을 수 있겠다는 판단이 섰다. 물론 아무 탈 없이 일이 진행된다는 전제하에.

"만약 연말에 준공이 난다면, 1월 초부터 인테리어 공사를 시작하시고 컵케이크 전문점 오픈은 졸업 시즌에 맞춰 하시는 것이 좋겠네요!"

그러나 연말 크리스마스트리의 불빛이 바래도록 준공검사에 대한 소식은 없었다. 겨울철에는 공사가 더디기 마련이다. 특히 연말연시 분위기에는 더욱 그렇다. 날이 춥고 눈비가 내리면 작업효율이 50% 이상 떨어진다. 날씨 좋던 가을철을 그냥 보낸 공사 현장이 겨울에 잘 진행되길 바라는 것이 무리다.

1월 초에 다시 현장에 가봤다. 그리고 그녀에게 전화를 했다.

"공사 진행 상태로 봐서 1월 중순이 지나야 준공검사가 가능하겠네요. 그것도 순조롭게 진행되었을 때 이야기고, 그동안 진행된 결과로 볼 때는 1월 말도 힘들겠다는 생각이 듭니다. 부동산 중개인에게 심각하게 따지셔야 할 것 같아요."

1주일 후에 연락이 왔다.

"저희 계약 취소했어요. 그 건물은 안될 것 같아요."

"계약금은 돌려받으셨어요?"

"네, 계약금은 돌려받았어요."

"권리금은요? 3,500만 원 돌려받으셨어요?"

"네. 다 돌려받았어요."

"보통 권리금은 반환해 주지 않는데 주던가요?"

"네…. 염려 마세요."

"그리고, 저 너므 힘들어서 좀 쉬었다가 5월쯤 다시 시작할까 해요."

힘이 들 만도 했다.

10월 초에 계약을 하고 11월 초면 인테리어 공사를 하고 11월 중순이면 오픈할 수 있다는 계획이 무너졌다. 뿐만 아니라 1,750만 원의 권리금을 주고 전전긍긍하다가, 공사를 서두르겠다는 말에 나머지 권리금 1,750만 원을 또 넘겨주었다.

그런데 이때까지 그녀가 필자에게 이야기하지 않은 중요한 내용이 하나 더 있었다. 권리금 3,500만 원을 줄 때까지 본 계약서를 작성하지 않았다는 점이다. 너무나 잘 아는, 너무나 친한 부동산 중개인의 소개인지라 너무나 확실한, 믿을 수 있는 사람인지라 계약서 작성도 하지 않은 상태에서 권리금을 모두 넘겨버린 것이다. 그러니 그 누구에게 하소연도 못하고 가슴앓이는 또 얼마나 했겠는가.

필자는 그녀 말대로 계약금과 권리금 모두 돌려받고(언감생심 위약금은 생각도 안 했다), 추운 겨울을 나고 날이 풀리면 다시 가게를 알아보고 좋은 자리 만나 계약하고 연락 주기를 바랐다.

"많이 기다리고 애써주셨는데 죄송해요. 나중에 식사 대접할게요."

"일도 못했는데 식사는 무슨…. 아무튼 5월에 연락 주세요."

그녀가 다 돌려받았다니 그러려니 했지만, 계약서도 작성하지 않고 권리금부터 받아간 부동산 중개인을 믿을 수가 없었다. 그렇다고 그녀에게 정말 다 돌려받았냐고 따지듯 캐물을 수도 없었다.

5월이 오길 기다릴 뿐.

건물주와 직접 계약해야 하는 이유

대한민국 카페 1번가 홍대 주변, 합정동 카페거리에서 카페를, 베이커리를, 컵케이크 전문점을, 옷 가게를 해보겠다는 것이 지나친 욕심일까?

경우에 따라서는 지나친 욕심일 수 있다. 하지만 그곳에 자리 잡기만 하면 왠지 모든 일이 잘 풀릴 것만 같은 예감이 든다. 그래서 임대료가 좀 비싸더라도, 인테리어 공사비용이 좀 많이 들어도 홍대 주변, 합정동 카페거리, 경의선 철길공원, 망원동, 신사동 가로수길, 대학로 등의 이름난 상권에 입성하고 싶어 한다. 이렇듯 소비자의 경쟁이 치열해지면 공급자가 우월적 지위를 갖는 것은 어찌 보면 당연한 일이다.

임대와 관련해서 공급자는 건물주(임대인)지만 건물주와 소비자(임차인) 사이에 부동산 중개인이 버티고 있다. 여기서 구성관계를 일반 소비재에 대비시키면 건물주는 생산자이고 부동산 중개인은 유통업체다. 따라서 생산자인 건물주는 소비자인 임차인과 거리가 있다. 다시 말하면 소비자인 임차인이 가게 임대를 하기 위해 가장 먼저 만나고 가장 자주 만나는 사람은 유통업체인 부동산 중개인이 되는 것이다.

그런데 일반 소비재와는 달리 임대료에는 정가라는 개념이 없다. 부동산 중개인이 제시하는 시세라는 잣대만이 존재한다. 문제는 이 시세라는 것이 객관적이지 못한 경우가 다반사이고, 소비자인 임차인이 수집한 정보로는 판단을 하기가 매우 어렵다는 점이다.

한편 아이러니하게도 생산자(건물주)와 유통업체(부동산 중개인) 사이에 또 다른 생산자가 있다. 이는 다름 아닌 기존의 세입자(임차인, 소비자)다. 기존의 세입자가 생산자가 되는 것은 상가 임대차 거래에 있어서 한국에만 존재한다는(다른 나라에도 있는지 확인하지는 않았다) 권리금 때문이다. 권리금의 생산자는 건물주와는 전혀 상관없는 기존의 세입자다.

결국 소비자가 임대한 건축물에 집기 비품, 인테리어 공사의 투자비와 상권 형성을 위해 들어간 광고 및 마케팅 비용 같은 무형의 자산을 권리금이라는 명목으로 후속 세입자에게 요구하게 된다.

이는 소비자였던 기존의 세입자가 임대인(생산자 또는 유통업체)의 입장이 되어 동등한 신분인 제3의 세입자에게 공증할 수 없는 불확실한 상품을 판매하는 것이다. 여기에 1차적 공급자인 건물주와 유통업체인 부동산 중개인이 교묘하게 끼어들어 상품(건축물)의 공급가를 부풀리는 행위를 하게 된다. 재주는 곰이 부리고 이득은 뭐가 챙기는 꼴이 되는 것이다.

그러나 다행히도 부동산은 일반 공산품이나 소비재의 유통과는 달리 계약서라는 법적 효력이 강력한 요식행위를 필수적으로 치러야 한다. 그리고 이 행위를 하는 데는 유통자인 부동산 중개인이 아니라 건물주나 건물주의 법적 대리인을 통해서 하게 된다.

간혹 부동산 중개인이 건물주의 법적 대리인임을 주장하고 대리 행사를 하려 하는데, 이때는 필히 건물주가 발행한 위임장을 받고 가능한 한 전화를 통해서라도 건물주 측에 확인을 해야 한다.

위임장의 도장도 인감도장인지 확인하고, 건물주의 인감증명서 또는 최소한 신분증 사본 정도는 첨부되어야 한다. 하지만 역시 건물주와 직접 계약하는 것이 최선이다.

권리금을 아까워하지 않게 된 이유

"인테리어 비용 좀 들면 어때?"

"주변의 경쟁업체와 싸우려면 경쟁력을 갖춰야 하지 않겠어?"

"이런 정도는 능력이 된다면 감수해도 좋다. 열심히 해서 벌면 되고 권리금이야 나도 그만두거나 다른 곳으로 옮길 때 새로운 세입자에게 두둑이 받아내면 되지!"

하지만 5년 후에 권리금을 얼마나 받을 수 있을 것인지, 경기 상황도 면밀히 검토해야 한다.

조금만 논리적으로 생각해 보자. 당신이 지불한 권리금에 집기 비품이나 인테리어 공사(시설권리)가 포함되어 있다면 그것들은 5년 후에 감가상각하고 나면 얼마나 인정될까?

고민할 것도 없이 5년 후의 기존 시설권리는 절반 이하로 추락하게 된다. 2년 된 중고차를 사서 당신이 5년을 더 신나게 타고 다시 판다고 생각하면 간단하다. 권리금에 대해서는 건물주나 부동산 중개인은 결코 객관적인 정보를 주지 않는다. 제공한 정보에 대한 책임도 지지 않는다. 결국 결과에 관한 책임은 본인이 지는 것이기 때문에 모든 것은 스스로 자료 조사하고 분석하고 판단해야 한다. 부동산 중개인이 말하는 주변 시세라는 것은 그냥 참고만 하면 된다.

앞에서 소개한 합정동의 컵케이크 전문점 임대차 거래의 경우 부동산 중개인의 말만 믿고 준공검사도 끝나지 않은 건물, 문짝도 창문도 없는, 전기공사도 화장실 공사도 되어있지 않은 가게에 권리금 3,500만 원을 선 지불했다.

5개월 후. 그녀로부터 연락이 왔다. 드디어 다시 임대를 하고 준비가 끝났으니 인테리어 공사를 해달라는 것이다. 장소는 합정동 카페거리에서 한참 먼 성산동 200번지로 바뀌었다.

난 5개월 만에 다시 물었다.

"합정동에서 계약 해지할 때 정말 권리금 반환받으셨어요?"

"변호사가 그러는데 받을 확률이 80%는 된대요."

수척해진 그녀를 보며 지난 5개월이 한눈에 보이는 듯했다. 그녀는 그때까지 단 한 푼도 돌려받지 못했던 것이다.

법은 약자 편이 아니다.

법은 간혹 똑똑한 약자 편이 되어 준다.

법은 간혹 부지런한 약자 편이 되어 준다.

법은 간혹 준비하는 약자 편이 되어 준다.

법은 간혹 치밀한 약자 편이 되어 준다.

결국, 약자는 치밀하게 준비하는 똑똑하고 부지런한 사람이 되어야 한다. 이 정도가 되면 법이 필요가 없게 되고 법이 필요 없는 약자에게 법은 편이 되어 준다.

법 이야기가 나왔으니 권리금 관련 법의 내용을 알아보자.

상가건물 임대차보호법 제10조의4 제1항은 "임대인은 임대차기간이 끝나기 6개월 전부터 임대차 종료 시까지 다음 각 호의 어느 하나에 해당하는 행위를 함으로써 권리금 계약에 따라 임차인이 주선한 신규 임차인이 되려는 자로부터 권리금을 지급받는 것을 방해하여서는 아니 된다"라고 규정하면서, 상가 임대차법 제10조의3 내지 제10조의7에서도 임차인이 상가건물에 투자한 비용이나 영업활동으로 형성한 지명도나 신용 등 경제적 이익이 임대인에 의해 부당하게 침해되는 것을 방지하기 위한 것으로서, 임차인이 그러한 경제적 이익을 자신이 주선한 신규 임차인 예정자로부터 권리금 형태로 회수할 수 있도록 하고 임대인이 정당한 사유 없이 이를 방해하는 경우 손해배상책임을 지도록 하고 있다.

한편 2018년 10월 상가임대차보호법 개정 시 임차인의 갱신권을 10년으로 늘리고 재계약 시 인상률도 5% 이내로 묶어서 임차인이 한 곳에서 10년간 장사할 수 있도록 했으며, 2021년 9월에는 코로나19 등 정부의 방역 조치로 폐업한 자영업자에게 상가 임대차 계약을 중도에 해지할 수 있는 해지권을 부여한 상가임대차보호법 일부 개정안이 통과되었다는 점도 참고하면 될 것이다.

　법은 워낙 복잡해서 조항에 따라 해석이 달라지겠지만 중요한 것은 세입자가 권리금을 받을 권리가 법으로 확정되었다는 것만은 매우 의미 있는 변화다. 뿐만 아니라 2년에서 5년으로 또 10년까지 보장받게 된 임대 기간 또한 획기적인 변화이며, 방역 조치로 인한 폐업의 경우는 세입자가 중도에 계약을 해지할 수 있는 권한도 생겼다. 하지만 상황과 여건에 따라 법 해석이 달리 적용될 수 있으므로 더 자세한 것은 전문가와 상담하시기 바란다.

신축 건물은 유리한 계약 조건이 많다

　임대차 계약과 관련해서는 아무리 반복해서 강조해도 지나치지 않다는 생각이다. 소자본 창업 준비자들은 창업을 위해 하루 이틀 준비한 것이 아님에도 불구하고 막상 사업자금이 준비되고 창업을 진행하다 보면 의외로 많은 분들이 상가 임대라는 첫 번째 항목에서 헛발을 딛고 가슴을 치는 것을 종종 볼 수 있다.

　앞에서 예로 든 사례들이 그런 경우이고 그들 또한 재차 확인하고 확인했지만 결과적으로는 작든 크든 상처를 받고 사업을 시작했다. 다행히도 이들 중 대부분은 어려운 과정을 잘 이겨냈다. 하지만 필자가 모르는 많은 사람들 중에는 임대라는 첫 단추를 잘못 꿰었다가 짧게는 5~6개월에서 길게는 1년 동안 심한 고생만 하고 사업을 접는 비운을 맛본다.

　"돌다리도 두드려보고 건너라"는 격언은 괜히 있는 것이 아닌 듯싶다.

2014년 첫 인연을 맺고 진행한 카페 창업 컨설팅의 사례를 소개한다.

경기도 광주시 오포읍에 신축 건물을 임대하고자 한다는 예비창업자가 처음 연락을 해온 것은 6월 초였다. 그는 필자에게 내가 편한 시간에 내가 있는 곳으로 와서 조언을 듣고 싶다고 했다. 그의 말에 의하면 건물은 신축 공사 중이고 9월 말경 준공 예정이었다.

그렇다 하더라도 건물을 보고 주변 상권을 보고 상가의 형태를 봐야 이야기를 나눌 수 있을 것 같아서 시간을 내서 현장으로 찾아갔다. 건물은 분당과 광주시 오포읍 간의 주 도로에서 골프장과 안쪽 마을이 있는 진입로의 병목 지점에 위치했다. 진입로를 따라 상권이 형성 중에 있으며 그 건물이 완공되면 인근 상권도 틀을 갖추게 되는 교묘한 위치였다.

그렇다고 그 자리에 카페를 오픈해서 장사가 잘 된다는 보장은 없다. 하지만 예비창업자는 상권에 크게 연연하지 않았다. 창업 초기에는 로스팅을 하고 원두 유통에 전념하면서 장기간에 걸쳐 단골을 확보한다는 계획이었다.

조급해 하거나 서두를 때 단추를 잘못 꿸 확률이 높다. 반면 이번 상담자처럼 아직 공사 중인 건물, 3개월 후에나 준공이 나고 그 후에나 입주가 가능한 건물인 데다 상권에 연연하지 않는 자기 중심적 사업계획 등이 확고한 경우에는 성공 확률이 높아진다.

필자는 마케팅 전문가가 아니기 때문에 더 이상 깊이 있는 얘기를 하기는 어렵지만 준비가 잘되어야 성공 확률이 높다는 것은 누구나 아는 사실이고, 이번 상담자는 그 과정을 비교적 탄탄히 해온 것으로 보인다.

　건물은 마지막 층의 골조 작업이 진행되고 있었으며 7월 중순이면 창호(창과 문) 공사가 진행되고 천장과 바닥 공사도 이어서 진행될 전망이었다. 그 과정에서 전기공사와 페인트 공사 등이 병행되거나 후속으로 진행될 예정이었는데 1층은 4개의 상가로 나뉘어 설계되어 있었다.

　상담자는 상가 한 칸으로는 좁을 것 같아 2칸을 가계약했고 필자와 상담 후 긍정적인 판단이 들면 본계약을 진행할 예정이라며, 계약 전에 주의해야 하거나 건물주에게 요구 또는 부탁할 수 있는 것이 어떤 것들이 있는지를 물어왔다.

　일반적으로 주상복합 상가는 상가 1세대당 전기는 5kw가 배당되는데 상가 2개를 임대하는 것이니 합치면 10kw를 배당받을 것이다. 하지만 통상적으로 카페에 필요한 전력은 최소한 12~15kw 정도이니 추후에 증설이라는 과정을 통해 추가 비용이 발생하게 된다. 그러나 건물이 공사 중이고 아직 전기공사는 하지도 않았기 때문에 조기 계약을 조건으로 기본으로 할당받는 전기를 1칸당 7~8kw 정도로 해달라고 요청해서 그것이 관철되면 추후에 발생할 비용을 줄일 수 있다며 시도해 보라고 했다.

　이야기를 꺼내거나 의견을 제시하는 것은 얼마든지 가능하다. 다만 방법을 알고 있지 못하기 때문에 시도하지 못하거나 불확실하기 때문에 주저하다가 기회를 놓치게 된다. 이번 상담자도 과연 그런 요구가 가능하겠냐고 되묻는다.

　"이야기는 해 보세요. 건물에 들어오는 전기는 항상 여유가 있습니다. 안 된다면 할 수 없는 일이지만, 가능한 일이라는 것을 알면서도 말도 꺼내보지 않고 포기하는 것은 어리석은 일입니다."

요즘 유행하는 말로 "아니면 말고"요.

상가 건물주들이 1층에 임대를 내주고 싶어 선호하는 세입자가 있고 선호하는 업종이 있는 듯하다. 다음의 분석은 정확한 데이터에 의해 산출된 것은 아니지만 그동안 필자의 공사 경험을 통해 알고 있는 개인적인 판단이다.

선호하는 세입자는 젊은 사람이다. 그보다 더 선호하는 사람은 젊은 여성이다. 선호하는 업종은 인테리어를 예쁘게 또는 멋있게 하는 업종인데 그중에 카페나 베이커리, 의류매장 등을 선호한다. 건물주는 사회 경험이 많지 않은 젊은 세입자, 특히 젊은 여성 세입자는 다루기 편하다는 생각을 하는 듯하다.

또 자신의 건물에 젊고 세련된 사람들이 입주하기를 원한다. 업종으로는 소음이 심하거나 냄새가 많이 나는 업종은 피하고 싶어한다. 뿐만 아니라 건물이 지저분해 보이거나 누추해 보일 소지가 있는 업종 또한 꺼려하는 경향이 있다. 간판을 덕지덕지 설치하는 업종도 싫어한다.

반면 세련된 인테리어를 하고 고급스런 쇼윈도를 설치하는 업종은 환영한다. 여성 의류매장(할인매장 말고), 카페, 베이커리 등이 건물주가 선호하는 업종에 들어가며 그중 카페를 가장 선호하는 듯하다. 특히 카페나 베이커리가 건물 1층에 들어가면 낡은 건물도 살아나고 부동산 가치도 상승하는 경우까지 있다.

다시 본론으로 들어가보자.

우리는 지금 건물주들이 선호하는 업종을 선택했으며 따라서 은연중에 임대차 계약에 있어서 비록 임차인이지만 다른 업종의 임차인보다는 매우 유리한 조건이라는 것을 생각하자. 건물주는 자신이 원하는 업종과 선호하는 세입자가 들어온다면 기꺼이 뭔가를 더 줄 용의가 있다. 그러니 건물주에게 당당히 다음과 같이 말해보자.

"당신이 이제 막 새로 지은 건물 1층에 소음이 심하고 기름때가 흐르는 업종이 들어오면 좋겠어요?"

"떡볶이나 튀김을 파는 분식집이나 치킨집 같은 냄새가 많이 나는 업종이 들어오는 게 좋겠어요?"

"세입자가 적지 않은 돈을 투자해 건물을 고급스럽고 품격 있게 보이도록 인테리어를 할 카페가 들어오는 게 좋겠지요?"

경기도 광주시 오포의 상담자는 상가 1칸당 7kw를 기본으로 배당받기로 했다. 합치면 14kw이니 카페를 운영하는 데 전혀 부족함이 없는 전력량이다. 현금으로 치면 대략 80만 원 정도의 증설비용을 아낀 셈이다. 그저 말 한마디를 했을 뿐이다. 물론 신축 공사 중이기 때문에 가능한 일이었다.

상담자는 자금 계획상 연말이나 되어서 카페를 오픈할 계획으로 가게 자리를 알아보는 중이었는데, 신축 건물이라 권리금이 없는 데다 위치도 좋은 편이라는 판단이 들어서 내게 상담을 요청해 왔던 것이다.

하지만 자금 계획이 앞으로 당겨지지 않으면 건물이 준공검사가 나고도 1개월이나 2개월 동안 오픈을 하지 못한 상태에서 임대료와 관리비를 지불해야 하는 문제가 남아있다.

"2개월 동안 임대료가 나가는 것은 다른 곳에서 만회하면 되지 않을까요? 그리고 그 2개월을 권리금을 만드는 기간이라고 생각하면 두 달치 임대료는 별로 아깝지 않을 듯한데요."

우리의 젊은 상담자는 넓은 전면 윈도우를 폴딩도어로 설치하고 싶어 했다.

"건물주에게 추가 공사비를 지불할 테니 설계 변경해서 폴딩도어로 설치해 달라고 하세요."

"그게 가능한가요?"

"어차피 창과 문을 설치해야 준공이 납니다. 그런데 지금 설계대로 시공하면 상담자가 원하는 디자인이 아니기 때문에 인테리어 공사할 때 철거하고 다시 시공해야 합니다. 그렇게 되면 철거비가 들어가고 상담자가 원하는 폴딩도어 제작 및 설치비가 별도로 들어가게 됩니다. 하지만 건축 공사 중에 창호 부분만 폴딩도어로 설계 변경을 하고 추가비용을 세입자가 부담하기로 한다면 건물주는 반대할 이유가 없습니다. 그리고 임차인은 철거비용 외에도 추후 시공하게 될 폴딩도어 설치 비용의 1/3 정도는 아낄 수 있게 됩니다."

전기 용량 할당 문제는 해결했고 폴딩도어로 설계 변경하는 문제가 해결되면 두 달치 임대료보다 많은 돈이 아껴진다. 천장은 노출로 하고 싶어 했으니 이 또한 설계 변경을 통해 천장 공사를 하지 말라고 했고, 따라서 추후에 들어갈 철거비용이 또 절약되었다. 다 합치면 몇 백만 원의 돈이다.

건물주 입장에서도 천장 공사를 하지 않아 공사비용이 절감되었고, 단순한 통유리창이던 1층의 윈도우가 추가비용이 한 푼도 들어가지 않고 폴딩도어로 변경되었으니 더없이 좋은 일이다.

여기까지 오는 데는 예비창업자의 치밀한 사전 준비와 자료 조사가 있었다. 이런 과정을 통해서 추후에 발생할 비용을 미리 절감했을 뿐만 아니라 권리금이라는 무형의 자산이 형성되는 기틀을 마련하게 되었다.

누군가는 거액의 권리금을 주고 계약을 하지만 권리금을 주고 확보한 시설을 철거비를 지불하며 뜯어내는 손해를 감수해야 하고 누군가는 계약 전부터 권리금이라는 무형의 자산을 확보하며 추후에 들어갈 인테리어 공사비용까지 절감시킨다.

이 이야기는 돈에 대한 이야기가 아니다. 좀 더 지혜롭게 준비함으로써 당신이 가고자 하는 목표지점에 좀 더 순조롭고 좀 더 홍겹게 가고자 하는 것에 대한 이야기다. 값싸고 좋은 옷을 골라 첫 단추를 잘 꿰자는 이야기다.

당신은 어떤 누군가가 되고 싶은가?

뒷장의 시공 사례에서 다시 다룰 얘기지만 2021년 11월 역삼동의 신축 건물을 계약한 와인바 사장님은 건물주로부터 700만 원의 인테리어 비용을 지원받았는데 사실 이는 누이 좋고 매부 좋고였다. 건물주는 신축을 하는 과정에서 천장과 벽과 바닥의 마감공사를 하지 않았다. 조명 공사도 최소한으로 했다. 준공검사에 필요한 조건만 갖춰 준공을 받고 임대한 후에 임차인에게 마감공사 비용으로 책정한 공사비를 지원한 것이다. 물론 당초 마감공사비보다는 적게 책정되었을 것이지만 세입자로서는 상상도 하지 않고 있었던 것이라 로또를 맞은 것과 같은 기분이었을 것이다.

임대는 결국, 말하는 사람이 유리하다

앞서 이야기한 경기도 오포의 예비창업자는 당시 커피 유통 업체 종사자였으며 오랫동안 준비를 해 왔다. 비교적 꼼꼼하고 치밀한 성품으로 사소한 것도 메모하고 체크하는 습관이 있는 듯하다. 이는 매우 바람직한 습관이라고 볼 수 있다.

전력량 배분에 관한 요구와 설계 변경을 통한 인테리어 비용 절감 같은 내용은 필자가 상담을 통해서 알려준 것이기는 하지만, 만약 그가 적극적으로 조사하고 준비하고 문의하지 않았다면 그는 2개월 후에 누구나 그렇듯 전기 승압 비용과 폴딩도어 설치비용 및 철거비용을 고스란히 지불해야 했을 것이다.

이는 기존 건축 방식과 인테리어 현장의 관행과 같은 것이라 잘못된 것인 줄을 알면서도 다들 당연한 것으로 여긴다. 하지만 이 글을 읽는 여러분만은 그런 관행을 당연한 것으로 여기지 말았으면 좋겠다. 전국적으로 이뤄지는 그런 관행 때문에 국가적으로도 막대한 손실을 입고 있다.

오포의 경우와 같은 비슷한 경우가 또 있었다. 어느 날 봄, 천안이라며 전화가 왔다. 가게 자리를 알아보고 있는 중인데 확정이 되면 연락을 할 테니 입지 분석도 해주고 인테리어 공사도 해줬으면 좋겠다는 그런 내용이었다.

그 후로 그 전화 통화에 관해서는 잊고 지내던 여름 어느 날,

"드디어 계약을 했는데 아직 공사가 끝나지는 않았어요. 7월 말 준공이랍니다."

7월 6일, 비가 내리는 일요일 오전 상경 길에 천안에 들렀다. 섀시는 설치가 되었고 유리는 아직 취부되지 않았다. 1층은 세 칸으로 설계되었는데 칸막이 또한 아직 설치되지 않은 상태였다. 그런데 천장 높이가 무려 5.3m나 된다. 상담자는 세 칸 중 가운데 칸을 계약했고 그런 상태에서 준공 전에 미리 준비할 수 있는 것이 어떤 것이 있는지 알려달라고 한다.

우선은 높은 천장고로 보아 중층(복층, 다락방) 설치가 가능한데 법적인 문제가 없는지 건물주와 상의해 보라고 권했다. 두 번째는 5kw로 설정된 전기량을 10kw 정도로 요구해 보는 것도 좋겠다고 했더니 건물주가 까다롭다고 말한다.

"아무리 까다롭다고 해도 의견을 제시하는 것으로 문제 삼는 사람은 없습니다. 지레짐작으로 안될 것이라 판단하고 시도도 해보지 않는 것은 어리석은 일이라고 생각합니다."

"임대차 계약에 있어서 보통은 큰 무리가 없는 선에서 세 건 정도 의견을 제시하면 한 건 정도는 성사됩니다."

세 번째는, "어차피 옆 상가와 구분을 위한 칸막이를 할 텐데 칸막이를 하고 나면 페인트 칠을 합니다. 신축 건물의 칸막이 페인트 색상은 대부분이 백색 수성페

인트입니다. 만약 구상해 둔 색상이 있다면 페인트 가게에 가서 미리 구입해 페인트 공사를 할 때 기존의 백색 대신 칠해달라고 하세요. 무조건 해줍니다."

네 번째는, "바닥 마감인데 만약 바닥 마감이 세라믹 타일이라면 공사 일정을 확인한 후에 상담자가 원하는 디자인의 타일을 구매해서 제공하면 철거비 및 인건비를 절약할 수 있을 것입니다. 상담자가 선택한 타일의 디자인이나 패턴이 작업하기가 까다로운 제품일 때는 추가 시공비를 요구할 것입니다. 20만 원쯤 더 줘도 50만 원 이상 버는 셈입니다."

주변 상가 건물들이 모두 3층으로 지어진 것으로 보아 그 지역은 3층으로 층수 제한이 있는 것으로 보였다. 1층의 층고가 터무니없이 높은 것은 층수 제한을 극복하기 위해 선택한 설계로, 준공 후에 세입자가 중층 또는 다락방을 설치할 수 있도록 하기 위함인 듯했다. 실제로 층고가 낮은 옆 건물보다 임대료가 더 비싸다고 한다.

상가는 폭이 3m, 길이가 11m로 공간 활용도가 낮은 구조이지만 중층을 만들어 활용한다면 독특하면서도 아기자기한 공간을 만들 수 있을 듯해 보인다.

앞에서 언급한 내용들이 말처럼 모두 순조롭게 되지는 않을 것이다. 하지만 사전에 준비하고 조사해서 미리 실행을 한다면 의외로 많은 것을 얻을 수 있다.

주인이 바뀌자 밀려드는 손님

〈카페 어느날〉

2012년 8월 무렵 인테리어 공사를 했던 영등포 구청 뒷편의 7평짜리 작은 카페 〈카페 커피체리〉 인테리어 작업을 하면서 〈카페인테리어 싸게하기〉란 책을 쓰기로 결심했다.

공사 기간 내내 주변 사람들은 튀김집이나 김밥집을 해야 한다고 말했던 곳이나 유동인구가 많아 테이크아웃 전문점으로 좋은 자리라는 생각이 들었다. 그러나 아쉽게도 카페가 오픈을 하고 2~3개월이 지나도 사람들은 그냥 지나치기만 할 뿐이었다. 그 많은 유동인구가 손님이 되는 경우는 극소수에 불과했다. 자리가 나쁘거나, 주변의 경쟁이 너무 심하거나, 음료와 서비스의 질이 떨어지거나 뭔가 원인을 찾아야 하는데 주인장은 그것을 찾지 못하고 한숨만 쉬다가 7개월 만에 결국 손을 들고 떠났다는 것을 한참 후에 알았다.

그리고 해가 바뀌고 계절이 바뀐 2014년 4월 어느 날, 문득 그곳을 찾아갔다. 막 도착하니 비가 내리기 시작했다. 〈카페 어느날〉로 간판이 바뀌었다. 카페 주인은 바뀌었지만 2년 전 보름 동안 고생했던 흔적은 그대로 남아 있어 기분이 새롭다. 하지만 커다란 커피나무 액자 두 개가 차지하던 벽은 작은 그림들과 작은 선반과 작은 이야기들로 오순도순하게 변했다. 커다란 액자가 주던 위압적인 느낌이 사라지고 작은 것들의 작은 조화가 작지만 많은 이야기를 전해주는 느낌이 든다. 작은 선반에 작은 화분과 작은 그림들, 하지만 결코 작지 않은 주인장의 깊은 마음씨가 〈어느날 이야기〉로 시작된다.

오픈하고 7개월 동안 고생만 하고 떠난 전 주인에게 일곱 평의 이 카페는 너무나 넓고 공허한 공간이었을 것이다. 하지만 〈카페 어느날〉 이야기를 시작한 젊은 부부는 이 공간이 너무나 좁다고 말한다. 피크타임에는 앉을 자리도 없고 살짝 과장해서 서 있을 자리도 없다고 한다.

Cafe
어느날
GS25
13

역시 장사는 장소가 하는 것이 아니라 사람이 하는 것이고, 카페는 음료만을 파는 곳이 아닌 작은 카페의 핵심은 고객과의 스킨십이란것을 느꼈다. 카페는 이야기를 하는 곳이고 이야기를 만들고 전하는 곳이기도 하다는 생각이 든다. 모든 사람들이 꿈을 꾼다. '작은 카페나 하나 차렸으면' 하고. 하지만 "가게가 너무 좁아요"라고 말할 수 있는 카페 주인이 되기는 쉽지 않다. 여기서 가게가 좁다는 것은 공간에 비해 손님이 많다는 뜻이다. 하지만 손님이 많아지기까지의 시간 속에는 수많은 시행착오와 남다른 노력이 있었을 것이다.

공사 내역에는 포함되어 있지도 않았던 자투리 공간에 건물주인을 직접 설득해서 허락을 받고 작은 테라스를 만들어 주고 외부 벽면에 여유 공간을 만들어 주었지만 이 공간은 7개월 동안 빈 곳이었다. 이제 주인이 바뀌고 나서야 감성적인 그림 한 장이 걸려 오가는 이의 시선을 잡는다.

결혼한 지 2년차 되었다는 〈카페 어느날〉의 젊은 부부는 벽에 걸어 놓은 〈첫번째 어느날 이야기〉라는 시를 쓰는 데 1개월이 걸렸다고 한다. 밤마다 이야기를 쓰고 지우기를 30일. 하지만 이들은 〈카페 어느날〉을 만들기 위해 10년을 준비했다. 10년 동안 경력을 쌓고 사업비를 모으고 결혼을 하고, 그리고 둘만의 이야기를 모아 감격스런 어느날 〈카페 어느날〉의 문을 연 것이다.

3년 후 카페 〈어느날〉은 건물 신축 공사로 인해 다른 곳으로 이전했다.

새로운 장르의 카페를 창조한 팥 전문 카페
〈홍팥집〉 오금동점

문정동에 〈홍팥집〉이라는 팥빙수 전문점이 있다. 2014년 6월에 오픈, 여름 한철 많은 분들의 사랑을 받으며 짧은 기간에 소문난 맛집이 되었다. 주인장은 30대 초반의 젊은 남자 두 명이다. 이들은 가마솥 팥을 아이템으로 기미 히트 친 가마솥 팥빙수와 단팥빵 등 다양한 메뉴를 개발해 놓고 있다. 하지만 기존의 문정동 〈홍팥집〉 1호점은 너무 비좁아 오금동에 2호점을 준비한다.

문정동의 1호점은 젊은 남자들답게 직접 셀프 인테리어를 했다. 〈카페인테리어 싸게하기〉란 책을 구입하고 필자의 블로그를 탐구해 가며 인테리어를 완성하고 오픈했다고 한다. 하지만 2호점은 일의 규모가 다르고 그들은 너무 바빠 직접 인테리어를 할 엄두를 내지 못했다. 결국 내게 인테리어 공사를 의뢰했다.

그런데 우리의 인연은 특이하게 연결된다. 지나는 길에 우연히 들른 성산동의 〈빵좋아하세요〉에서 주인장과 수다 중인데 주인장 폰이 울렸다.

"아! 작가님, 알지, 지금 여기 계신데. 바꿔 드려?"

그들은 필자의 연락처를 찾기 위해 필자의 블로그를 뒤지다가 그 블로그에 포스팅한 〈빵좋아하세요〉 인테리어 작업 과정을 보고 제과제빵학원 동기인 〈빵좋아하세요〉 주인장께 연락을 한 것이다.

오금동점 〈홍팥집 2호점〉이 들어설 건물은 아찔하리만큼 오래된 낡은 건물이다. 밖에서 보나 안에서 보나 심란한 마음 금할 길이 없다. 하지만 맞은편에 성내천이 있어 공사하는 내내 한가로운 산책 같다는 생각을 했다. 건물 뒤쪽 지저분한 주차장 맨 안쪽에 화장실이 있다. 화장실을 가기 위해서는 출입구로 나와 건물을 한 바퀴 빙 돌아서 가야 하는데 급한 사람은 가는 도중에 실수할 우려가 있다. 비가 오

는 날이나 추운 날 또한 불편함이 대단할 것이다. 그래서 뒷벽을 뚫고 문을 내기로 한다. 이번 인테리어는 내부에 뭔가 잘 꾸미겠다는 생각보다는 낡고 볼품없는 앞모습과 지저분하고 산만한 뒷모습을 말끔, 깔끔하게 정리하면서 세련된 느낌이 들도록 하는 것이다.

〈홍팥집〉은 디저트 카페라 해야 할 듯하다. 여름엔 팥빙수와 단팥빵을, 겨울엔 팥죽과 단팥빵, 그리고 또 다른 구운 과자류가 있다. 메뉴 구성은 단순하다. 다른 카페들이 메뉴판에 50~60개의 각종 음료와 사이드 메뉴를 적어 놓는 것과는 달리 〈홍팥집〉 1호점에서처럼 간단명료하다. 경쟁력은 다양함에 있는 것이 아니라 특별하고 전문적인 것에 있다는 것을 알고 실천하는 듯하다.

〈홍팥집〉 2호점으 실내는 모두 네 개의 공간으로 구성된다. 14평의 좁은 공간을 네 개로 나눈다고 하

면 상식적으로 이해가 되지 않을 것이다. 하지만 아무리 좁은 공간이라도 주방 또는 작업실과 고객이 점유하는 홀은 구분되어야 하듯 공간은 용도에 따라 동선을 나누고 뚜렷한 목적을 갖고 정리하고 꾸며야 효율적이면서 안정감이 있다.

네 개의 공간이란 말을 하자 주인장들, "그래도 과연 그렇게 되겠어요? 이렇게 좁은데?' 필자가 이해하기로는 본인들이 원하는 공간 구성이지만 너무 좁아서 그게 가능할지 걱정이라는 것이다.

〈홍팥집〉 2호점은 ㄱ-마솥이 놓이는 쇼룸, 오픈 주방, 창고 겸 작업실, 그리고 고객을 위한 홀 등으로 구분했다. 일반 카페와는 달리 주방이 세 개의 공간으로 나뉘어 조성된다.

각각의 기능은 확연하다. 가마솥 방은 팥을 삶는 가마솥을 쇼윈도 쪽에 배치하여 행인이나 고객들에게

보여주는 것과 함께 주방과의 사이에 열 차단을 위한 유리벽을 설치하고 외부 창에는 양개형 창문을 설치해 팥을 삶을 때 발생하는 엄청난 양의 열을 외부로 바로 배출할 수 있게 설계했다. 비주얼과 냉방의 효율성을 동시에 잡자는 것이다. 오픈 주방은 일반 카페의 기능을 갖추고 있으며, 창고 겸 작업실은 말 그대로 식재료를 저장하고 다듬고 가공하는 공간이다. 너저분한 것은 보여주지 말자는 것이다.

뒷벽을 뚫고 청소하고 정리를 하는데 이 건물에서 오래 생활한 분들은 꾸민다고 나아질 게 있겠냐며 부정적인 반응을 보인다. 그런데 우리는 청소만 하는 것이 아니라 정리하고 치장을 하는 것이다. 생각이 많다고 그 많은 생각들이 다 밖으로 드러나거나 행동으로 옮겨지지는 않는다. 그 생각은 마음속에서 정리되기도 하고 누군가와 대화를 하다가 정리되기도 한다. 행동은 정리된 생각의 표현이어야 일

목요연하다. 그런데 그게 쉽지가 않다. 자꾸만 생각은 많아지고 정리되지 않는 생각이 겉으로 나오려한다. 인테리어는 많은 생각들이 정리된 표현이 아닌가 싶다. 주인장이 오래도록 수집한 다양한 생각과 시공자의 오래된 경험이 만나 대화를 통해 정리된 생각의 표현.

기존의 통 유리와 강화도어를 철거하고 전면 윈도우를 절반으로 나눠 우측은 기존 창문의 위치에서 70cm쯤 들어가 격자창과 출입문을 설치했다. 좌측에는 팥을 삶는 가마솥 두 개가 놓일 일종의 쇼룸이 되고 우측이 들어가게 되니 쇼룸은 자연스럽게 돌출되는 형태가 된다.

격자창에 짙은 밤색 칠이 올라가고 유리가 끼워지니 조금은 생동감이 있어 보인다. 작업이 많아 힘들고 피곤하지만 그만큼 디테일한 부분에서 느낌이 다르다. 격자창을 통해 수십 개로 나뉘거 보일 바깥

풍경들 하나하나가 작은 액자 속 풍경으로 되살아난다. 안과 밖이 서로 다른 세상이 아닌 서로 들여다보고 공감하는 풍경으로, 창과 문은 단절이 아닌 소통의 통로다.

예정에 없던 일을 하다 보면 실수를 하는 경우도 있다. 주인장이 간판 디자인에 대한 확신을 갖지 못하고 있던 중 가로수길에서 골함석으로 처마를 내고 솟을대문을 만든 일본식 주점을 보고 응용해 보자고 해서 고민 끝에 작업에 들어갔다. 솟을대문 형상을 만들기 위해 기존의 기둥을 합판으로 감싸고 전방으로 돌출을 시키자 구조물이 너무 크고 답답한 느낌을 준다. 쳐다보고 또 쳐다보고, 저만치 가서 또 쳐다보고, 출입구 쪽 기둥의 가운데를 파서 답답함을 해소해 보려 하지만 큰 도움이 되질 않는다.

일이 꼬였다는 생각이 들어 작업을 중지시켰다. 기존의 기둥을 돌출시키면 더욱 안정감 있을 것이란 예상은 완전히 빗나갔다. 기존 기둥은 그대로 두고 앞에 별도의 심플한 기둥 두 개를 따로 세우기로 한다.

뜨거운 가을 햇살을 받으며 기껏 힘들게 했던 작업의 결과물을 뜯어내고 다시 작업을 하는 일은 무척 피곤하고 짜증나는 일이다. 그런데도 묵묵히 작업을 진행해 주신 목수님 두 분이 고맙다.

우리의 전통가옥에서 파사드 디자인의 대표적인 예는 어쩌면 솟을대문일 것이다. 홍팥집의 파사드는 신사동 가로수길의 다른 집을 카피한 것인데 홍대나 서교동을 가도 비슷한 파사드 디자인이 있다. 그래서 작업을 하면서도 그만그만한 그런 집들처럼 보일까 봐 많이 망설였다. 하지만 필자가 정한 모티브는 솟을대문과 재래시장의 팥죽집이다. 길을 지나가는 사람들이 은연중에 그렇게 느꼈으면 싶다. 옛것에 대한 향수 고향에 대한 그리움 같은 것을.

함석 지붕에 어떤 색을 입혀야 할지 주인장들도 필자도 결정을 하지 못하고 4일을 보냈다. 가게 앞을 지나가는 학생마저도 고민이라는 듯 머리를 긁으며 지나간다. 자칫하면 선술집 분위기가 날 듯하여 더욱 조심스러운 것이 함석 지붕의 색상이다. 푸른 하늘색, 붉은 선홍색, 주황색 등이 산골 마을이나 섬 지방의 양철 지붕 색상이다. 장시간의 고민 끝에 올리브 그린으로 결정을 했다.

신축 건물 준공 전 계약하며, 설계변경 비용 절약
로스테리 카페 〈카페 루스터로스터〉

경기도 광주시 오포읍 신현리. 분당에서 태재고개 넘어 있는 마을. 신축한 건물 1층으로 준공검사 신청이 이제 들어갔다. 인테리어 공사 의뢰는 골조공사가 한창 진행되던 5월이었으니 무려 5개월을 기다려 카페 인테리어 공사를 시작하게 되었다. 신축 공사 진행 중에 설계 변경을 통해 폴딩도어를 설치했고 철거해야 할 천장 공사는 못하게 했다. 그만큼 공사비가 절감된 셈이다.

15평 정도 되는 공간에 작은 창고와 로스팅 룸을 만들고 조금은 큰 주방을 만들었다. 좌측 주차장 쪽과 앞 도로 쪽으로 창이 크게 나있어 시야가 좋다. 건물은 임대를 목적으로 하는 주변 건물들에 비해 외장 마감에 좀 더 많은 비용을 들였다. 그래서인지 2·3·4층의 주택 6세대가 준공도 되기 전에 계약이 완료되었고 2세대가 입주를 했다. 상가도 다섯 칸 중 네 칸이 계약 완료되었으니 건물주의 과감한 투자는 보람이 있는 셈이다. 주변에 완공된 건물 중에는 분양이나 임대를 한다는 플래카드가 남루해진 곳도 많기 때문이다.

항상 염두에 두는 것이지만 이번에도 큰 그림 뒤에 가려진 자투리를 어떻게 잘 활용할 것인가를 다시 생각한다. 자재도 그렇고 공간도 그렇고 시간도 그렇다. 작업을 시작한 지 일주일이 되자 가을은 그만큼 더 깊어졌다. 신축 건물이라 비교적 작업 진행 속도가 빠르다. 창고와 로스팅 룸을 칸막이하고 주방의 작업대와 바 테이블을 만들고. 인테리어 디자인은 인테리어 작업자나 설계자, 인테리어 디자이너가 하는 것이 아님을 다시 한 번 느낀다. 모든 것은 결국 주인장의 마음에서 나온다.

그동안 차가운 느낌이 드는 철을 즐겨 사용하지 않았다. 하지만 이번에는 주인장의 요구에 따라 바 테이블을 각 파이프와 타공 철판으로 제작하기로 했다. 단지 바 테이블 상판만 목재를 사용했다. 바 테

이블 제작을 하고 나니 주인장이 원하는 모습이라고 만족해하는 모습을 보면서 필자는 단지 중간에서 주인장의 생각을 정리해 작업자들에게 전달하는 정도의 역할임을 느낀다.

매일 아침 분당에서 오포로 넘어가는 태재를 넘으며 가로수의 빛깔이 하루하루 달라짐을 본다. 일이 진척되는 만큼 가을의 진척이 보인다. 공간에는 점점 무언가 채워진다. 평면이 입면이 되고 다시 입면이 입체가 된다. 빈 공간을 채운 다른 입체가 그 안에 또 다른 공간을 만들고 새로 탄생한 공간은 또다시 무언가로 채워질 것이다.

나무에 색을 입혀 놓고 보니 밖에 있는 느티나무의 가을 빛을 들여 놓은 느낌이다. 바 테이블 상판의 넓이가 90cm, 길이는 5m나 되니 엄청 넓고 길다. 바라보고 있으면 마음이 넉넉해진다.

5월에 신축 중이던 건물에 대해 첫 상담을 하고 임대 계약과 폴딩도어와 관련한 설계 변경 등의 과정, 건축물의 완공과 준공검사의 시기 등의 일련의 협의를 거쳐 첫 상담을 한 후로 딱 5개월 만에 카페 인테리어 공사 마무리를 했다. 13일을 계획하고 시작한 공사를 12일 만에 끝냈으니 비교적 원활하게 진행한 셈이다.

그런데 이 카페 공사를 하면서 심한 가을 앓이를 해야 했다. 아침이면 마주치는 맞은편 산에 있는 나뭇잎들이 몸서리를 치며 물들어 가는 것을 목격해야 했고 어떤 날은 한 치 앞도 보이지 않는 짙은 안개에 젖어야 했다. 오포읍 신현리 동막골은 그런 동네다.

〈카페 루스터로스터〉는 로스터리 카페다. 이탈리아에서 직수입한 로스팅 머신은 웬만한 수입차 한 대 값이다. 주문 제작한 이 로스터기는 핑크빛 몸체를 가졌는데 전 세계를 통틀어 단 한 대뿐이라고 한다. 특별 주문한 스페셜 컬러이기 때문이다. 그해 11월 무역센터에서 있었던 카페 쇼에도 출품 전시되기도 했다.

공사하다 도망간 인테리어 업자 많았다

안경점 〈그라스데이〉

안경점을 준비하는 분이 도면을 그려 놓고 연락이 왔다. 현장 실측을 해서 평면도와 입면도를 드렸더니 다시 그리셨다. 여기에 참고할 사진 수십 장. 인테리어 설계하고 디자인하는 데는 이 정도면 충분하다.

안경점은 가구 공사가 대부분이지만 젊은 주인장은 카페 같은 분위기를 원했다. 안경점 주인의 외삼촌께서도 안경점을 하시는데 인테리어 공사를 하다 도망간 업자가 부지기수라고. 걱정에 걱정을 해 주셨다. 견적이 너무 적게 나와서 하시는 걱정이었다.

작업 시작한 지 9일째가 되었는데도 도망가지 않았고 수없이 많은 가구를, 진열장을, 선반을, 서랍을 만들면서 과연 그렇게 해서 안경점이 카페 같은 분위기가 날지, 그게 걱정일 따름이다. 그라스데이 인테리어 작업을 시작할 때는 전국이 극심한 가뭄에 시달리고 있었다. 그런데 작업이 종반에 이를 즈음 전 국민이 반기는 장마가 왔다.

안경점 인테리어 공사는 가구 공사라고 했던 목수님 말씀처럼 기타 다른 각재를 제외하고 미송합판 15mm 45장, 미송합판 5mm 10장, 코팅합판 6mm 10장이 들어갔다. 콘택트렌즈 서랍장과 안경 렌즈 서랍장은 만들 때는 복잡했지만 막상 만들어 놓고 나니 예쁘다.

안경점은 안경알을 깎고 다듬는 작업실과 고객의 시력을 측정하는 검안실, 그리고 매장인 메인 홀 등 세 개의 공간으로 구성된다. 이번 안경점은 그 외에 창고로 쓰일 두 평 정도 되는 다락방이 있다. 다락방은 원래 여섯 평 정도이던 것을 전 세입자가 원상복구하며 철거할 때 두 평 정도만 남겨 달라고 해서 사다리꼴 계단만 만들었다. 거저 얻은 것이다. 새로 다락을 만들려면 당시 비용으로 최소한 3~400

만 원은 들 것이다.

장마비가 내린다고 타박한 적 없는데 하늘이 맑다. 솜사탕 같은 구름이 가로수 위를 흘러간다. 좁은 홀에 갇혀있던 이동이 가능한 모든 것들을 꺼내 최종 도색 작업을 했다. 내부의 붙박이들도 락카 칠을 시도했는데 냄새가 심해 바로 옆 김밥집이 쉬는 일요일에 하기로 하고 벽과 천장 도색 작업에 들어갔다. 천장은 검정이고 벽은 회색이다.

역시 서랍이 많다. 샌딩 실러를 두 번 올리고 반광 투명 락카를 칠하니 부드러운 원목 질감이 살아난다. 안경점 그라스데이는 직원을 두 명이나 두고 성업 중이고 주인장은 결혼을 해서 아이를 낳았고, 얼마 전에도 안경을 맞추러 다녀왔다.

다섯 권의 노트에 기록된 사업계획서
캐나다 감자튀김 요리집 〈베쓰 푸틴〉

보광동 언덕배기 오래된 동네에 캐나다 음식 전문점. 공간은 7.5평 남짓 되었으나 창과 문을 철거하고 일부 외벽을 처마 끝 선까지 확장해 0.5평 정도의 공간을 더 확보했다. 철거 전의 모습은 처참했다. 특히 악취는 작업하는 나내 극심한 고통을 안겨줬다. 몇 개월 전까지 터키 음식을 만들던 곳이었다고 한다. 맨 안쪽 벽은 결로로 인한 곰팡이가 심하게 피었는데 외벽이 블록 벽돌인 데다 단열재를 50mm 스티로폼을 사용하여 기밀 처리도 하지 않아 단열은 하나마나 한데다 이 벽 앞에 싱크대를 설치해 뜨거운 물을 지속적으로 사용했으니 벽은 5년 동안 썩고 썩었다.

천장도 뜯고, 벽도 뜯고, 문과 창도 모두 뜯었다. 공간과 비교하면 과도하게 큰 배수 트렌치도 파냈는데 트렌치 주변으로 스겨들어 침전된 오물에서 나는 악취가 대단했다. 결로가 심했던 벽은 스티로폼을 우레탄폼으로 접착하고 틈을 메우고 18mm 이보드로 다시 한번 덧붙였다. 주방 벽과 바닥에 타일을 붙였다.

외벽을 만들고 타일 시공까지 했으니 구체적인 시공 도면을 그리고 본격적인 목공 작업어 들어가게 되는데 〈베쓰 푸틴〉 주인장이 사업 준비를 하기 위해 작성하고 있는 노트 속에는 작업에 필요한 모든 정보가 꼼꼼히 기록되어 있어 들쳐 보여줄 때마다 너무나 흥미진진하다.

꿈을 디자인한다. 그게 가능한 것일까? 가능하다. 캐나다 요리, 감자튀김 요리 전문점 〈베쓰 푸틴〉을 준비하는 분의 노트에서 작은 노트 가득 디자인된 꿈을 봤다. 아무리 작은 일이라도 계획서를 작성하고 준비하는 것과 그렇지 않은 것과는 결과에서 작지 않은 차이를 보인다.

한 통계에 따르면 요식업 자영업자의 창업 후 5년 이상 생존율은 20% 정도밖에 되지 않는다고 한다.

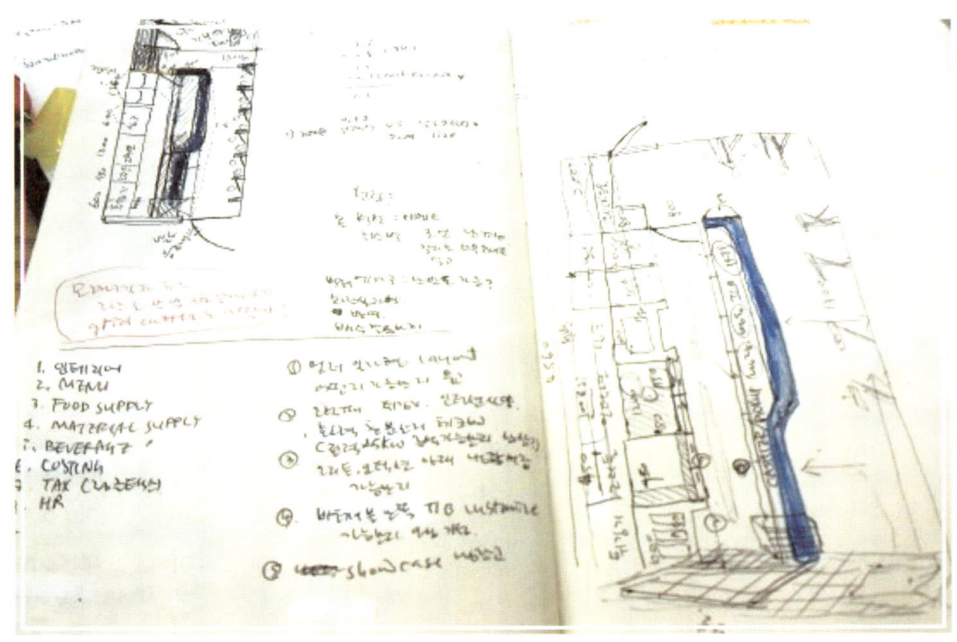

흔히 말하곤 한다: 나는 다르다고. 하지만 그런 분들 역시 의욕과 욕심만 앞설 뿐 다른 사람들과 별반 다르지 않다. 요즘 말로 근자감(근거 없는 자신감)이다. 5년 후, 20%가 아닌 80% 쪽에 끼일 확률이 높다는 것이다. 그래서 필자는 주인장의 노트를 보면서 행복해졌다. 오랜 시간 준비한 흔적과 고민과 일에 대한 열정과 애정이 노트 안에 빼곡하기 때문이다. 필자의 일은 저 노트 안에 있는 것들의 극히 일부를 꺼내어 8평이라는 작은 공간에 펼쳐 주는 작업이다.

어떤 분들은 인테리어 작업만 끝나면 모든 것이 순조롭게 진행될 것이라고 생각한다. 그럴 수도 있지만 그렇지 않은 경우가 대부분이 아니라 전부다. 어떤 분은 인테리어 작업이 마무리가 되어갈 즈음 공황 상태에 빠지기도 한다. 그다음에 무엇을 해야 할지 몰라서. 그래서 계획서가 필요한데, 거창하게 사업계획서라고 말하면 당혹스러우니 진행표 정도로 생각하고 메모하면 된다. 날짜별로 일정을 짜는데 거기에 집행될 자금을 추가 메모하면 된다.

설계도란 A4나 A3 용지에 그려지기 마련인데 5평이든 50평이든 평면도는 용지 한 장에 표현된다. 그런데 대부분의 사람들은 종이에 그려진 선으로는 공간에 대해 인식을 하기 어렵다. 하고 싶은 것도 많고, 갖고 싶은 것도 많고, 꾸미고 싶은 것도 많은데 자금은 부족하고 공간은 좁다. 그래서 용지에 수없이 반복해 그려 본다. 용지에 그려졌던 것을 타일 바닥에 그려 놓고 선과 선 사이에 서봐야 그때야 본인이 그리는 공간이 어떤 것인지 구체적으로 감이 온다.

통창을 철거하고 벽돌로 외벽을 쌓고 창틀과 문틀을 만들고 창과 문을 제작해 설치했다. 작업대가 설치되고 자재가 들어오자 실내가 좁다. 벽돌과 벽돌 사이를 메꾸는 줄눈 작업을 하고 창문과 틀은 미송 합판과 구조목으로 제작했다. 틀어짐 방지를 위해 통 합판 두 장을 겹쳐서 유리가 들어갈 부분을 오려 내고 18mm 두께의 구조목을 켜서 유리가 들어갈 틀을 만들었다. 바 테이블 앞판을 장식할 구조목은 스테인 칠을 해서 옻칠 색감을 냈다. 캐나다 감자튀김 요리 전문점 〈베쓰 푸틴〉의 주인장이 선택한 컬러다.

어느 날 지인의 지인이 블로그에 올린 인테리어와 관련된 글과 사진을 보고 인테리어가 완성된 사진이 없고 대부분이 미완성이라고 했다고 한다. 그렇고 보니 그렇다. 포스팅한 작업 내용 중에는 최종 완성된 그림이 들어간 경우가 몇 되지 않는다. 대부분이 작업하는 과정의 것들이다. 블로그에 포스팅을 하는 의도가 처음부터 셀프 인테리어에 초점이 맞춰졌었기 때문이다. 아직도 처음 생각을 바꿀 마음이 없으니 앞으로도 이 블로그에 올리는 인테리어 사진은 어수선한 공사 현장 사진들이 대부분이 될 것이다. 간혹 오픈 이후의 사진도 올라가겠지만.

〈베쓰 푸틴〉 주인장은 요리를 배우고 가게를 준비하는 과정을 기록한 노트가 모두 7~8권이 된다고 한다. 간판 로고와 디자인에 관한 마지막 시안을 완성 중이시다.

호불호가 극단으로 갈리는 의자. 지인이 버린다길래 챙겨두었던 인도네시아산 고재목을 고철 더미에

있던 의자의 철제 프레임에 올려 괴상한 의자를 만들었다. 옆집 옷가게 사장님 "이게 뭐예요?" 하더니 "앉아 보니 생각보다 편한데!" 하신다. 그냥 세상에 단 하나뿐이니. 창과 문의 틀은 페인트를 2중 3중으로 칠하고 벗겨내 앤틱 또는 빈티지 분위기를 조성했다.

메모를 하고 그리고 상상을 하다 보면 어느덧 현실이 되어간다. 이 노트가 작성되기 시작한 것은 오래전이고 필자가 이 노트를 처음 본 것이 30여 일 전이었고 구체적으로 들여다본 것은 20여 일 전이다. 그리고 이제 현실이 되었다. 〈베쓰 푸틴〉의 주인장이 앞으로 몇 권의 노트를 더 갖게 될지 모르지만 필자는 기존의 노트뿐만 아니라 앞으로 작성될 모든 노트를 탐독하고 싶다.

바 테이블은 각 파이프를 프레임으로 하고 미송합판으로 백골을 짠 다음 상판은 멀바우를, 앞면과 측

면은 폭 90mm, 두께 12mm의 구조재를 비정형으로 잘라 붙였다. 노출된 벽돌벽과 주방 벽 타일의 패턴과 통일시켰지만 타일과 벽돌이 주는 정형화된 패턴이 싫어 비정형으로 취부했다. 컬러는 스테인을 혼합 조색했고 샌딩 실러 2회 작업 후에 투명 락카 반광으로 마감했다. 스테인리스 주방 장비들이 들어와 자리를 잡자 공간을 압도하던 목재의 질감이 안정적으로 자리를 잡는 느낌이다.

매일 아침 남산길 산책을 가며 현장을 구경하시는 여류 화가 한 분이 인테리어 작업 과정을 관심 있게 지켜보셨는데 오래된 동네이니 지나치게 고풍스러워지지 않았으면 좋겠다는 조언을 주셨었다. 다행히도 주방 벽면의 타일과 스테인리스 소재의 주방기기들이 모던한 느낌으로 자리 잡아 안티크가 지나치지 않게 되었다.

3월 23일 〈베쓰 푸틴〉의 인테리어 작업이 일단락되었다. 주방기구에 미흡한 점이 있었고 전기 승압도 대기 상태였지만 현장 작업은 완료되었다.

신당동 중앙시장에 가서 바 의자 여덟 개도 주문했다. 다음 날 이른 아침 〈베스푸틴〉으로 갔다. 한남대교를 건너는데 해가 뜨기 시작한다. 새벽에 택시를 탄 것은 이른 아침 날이 밝기 전에 〈베쓰 푸틴〉의 조명을 켜고 바라보고 싶었기 때문이다.

대략 15일간 참 많이 즐겁고 행복했다. 웃고 의논하고 툭탁거리고! 지나가는 사람들마저도 즐거워해 줬다. 캐나다 감자·튀김 요리 전문점 〈베쓰 푸틴〉. 70이 넘은 옆집 철물점 사장님의 매일같은 칭찬은 또 얼마나 큰 힘이 되었던지.

인테리어 작업을 끝낸 지 한 달 만에 오픈한다는 연락이 왔다. 그동안 참 많이 궁금했다. 캐나다 동부 지방의 음식 〈푸틴〉, 물론 베쓰님이 보여준 사진으로 보고 최근에 문을 연 캐나디안 레스토랑에서 〈푸틴〉을 맛보기는 했다. 하지만 베쓰님이 말하는 〈푸틴〉은 좀 다르다고 했다.

감자탕, 닭도리탕, 감자볶음, 구운 감자, 감자튀김, 우리가 일상에서 만나는 감자 음식들이다. 베쓰님이 요리한 〈푸틴〉은 과연 어떤 맛일까. 공사를 시작하기 전에 〈푸틴〉 사진을 요청한 적이 있었다. 최소한 어떤 음식인지는 알아야 할 것 같아서 보여달라고 했었다.

과거나 과정에 관한 것들은 때론 지난하지만 대부분은 소중한 추억이고 떠올리면 아름답다.

15일간 보광동을 걸었고 보광동을 즐겼고 보광동을 사랑했다.

아빠의 이름으로 시작하다
파스타 전문점 〈파파디파스타〉

사당동에 파스타 전문점을 준비하고 있다며 권순민 대표가 연락해온 것은 3월 말경. 보내온 주소로 지도 검색을 해 보니 오가며 봤던 치킨집으로 불과 두어 달 자동차로 스치는 듯 지나던 중에도 강렬한 간판 때문에 눈여겨보며 저 자리에서 치킨호프집이 장사가 되기는 할까 걱정을 했던 곳이다. 권 대표는 신중하게 조사한 끝에 임대 결정을 했다며 창과 문을 제외하고는 가능한 실내 인테리어는 최소화하고 모든 집기 비품을 권리금을 주고 인수했기에 기존 것을 살려서 작업을 하길 바랐다.

가게는 이력이 무척 다양한데 꼬치집, 샤브샤브집, 쌀국수집을 거쳐 바베큐 통닭을 파는 호프집까지가 인테리어와 시설데 그대로 반영되어 있었다. 뭔가 많은 것을 해놓은 듯한데 어수선하다. 주방은 조리하는 주방과 홀에 서빙을 하는 주방으로 나뉘어 있다. 두 주방 사이에는 작은 배식구가 있고, 권 대표는 이를 키워 주방 안쪽이 홀에서 시원하게 보이길 원했다. 주방의 맥주 테이블은 없애고 제빙기가 들어갈 공간과 테이블 냉장고가 들어갈 공간이 필요했고, 상판은 커피머신과 포스가 놓이고 한쪽은 서비스 테이블로 활용할 수 있도록 바 테이블의 개조 작업이 요청되었다. 싱크대 위의 상부장 일부는 철거하고 일부는 살려서 사용하는 것으로 가닥을 잡았다.

음식을 조리하는 주방은 매우 협소한 가운데 냉장고, 오븐, 환기구(화구), 싱크대, 작업대 등이 꽉 차서 숨 쉴 틈조차 없어 보였다. 거기에 묵은 기름때들이 들러붙어 과연 청소가 될지 의문이 들었다. 다른 것은 닦아서 사용한다고 해도 덕트 후드는 배관과 함께 철거해 버리고 새로운 것으로 제작해 설치하기로 했다. 시로코 팬은 그런대로 쓸만했다. 철거를 하고 나면 주방 청소는 권 대표가 직접 하기로 했는데 아무리 생각해도 혼자서는 무리일 것 같아서 주말을 기해 손 빠르고 꼼꼼한 선수어게 도움을 요

청했다.

철거를 하고 필요 없는 비품들과 그릇들을 버리려면 부피를 줄이기 위해 해체를 하거나 파쇄를 하게 된다. 그리고 건축 폐기물 처리소로 보내 거액을 주고 버리게 되는데 의자나 테이블도 아깝고 수십 개의 맥주잔과 음료수 잔과 크고 작은 그릇들이 그냥 버리기에는 아쉬움이 남아 혹시나 하고 〈필요하신 분 가져가세요〉라고 적어 길가에 내어 놓았다.

확장한 배식구 상단은 철거한 상부장 문짝을 재활용해 좌우측의 상부장과 일체형으로 보이도록 했다. 천장이 좀 낮은 것이 아쉬움이지만 석고보드에 퍼티 마감이 잘 되어있어 부분 보수만 한 후에 퍼티하고 벽과 같은 화이트 컬러로 도색을 했다. 베이지색이었던 붙박이 의자의 쿠션은 블랙으로 천갈이를

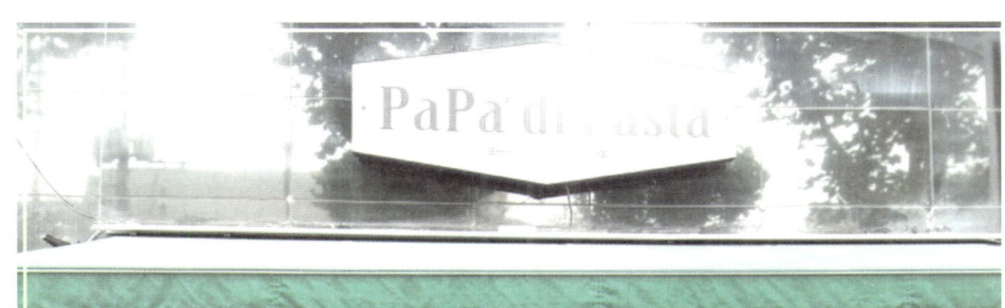

했다. 기존 바 테이블은 너무 높아 10cm가량 자르고 제빙기가 들어가고 에스프레소 머신이 놓일 테이블의 백골 제작은 철거하면서 나온 목재를 재활용했다. 상판과 앞면만 낙엽송과 합판으로 덧방치고 페인트 마감을 했다.

벽과 천장은 수성 페인트를 3회 정도 덧칠을 해야 원하는 화이트한 맛을 낼 수가 있었다. 원래 검정이었던 바탕은 같은 흰색이라도 무거운 톤으로 나오기 때문에 2회 칠을 하고 미흡한 부분은 다시 퍼티 작업하고 덧칠을 반복했다. 창고를 만들고 부족한 바 테이블과 작업대를 만들고 일부 집기는 개조를 했다. 주방의 배식구 틀과 배식대 상판, 새로 제작된 커피머신 테이블과 그 옆에 기역자로 꺾이는 작업대 상판과 앞벽은 원목 질감을 살려 자칫 차갑게 느껴질 수 있는 실내 분위기를 조금은 온화하고 친근한 느낌이 들도록 했다.

이번 작업에서 가장 많은 비용이 들어간 폴딩도어 설치팀이 다녀가자 가게 분위기가 일순간에 바뀐다. 외부에서 기존의 간판과 기둥의 검정색을 그대로 살리면서 섀시의 컬러도 블랙으로 맞춰주자 분위기가 한층 정돈된 느낌이다. 블랙 컬러의 이미지는 실내에서는 붙박이 의자와 기존의 상부장으로 이어지고 새롭게 들어올 테이블은 앤틱 컬러로 월넛이다.

폴딩도어를 설치하고 전등을 달고 기존의 낡고 오래된, 심지어는 금이 가거나 깨진 곳도 있는 바닥 타일을 닦고 나자 뭔가를 했다는 보람이 느껴졌다. "예산이 이것밖에는 안 되는데 가능할까요?"라는 질문에서 출발했고 그래서 바닥 타일은 그대로 두고 양개형 출입문이 한 짝 문으로 바뀌면서 높이 차이가 나는 외부 데크도 확장을 했다. 데크 난간도 높이가 낮아 야외 데크에 테이블을 놓고 식사를 할 경우 행인의 시선 때문에 식사하기 불편할 수도 있어 50cm가량 높였다.

홀은 정사각형이라 테이블 배치가 매우 난감했다. 동선 잡기도 모호하고 기성 테이블을 배치하면 정리가 되지 않는 어수선한 모습이 될 것 같았다. 그래서 홀 중앙에 좀 높은 바 테이블을 길게 설치해 좌측과 우측으로 공간 분할을 하자고 제안했다. 손님이 앉을 수 있는 좌석 수는 잃지 않으면서 자연스럽게 좌우로 공간이 나누어지고 손님이 많을 때와 밤에 술손님이 왔을 때 앉기에 편하도록 한, 지금 생각해도 이 아이디어는 신의 한 수였다.

오픈한 지 일주일쯤 되던 토요일 다시 찾아갔다. 젊은 엄마들과 아이를 동반한 젊은 부브들이 들어오고 나가고를 반복한다. 주방에는 인상 좋은 권 대표가 조리하느라 정신없이 바쁘고 옆에서는 너무나 젊어 보이시는 권 대표 어머님이 돕고 계셨다.홀에서는 여직원과 권 대표 부인이 상냥하고 조용한 미소로 서빙을 했다.

직접 건물을 지어 카페를 오픈한
경주 동천동 카페 〈동행〉 스토리

인연은 이렇게 시작되었다.

보낸사람 : 블로그 — now(aeran73) 받은 시간: 15-08-11 [16:03]

안녕하세요? 경주에서 카페를 준비하고 있는 사람인데 선생님 책을 보고 이 블로그까지 와서 인테리어 과정을 하나한 보았습니다. 진심을 다해 일을 맡겨주신 사장님들과 예쁜 카페를 만들어 가는 과정이 뭉클하기까지 하네요.

예전에 서울에서 카페 알바를 6개월 정도 해본 경험밖에 없는데 고향에 내려와 겁도 없이 일을 벌여 놓았습니다. 아는 것이 없으니 30평 정도 카페 건물을 짓는 시공업체에 인테리어까지 맡겨 놓았는데 이것저것 많이 걱정이 되어서 여기에 몇 가지 물어봐도 될까요?

먼저 인테리어를 맡겼지만 에어컨 및 커피 관련 집기와 테이블 등은 제가 구매를 해야 하는데 인테리어 과정 중에 기기 를 사서 설치하는 것이 맞나요? 카페쪽으로는 인테리어를 많이 안 해 보신 것 같아서 저도 그렇고 업체 쪽에서도 별말이 없이 믿고 맡기면 되는 건지 아님… 제가 알아보고 시공 날짜에 맞춰서 들여놓아야 할까요?

커피머신도 그렇고 에어컨도 천장에 다는 것과 스탠드형 둘 중에 고민 중이라 아직 결정하지 못한 부분이 너무 많아 이래저래 답답한 마음에 여기까지 와서 여쭙게 되었습니다. 부디 조언 부탁드릴게요… 감사합니다.

받는사람 : now(aeran73) 보낸 시간: 15-08-11 [22:01]

안녕하세요.

걱정이 많으실 듯합니다. 우선, 건물을 짓는 것과 카페 인테리어를 하는 것에는 많은 차이가 있다고 생각합니다. 따라서 카페에 필요한 각종 장비들과 장비의 크기, 전력량 등을 리스트화 해서 설치 위치를 정하신 후에 거기에 필요한 상하수도 설비, 필요한 용량에 따른 전기설비 공사 등을 부탁하셔야 할 듯합니다.

장비 리스트를 작성하시고 장비의 배치도를 그려 보세요. 그다음에 공사하는 책임자 분께 보여드리고 상의하세요. 일반적으로 건축 공사하시는 분들은 카페 인테리어에 대해서는 잘 모르십니다. 따라서 카페에 필요한 것들에 대해서 자세한 정보를 알려드려야 합니다. 현장에 대한 감이 잡히질 않아 좀 횡설수설하네요. 도움이 될지 걱정입니다.

첫 연락이 오고 몇 개월 동안 연락을 주고받았던 것 같다. 많은 대화가 쪽지, 문자, 카톡, 직접 통화 등으로 이루어졌고 설계, 계약, 터파기, 문화재 조사, 토목, 건축, 준공, 골조, 철근 등의 설계 변경과 과정, 건축의 준공검사와 인테리어와 관련해서도 다양한 내용의 많은 얘기들을 주고받으며 건물이 완공되었고 카페가 문을 열었다. 그리고 잊고 지냈다.

그러던 어느 날 인테리어 상담차 부산 출장을 끝낸 후, 오픈했다며 지날 기회가 있다면 들러달라는 연락이 왔던 기억이 났다. 차를 세우고 통화를 하고 주소를 받아 불과 10여 분 만에 그렇게 경주 동천동 카페 〈동행〉에 도착했다.

3개월 동안 설계도를 비롯해 건축 과정을 사진으로 받아 보며 상담을 진행했고 완공된 모습도 사진으로 봤던 터라 카페 건물은 친근해 보였다.

9년 만에 문을 닫고 1년을 쉰, 프랑스 빵집

〈라슈크레꼼마〉 시즌.1

염천 폭서가 창궐하던 7월에 작업한 분당 구미동 프랑스 빵집 〈라슈크레꼼마〉.

프랑스 빵집 〈라슈크레꼼마〉를 기획하던 분을 처음 만난 것은 4월 30일이고 처음 내게 연락이 온 것은 더 앞선 일인데 카톡으로 확인해 보니 첫 교신이 4월 28일이다. 인터넷과 문자로 첫 대화를 나눈 것은 그보다 며칠 전일 것이다.

7월 19일 인테리어 즈업이 시작되기까지 두 달 반 동안 다섯 번의 미팅과 상담을 했고 주고받은 사진과 자료는 수없이 많았다. 하지만 그중 내게 가장 인상 깊게 남은 그림은 주인장이 직접 그린 그림 한 장이다. 물론 약간의 보충 설명이 필요했지만 평면도 한 장에 상하좌우로 이어 그린 입면도는 미래의 베이커리 주인장이 어떤 계획을 세우고 있는지 감을 잡는 데 필요한 거의 모든 정보가 들어있었다.

이 가게는 원래 빵집을 하던 곳인데 여러 사정으로 문을 닫고 몇 개월 동안 비어있던 곳이다. 같은 상가에 빈 곳이 세 곳이 었는데 그중 한 곳은 대로변이고 두 곳은 나란히 아파트 진입로에 위치했다. 상담자님은 대로변과 아파트 안쪽으로 돌아서 있는 진입로 쪽 중에서 선택의 어려움을 겪고 있었다. 필자는 상가 앞이 확 트여 여유가 있는 진입로 쪽 상가를 추천했다. 기존에 빵집을 했던 곳이기도 하니 여러모로 이점도 있을 것이며 아파트 주민들의 접근성도 좋을 듯했기 때문이다.

상가는 원상복구를 해 놓아 천장은 텍스로, 벽면은 석고보드 위에 수성 페인트 마감이 깔끔하게 되어 있었다. 하지만 우리는 오픈 천장을 원했기 때문에 멀쩡한 텍스를 모두 철거해야 했다. 단, 윈도 측 천장으로 2층의 상하수도 배관과 냉난방 배관이 여러 가닥 지나가 그 부분만 덮기로 했다.

그런데 특이하게 기존 상하수도 배관이 윈도 쪽 코너에 설치되었다. 통상적으로 상가의 상하수도와

도시가스 배관은 상가 안쪽으로 들어온다. 대부분 주방을 안쪽에 설치하기 때문이다. 우리는 지하 천장에서 배관을 찾아 우리가 원하는 위치로 옮기려 했지만 어려움이 있어 덧방에 덧방을 쳐 네 겹이나 입혀진 벽면의 석고보드를 잘라내고 50mm 하수도관과 상수도관을 벽 속에 우격다짐으로 밀어 넣고 합판으로 막아 버렸다.

인테리어 작업은 일반 건축과 달리 뭔가 그럴듯하게 느껴지지만 실제 작업하는 과정은 막노동 그 자체다. 망치와 톱, 때론 삽까지 동원되고 콘크리트를 깨고 부수고 시멘트를 반죽하고 페인트를 바르고. 그러다 보니 날씨 까지 너무 더워 오후 두시쯤 되니 기진맥진해졌다. 그래서 아침 여덟시에 시작하던 작업 시작을 일곱시로 당기고 끝내는 시간도 다섯시에서 네시로 앞당겼다. 에어컨 설치도 서둘렀다.

빵집은 대형 전기 오븐을 사용해 빵을 굽는다. 그 오븐에서 나오는 열은 엄청나 단순한 혼-기 시스템으로는 감당이 되질 않는다. 후드와 덕트, 배기용 환기 팬의 조화로운 설계가 필요하다. 부족하지 않는 열기 토출과 심하지 않은 시로코 팬의 작동 소음이 관건이다. 대부분의 주방 근무자들은 배관을 타고 들어오는 시로코 팬 스음으로 인한 피로를 호소한다.

또 노출될 수밖에 없는 후드와 배관을 어떻게 설계하고 처리하느냐도 중요한 숙제가 된다. 대부분의 공조업자들은 함석이나 또는 스테인리스로 후드를 제작하고 배관 또한 같은 자재를 사용해 노출로 배관하거나 천장이 있는 경우에는 천이나 알루미늄 재질의 주름관을 사용해 배관한다. ㅎ-지만 빵집의 오븐에서 나오는 뜨거운 열기에는 일반 음식점 주방에서 나오는 열기처럼 유증기나 수분이 거의 없다는 점에 착안해 열기를 가두기 위한 후드를 각목과 합판으로 제작해 비용을 최소화시켰다. 이미 〈홍팥집〉과 〈빵좋아하세요?〉에서 시도해 호평을 받은 바 있다.

미송합판 5mm 3장, 2×4 각재 6개가 후드를 만든 자재의 전부다. 상부에 미리 타공을 하고 천장 철거하면서 남겨둔 전산 볼트와 캐링에 고정시키면 후드 설치 작업은 끝이다. 빵집 오븐에서 올라오는 열기에 수분이 없고 유증기가 없다 하더라도 목재 그대로 두면 오염되고 변색된다. 그래서 샌딩 실러 바르고 벽 색깔과 같은 백색 락카를 칠했다. 백색 칠을 해 설치된 후드의 모습을 만족한 표정으로 바라보던 주인장이 후드의 전면을 칠판으로 활용했으면 좋겠다는 의견을 내놓았다. 인터넷으로 원하는 컬러의 칠판용 페인트를 구입해 주면 칠해 주기로 했다.

후드를 설치하고 바로 덕트 배관을 했다. 노출 천장이라 노출 배관을 계획했었는데 천장을 철거하고 보니 옆 상가와 구분한 칸막이 벽 위에 배관이 들어갈 만한 공간이 있어, 그곳으로 100mm 굵기의 덕트 배관과 각종 전선관들을 통과시키고 벽을 슬래브까지 연장해 막아서 정리했다. 따라서 배관이 보이는 부분은 출입문 상부의 남향창을 뚫고 나가는 극히 일부분이다.

방부목 데크 작업도 서둘렀다. 윈도 왼쪽에 지하에서 올라오는 드라이 창이 있는데 빗물 유입을 방지하는 방수턱이 있어 출입문 주변과 높이가 다르고 어수선한 데다 보도블록으로 만든 임시 계단도 불편했기 때문이다.

프랑스라고는 10여 년 전 딱 한 번 10일 정도 여행을 해본 경험이 전부다. 그때 목격한 한 빵집의 풍경. 오후 다섯시쯤 되었을까. 빵집의 종업원은 새까만 커다란 봉지에 매장에 진열되었던 빵들을 모두 쓸어 담았다. 야구 방망이 같은 바게트, 크루아상, 베리류가 토핑된 고급스러운 다른 빵들까지 모두. 나중에 알았는데 다섯시가 매장 마감시간이고 그때까지 팔리지 않은 진열 상품은 전량 폐기 처분하는 것이었다. 만약 필자가 빵집 주인이라면 가능한 일일까? 프랑스 빵 전문 빵집 인테리어 작업을 하면서 프랑스에서 목격한 빵집을 얘기하는 것은 전혀 다른 일이다. 다만 필자가 하는 일에 대해서, 먹고 살자고 하는 일에 대해서 그만큼의 자긍심을 느껴도 되는 것인지 자문해 본다.

인테리어 공사비를 줄이기 위해서는 작업을 시작하기 전에 가게 주인과의 충분한 사전 협의가 필요하다. 어떤 상담자들은 필자가 무조건 싸게 일을 해주는 것으로 생각한다. 하지만 그건 오해다. 충분한 상담을 통해 불필요한 것, 과한 것들을 없애고 최소화해서 비용을 줄이고 치밀하고 세부적인 계획을 세워 자재나 시간의 허비를 줄이는 데 집중한다. 공정을 단순화하는 것 또한 비용을 줄이는 방법 중 하나이며 공정과 공정 사이가 매끄럽게 연결되도록 하는 것 또한 비용을 줄이는 비결이다.

비용을 줄이기 위해서는 다양한 아이디어가 제시된다. 또는 다양한 생각 중 많은 부분을 포기해야 한다. 이번 파사드 작업이 그랬다. 간판, 아치, 고정 천막, 펼침 천막, 폴딩도어 등등의 숱한 아이디어가 있었지만 기존 벽과 기둥의 표면 정리만 하고 페인팅을 하기로 했다. 하지만 막상 페인팅을 하고 보니 별로 나아진 게 없었다. 이렇게 되면 고민은 깊어지게 마련이다. 그래서 최소한의 비용을 간판 바탕 만들기에 추가하고 다른 쪽에서 예산을 줄이는 쪽으로 협의했다. 실내 작업이 마무리될 즈음 주방기구들이 반입되고 다행히 제작 설치한 가구 선반, 찬장, 테이블들이 반입되는 기계 장비들과 간섭 없이 잘 짜인 퍼즐처럼 들어맞았다.

인테리어를 어떻게 할 것인가를 고민하는 분들은 인터넷과 SNS가 발달로 자신이 원하는 인테리어 스타일의 자료를 찾= 게 무척 쉬워졌다. 인테리어와 관련된 각 분야별, 업종별 전문 사이트도 많고 업종별 인테리어 사진만 수집해 놓은 곳도 어렵지 않게 찾을 수 있다. 그리고 조금만 발품을 파는 수고를 하면 각 지역별로 소문난 가게를 직접 찾아가 눈으로 보고 사진을 찍을 수 있다. AI를 이용하면 훨씬 수월하게 정보를 수집할 수 있다.

〈라슈크레꼼마〉 주인장도 유럽 여행을 하며 들른 카페의 내부를 직접 촬영한 사진을 내게 제공했다. 이러한 사진 몇 장만 가지고도 인테리어 콘셉트를 잡기도 하고 더 많은 사진을 찍고 캡처하는 과정이 필요하기도 하다. 주인장은 또 빵집을 하게 되면 소품으로 활용하려고 오래전 유학생 시절이나 해외 여행에서 사 모았다. 미리 준비한 소품들을 보면 가게 주인의 취향을 짐작할 수 있고 이것들을 수집한 사진들에 대비시키면 인테리어 디자인 콘셉트는 훨씬 구체적이 된다.

작은 가게를 준비하는 사람들 중 임대차 계약을 할 때까지도 상호를 결정짓지 못하는 경우가 허다하다. 따라서 상호의 로고 디자인이나 간판 디자인이 되어있을 리 만무하다. 〈라슈크레꼼마〉의 주인장은 상당히 모범적인 경우다. 이미 상호를 만들고(확정된 것은 아니었지만) 로고 디자인 작업을 진행하고 있었기 때문이다.

낙서 같은 평면도가 사실은 매우 중요한 배치도가 된다. 당연히 몇 차례의 수정 과정을 거쳤지만 좁은 공간에 이들을 배치하기 위해서는 기구, 기계들의 제원이 필요하기 때문에 크기를 배치도에 표현해 놓으면 작업도 수월해지고 정밀도도 높아진다. 그래서 작은 가게를 준비하는 분들에게 권한다. 막연했던 생각들이 정리가 되면서 좀 더 현실적으로 다가올 것이다.

1년 동안 해외 여행을 하고 돌아 온 프랑스 빵집
〈라슈크레꼼마〉 시즌.2

〈라슈크레꼼마〉 대돈님으로 부터 어느 날 전화가 왔다.

"저 한 1년 쉴까 하는데 원상복구 해주실 수 있을까요?"

줄기차게 달려온 9년, 앞으로도 건강이 허락하는 한 계속 달려야 하기에 1년을 쉬었다가 좀 더 넓은 곳에서 다시 시작할까 한다고 했다.

한 달 후에 기존 빵집은 원상복구를 했고 그녀는 1년 가까이 해외여행을 다니며 충전을 했다. 그리고 서판교의 도서관 앞에 있는 상가 임대계약을 했다는 연락이 왔다.

원래 이 자리는 꽃집이었다. 방부목으로 만들어진 데크에는 많은 화분이 놓여 있었다. 그런데 화분에 매일매일 물을 줘야 했으니 데크는 항상 젖어있게 되고 아무리 방부목이라 해도 이런 상황이 2~3년 지속이 되면 썩기 마련이다. 방부목 데크를 전면 철거하고 재시공하자는 의견이 나왔다. 철거비용과 재시공 비용이 만만치가 않아 보수하자고 설득을 했다. 새것보다는 빈티지를 선호하는 주인장은 200만 원가량의 비용 절감을 선택하여 바닥은 썩은 부분만 도려내고 보수한 후에 진입로어 경사로를 설치하고 둔탁한 목재 난간은 철거하기로 했다.

꽃집에는 가구 등의 시설물이 별로 없었는데 고재 목으로 제작된 카운터 테이블이 눈어 들어왔다. 폐기 처분할 것이라는 꽃집 사장님 얘기에 우리가 사용할 테니 그냥 남겨 달라고 부탁했다. 카운터 테이블을 조심스럽게 분해하여 80%가량을 재활용했다. 얇은 고재 판재는 1m²당 3~4만 원 정도 하는 비싼 자재다.

목공 작업과 조명 작업이 시작되기 전에 천장 도색을 미리 해두면 많은 것이 편리하다. 때문에 〈라슈

크레꼼마〉님께 천장 컬러를 우선적으로 선택하시도록 했다. 선택은 진회색, 포인트 벽은 시멘트 미장, 나머지는 밝은 미색을 고려 중이었기 때문에 천장의 진회색은 제법 괜찮은 결정으로 보였다. 하지만 밝은 것을 유난히 선호하는 〈라슈크레꼼마〉님은 천장이 너무 무겁다며 원래의 흰색으로 돌아갔으면 하는 의견을 말씀하셨다. 조명을 달고 나면 분위기가 달라질 것이라고 설득을 하였지만 다음날도, 그 다음날도 무거운 느낌의 천장을 얘기하셨다. 그래서 일이 더 진행되기 전에 천장을 화이트로 돌려놓기로 결정했다.

누가 이 공간에서 가장 많은 시간을 보낼 것인가 생각하며 공간을 구성해야 한다. 그 공간에서 발생할 스트레스를 최소화시키는 것이 중요하고, 그 공간에서 작업을 하거나 머무는 동안 기분 좋은 느낌이

든다면 그 인테리어는 성공한 것이다. 결코 나쁘지 않은, 도리어 더 고급스러운 느낌이 든다는 평가도 있었던 진회색을 포기하고 천장을 화이트로 돌려놓은 이유다.

일부 집기가 제작되었고 벽 페인트도 칠해진 상태라 천장을 재도색하기 위해서는 보양 작업이 우선된다. 천장 도색을 서둘렀던 이유가 바로 이 보양 작업을 하지 않아도 되기 때문이었다. 빵 진열장이 놓이게 될 곳과 이어지는 화장실은 스타코 시멘트(유럽 미장) 빈티지 마감을 했다. 본드 성분이 혼합되어 있기 때문에 페인트 벽면이나 타일 벽면을 가리지 않고 잘 부착되며 미장 칼, 붓, 롤러 등으로도 시공이 가능하다. 도구에 따라서 패턴이 다르게 나오므로 시험 시공해 보고 마음에 드는 패턴을 선택하면 된다. 외부도 기존의 고정 천막을 철거하고 간판 바탕과 기둥을 포인트 벽의 시멘트 컬러와 같은

회색으로 도색을 했다. 접이식 전동 어닝의 컬러를 선택하는 데도 10일가량 고민을 했는데 결국 회색으로 통일된다.

방부목 데크는 5평가량으로 의외로 넓다. 웬만한 테이크아웃 카페 하나 크기의 수준이다. 양쪽의 가게에서 각각 펜스 겸 난간을 설치한 상태라 좌우측에는 난간을 설치하지 않고 한쪽에만 철재 벤치와 테이블을 만들어 놓기로 했다. 재료는 20×40mm의 각 파이프와 타공판으로 제작 방식은 용접.

컬러 각파이프는 철강집에서 구입을 하고 타공판은 펜스, 철망집에서 구입을 했다. 자주 혼동을 하는데 타공판을 구입하러 철판집에 갔다가 계속 헛걸음을 하고서야 타공판은 펜스집에서 판다는 것을 기억해 냈다. 기존의 둔탁한 목재 난간을 철거하고 벤치와 테이블 제작 작업에 들어갔다. 야외에 놓이는 테이블과 의자는 비가 왔을 때 물 빠짐이 좋아야 한다. 시각적으로는 너무 무겁거나 둔탁한 느낌을 주지 않는 것이 좋다.

〈라슈크레꼼마〉님은 시선을 가리거나 무거운 느낌이 드는 것을 선호하지 않으시기 때문에 선택된 소재가 얇은 쇠 파이프와 구멍이 숭숭 뚫린 타공판이다. 용접 후에 락카 페인트를 2회 도포하면 작업은 마무리된다. 타공판으로 상판을 용접하고 나니 의자와 두 개의 테이블이 자세가 나온다. 용접 부위와 열에 변색된 곳은 연마석으로 갈아내고 바로 부식 방지용 페인트나 사비를 바르는 것이 좋다. 야외에 놓여 비와 이슬을 맞으면 금방 녹이 슬기 때문이다.

데크의 바닥과 비슷한 검정색 페인트를 칠한 테이블과 의자는 주변 환경과 일체가 되어 존재감이 떨어진다. 하지만 탄생의 역할은 확실하게 한다. 목재는 부드럽고 온화한 느낌을, 철재는 심플하고 단아한 느낌을 준다. 이렇듯 재료마다 각각의 감성이 있어서 인테리어 자재를 선택할 때는 적절한 배합이 필요하다.

붙박이 의자는 공간 활용을 높일 수 있다는 장점 대신에 향후 위치 변경이 어렵다는 단점이 있다. 제작 설치할 때는 위치와 크기 등을 신중하게 결정해야 후회가 없다. 〈라슈크레꼼마〉에는 2인용 테이블 네 개 정도 놓을 수 있는 3.6m 길이의 붙박이 의자를 제작 설치했다. 하부는 각재로 틀을 짠 후에 합판으로 제작했는데 내부 공간을 활용하기 위해 네 개의 미닫이문을 달아 수납공간으로 활용하도록 했다. 붙박이 의자의 앉는 부분은 꽃집 카운터 테이블 해체하며 나온 아카시아 집성판을 재사용했다. 일반 합판보다 가격이 두 배나 하는 귀한 몸이다.

하부 몸통에 액자 같은 문틀을 만들고 5mm 합판으로 미닫이문을 달아 여닫을 수 있도록 했다. 자주 사용하지 않는 물품들을 보관하는 창고로 유용하다. 두툼한 구조목을 두 줄 벽에 고정하여 붙박이 의자의 등받이가 되도록 해서 군더더기를 최소화했다. 〈라슈크레꼼마〉님의 구상이다. 등받이를 비롯한 붙박이 의자 전체를 앤티크 컬러의 스테인으로 착색을 하고 나니 전혀 다른 분위기가 연출된다. 빵 진열장과 카운터 테이블의 멀바우와 조화롭다.

이제 제작해야 할 가장 중요한 집기는 빵 진열장이다. 그러나 구조는 의외로 간단하고 심플하다. 제품의 종류가 많지 않기 때문에(시즌.1 때보다는 많아진다고 한다.) 전체 길이는 합판 한 장 크기인 2.4m로 결정했다. 합판 한 장 크기로 결정된 것은 진열장이 놓일 벽의 폭과 출입문을 여닫는 데 발생하는 간섭을 고려한 것이지만 자재의 로스를 줄이는 사이즈이기도 하다. 합판의 규격은 4×8 사이즈는 1,220×2,440㎜ 이다. 때문에 가구를 설계할 때 300, 400, 600, 900, 1,200mm 단위로 설계하면 자재 로스율을 현격히 줄일 수 있다.

바 테이블도 현장에서 제작했는데 테이블 하단으로 들어갈 테이블 냉장고의 좌우 폭과 높이, 깊이를 고려한 다음 합판의 제원을 고려해서 설계했다. 빵 진열장은 멀바우 집성목을 사용해 제작했다. 멀바

우는 조직이 단단하그 무거운 특성이 있고 목재의 색감이 짙고 깊어 가격이 비싼데도 블구하고 선호도가 높은 자재다. 진열장 하부 칸막이는 목재가 멀바우와 다르다. 꽃집 카운터 테이블을 해체할 때 나온 아카시아 집성목을 재활용했다. 수성 스테인으로 착색을 하면 멀바우 집성과 잘 구분되지 않는다.

진열장은 사포질을 하고 우레탄 바니시로 마감을 했는데 멀바우의 특성인 붉은색이 많이 올라왔다. 이 붉은 색감 때문에 멀바우를 좋아하는 사람도 있지만 싫어하는 사람도 많다. 개인적으로는 바니시를 바르기 전의 색감이 더 좋은데 멀바우는 바니시나 오일 코팅을 하지 않으면 물이 묻으면 변색이 되고 얼룩이 생길 뿐만 아니라 붉은색 물이 빠져나오는 문제가 생긴다. 진열장 안쪽 벽을 마감한 판재는 비규칙적인데 이 자재 또한 꽃집 카운터 테이블을 해체할 때 나온 고재목 판재다. 새로 구입하려면

1m²당 3~4만 원 한다.

멀바우는 주로 더운 나라에서 생산되는 나무다. 멀바우 나무라고 꼭 한 가지 종류만 있는 게 아니라 총 12종이 있고 각 나라에서 생산되는 목재마다 느낌이 모두 다르다. 천연 방부목이라고 할 정도로 나무에 치명적인 벌레에 강하기 때문에 따로 방부처리하지 않아도 오래 사용 가능하다. 또한 워낙 강도가 높아서 겨울철 여름철 수축 팽창이 적기 때문에 일본에서는 철도를 만들 때도 사용한다.

한국에 수입되는 대부분의 멀바우 나무는 인도네시아산이다. 원목보다는 집성목으로 가공되어 수입이 되는 편이다. 원목을 가공해서 사용할 수 있다면 더할 나위 없지만 두꺼운 수령이 많은 나무는 구하기도 힘들고 가격도 매우 비싸기 때문에 인테리어를 할 때에는 집성목을 주로 사용한다.

〈라슈크레꼼마〉님은 페인트 색상을 고르는 데 가장 긴 시간 고민을 했다. 특이한 점은 가구 색상은 빈티지 또는 앤틱이라는 콘셉트만 말씀하시고 알아서 하라는 투였는데 천장과 벽의 컬러에 대해서는 많은 시간을 고민했다. 컬러 샘플 책자를 일주일을 들고 다녔다. 어닝의 컬러도 고민을 하기 시작한 지 10일 만에 인근 상가를 돌며 집집마다의 어닝을 확인한 후에 결정을 했다. 앞에서 잠깐 언급했듯 천장 컬러는 인테리어 공사를 시작하기 전에 진회색으로 결정을 했고 모든 공사가 진행되기 전에 컴프레서 훗기로 뿌렸다.

이후에 집기 제작 및 조명용 전기 배선 배관과 레일을 설치했다. 오븐용 후드까지 합판으로 만들어 설치했다. 빵 진열장이 놓일 벽은 스타코 빈티지(시멘트 노출) 회색으로 미장을 했는데 만족도가 높았다. 타일이 붙어있는 화장실 벽도 스타코 빈티지로 시공해 달라는데 타일 면의 접착력에 대한 우려가 있었다. 하지만 저품에 본드 성분이 첨가되어있어서 타일에 도포된 스타코는 일부러 긁어내지 않는 한 떨어지지 않는 접착력을 보인다. 그래도 걱정스러워 1회 도포한 후 다음날 2차 도포를 했다.

집기가 제작되고 포인트 벽에 스타코 빈티지가 시공되자 전체적으로 어둡고 무거운 분위기라는 〈라슈크레꼼마〉님의 의견이 나왔다. 필자는 차분하고 안정적인 분위기로 느끼며 조명이 켜지면 훨씬 고

급스럽게 느껴질 것ㅇ라고 주장했다. 그런데 〈라슈크레꼼마〉님은 오후 여섯시면 영업을 종료할 예정이기 때문에 주간의 분위기가 더 중요하다고 했다.

공사를 시작한 지 5일쯤 되었을 때 천장에서 물방울이 한두 방울 떨어지기 시작하더니 ㄷ튿날부터 수십 방울이 되었다. 2층의 낡은 보일러 배관에 문제가 생긴 것. 이로 인해 붙박이 의자와 서비스 테이블이 젖어 손을 봐야 했고 건물주는 2층의 배관 공사를 전면적으로 실시했다.

전면의 통창을 폴딩도어로 교체하기 위해 강화유리 철거작업을 했다. 강화유리는 재활용이 어렵기 때문에 파쇄해야 하는데 파쇄를 하기 전에 유리에 촘촘하게 테이핑을 하면 비산을 방지하고 안전하게 깰 수가 있다.

대부분의 작업을 끝내고 작업에 사용되었던 기계와 장비, 공구 등을 철수하고 청소를 했다. 청소를 하고 나면 미흡한 점들이 다시 눈에 띄기 시작한다. 그래서 장갑을 끼지 않은 손으로 만지고 쓰다듬어 가며 점검을 한다. "사람의 피부가 닿을 수 있는 모든 곳은 맨손으로 점검을 하라"가 기준이다. 뾰족하게 튀어나온 핀과 못은 없는지, 까지고 벗겨진 곳은 없는지, 삐걱거리는 곳은 없는지 꼼꼼하게 점검한다. 변기 위의 선반과 거울의 틀은 사용하고 남은 자투리 목재를 이용했다. 〈라슈크레꼼마〉님은 기존 거울과 세면대를 버리고 새로 구입하겠다고 했는데, 세면대는 수전만 교체하고 거울은 액자 같은 틀을 만들면 된다고 재활용을 주장했다.

창고에 보관했던 오븐, 냉장고 등의 장비가 들어오고 입주 청소팀이 투입되었다. 이분들은 먼지 한 톨, 묵은 때 한 점 남기지 않는다. 거친 사내들의 청소와는 격이 다르다. 마지막 날 전동 어닝이 설치되면서 마무리를 장식했다. 리모컨으로 작동되는 전동 어닝이다. 〈라슈크레꼼마〉님은 간판을 달지 않기로 하고 어닝 치마 부분에만 프린트를 했다. 이렇듯 간판을 달지 않거나 아주 조그마하게 다는 업체들이 늘어나면서 많은 간판 업자들이 굶어 죽겠다는 소리를 한다. 모두 페이스북이나 인스타그램 등 SNS의 발달이 가져온 현상이다.

2024년 6월 한 달을 서판교에서 잘 논 기분이다. 덥지도 춥지도 않은 계절에 9년 전의 인연이 이어져 두 번째 가게의 인테리어 작업을 한다는 것은 인생의 축복과 같다. 자영업의 몰락의 시대라는, 폐업자가 150만 명에 육박한다는 뉴스가 모니터를 장식하는 시기에 제법 장사 잘 되던 자리를 접고 1년 만에 다시 창업을 하는 혁신적인 〈라슈크레꼼마〉님. 그 용기와 추진력에 박수를 보냅니다.

어느 피아니스트의 카페 같은
음악 스튜디오 작업!

피아니스트로부터 편지를 받았다.

안녕하세요 이민 작가님! 저는 피아니스트 송영민이라고 합니다. 어디에다 글을 남겨야 할지 몰라 이곳에 비밀댓글로 글을 남깁니다. 저는 클래식 피아니스트지만 세상의 모든 예술을 어우르는 공간을 만드는 게 예전부터 가져온 작은 바람이었습니다. 서른이 넘은 나이에 군대를 가 이제 조금 있으면 제대를 하고 다시 사회로 나가게 됩니다. 지금 아니면 시작을 못할 것 같아 조금 무리해서 연남동 경의선 숲길 끝자락에 자그마한 공간을 얻었습니다. 그곳에 그랜드피아노를 놓고 오픈형 예술 스튜디오를 만들 예정입니다.

음악과 사진과 그림을 안팎에서 볼 수 있게 삼면이 통유리로 되어있고 한쪽만 벽면인 6.5평의 작은 공간입니다. 자금 사정이 넉넉지 않아(군인이라..ㅠ) 셀프 인테리어로 하고 싶어서 인터넷을 뒤지다 작가님 블로그를 보게 되었습니다. 작은 가게 인테리어, 예술, 셀프 인테리어 등등… 제가 생각하는 것들이 작가님 블로그에 다 있어서 너무 흥미롭게 구경을 했습니다.

공간은 카페 같은 느낌에 블랙 앤 화이트로 심플하게 갔으면 합니다. 신축 건물이라 따로 철거할 건 없고요… 벽은 한 면밖에 없습니다. 천장이나 바닥 마감은 안 되어있는 것 같고요. 인테리어 의뢰를 하는 글인데 너무 두서없이 나열한 것 같네요. 12월에 혹시 가능하신지, 비용은 어느 정도 드는지 궁금합니다. 원하시면 사진도 보내드릴 수 있습니다. 답변 기다리겠습니다.

A. 공간명 : All that Culture (세상의 모든 예술) — 가제

B. 공간에 놓여지는 물건

그랜드피아노(벽쪽에 붙일 예정입니다) 사이즈 : 가로 176(벽에 붙여지는 길이) 세로 118cm

작은 테이블 2개, 의자 4개(공연이나 다른 공간 대여 시에는 치워야 하기 때문에 크기가 작아야 합니다.)

악보를 꽂을 수 있는 수납장(한쪽 유리벽면에 붙여졌으면 하고 색상은 블랙 or 목재로 되어 있는 긴 수납장. 1개면 충분합니다.)

노트북과 작은 커피더신 하나 놓을 수 있을 정도의 개인 사무용 테이블.

천장에서 떨어지는 액자 5개 ― 갤러리에서 그림 거는 형식의 액자 오른쪽, 왼쪽 벽면에 2개씩 정면에 1개 총 5개의 액자를 걸 생각입니다.

그리고 이곳은 제가 개인적인 업무가 없을 때 누구나 들어와서 쉬고 음악을 듣고 액자에 걸린 그림이나 사진을 보면서 커괴 한잔할 수 있는 공간이기도 합니다.

가끔은 제가 라이브로 피아노를 쳐주는 식의 이벤트도 할 것입니다. 커피는 위의 카페오- 얘기를 해서 그곳에서 산 커피는 예술공간에 가지고 들어올 수 있게 함으로써 윗집 카페와 저 둘 다 윈윈할 수 있도록 할 계획입니다. 오픈되는 시간은 인스타그램과 페이스북을 연동하여 매일매일 올릴 계획입니다.

그리고 조명은 일단 레일등(검은색)으로 천장 가쪽에 설치하고 중간중간에 툭툭 떨어지는 느낌의 조명 한두 개가 있었으면 합니다. 조명이 제일 중요한데 이곳에서 피아노 못지않게 중요한 건 분위기입니다. 따뜻하고 깔끔한 느낌의 분위기가 났으면 합니다. 사진 찍었을 때(막 찍거나 셀카 같은 걸 찍을 때) 사진이 잘 나오는 거, 그게 중요합니다.

공간은 카페 같은 느낌에 블랙 앤 화이트로 심플하게 갔으면 합니다. 바닥은 노출 콘크리트나 그냥 에폭시 중 싼 걸로 했으면 합니다. ㅠㅠ

인터넷에 많은 사진을 며칠 내내 계속 보고 했는데 작가님이 만든 카페가 제일 마음에 들었습니다.

사실 이 공간은 사업을 보고 계획을 한 공간이 아닙니다. 평균적으로 음악가들은 자기 개인 방을 가지고 그곳에서 음악 작업을 합니다. 그곳을 통칭 우리는 개인 스튜디오라고 부르죠. 하지만 그 스튜디오란 게 거의 대부분이 지하이며 방음공사를 빡빡하게 해서 음악을 하는 곳이 아니라 정말 좁아터진 사무실 같은 곳입니다.

이곳은 제가 개인적인 업무가 없을 때 누구나 들어와서 쉬고 음악을 듣고 액자에 걸린 그림이나 사진을 보면서 커피 한잔할 수 있는 공간이기도 합니다. 가끔은 제가 라이브로 피아노를 쳐주는 식의 이벤트도 할 것입니다. 커피는 위의 카페와 얘기를 해서 그곳에서 산 커피는 예술공간에 가지고 들어올 수 있게 함으로써…!

— 피아니스트 송영민

편지가 왔고 두 번 만났고 몇 번인가 사진 자료를 더 주고받았고 작업에 들어갔다. 그리고 5일 만에 마무리되었다. 벽과 천장에 붙인 흡음보드가 마감재로 충분했다. 에폭시 노출 콘크리트와 블랙보드가 잘 어울렸다. 피아노가 블랙이라는 것이 확정된 상태였기에 결정이 쉬웠다. 책장은 콘크리트 색과 어울리는 앤틱 컬러를 연출했다. 가장 많은 시간과 공이 들어갔다.

하부 장에는 여섯 개의 문을 달아 보이지 말아야 할 것들을 수납하도록 했다. 조명은 싸고 단순한 것으로 선택했다.

1년 후 그의 원룸을 인테리어 했고, 다시 1년 후 그의 투룸을 인테리어 했고, 다시 1년 후 그의 쓰리룸 아파트를 인테리어 헀고, 1년 후 그는 결혼을 해서 그 아파트에 산다. 내게 인테리어 작업을 네 번이나 맡긴 유일한 분이고 첫 번째 작업한 스튜디오 이후로는 모든 것을 "알아서 해 주세요"로 작업은 끝나곤 했다.

특별한 사람들의 특별한 공간
〈음악 스튜디오 클링클랑〉

아래 이메일로 받은 글은 피아노스튜디오 별이나들목의 주인장의 소개로 파주 운정지구에 음악 스튜디오를 하겠다는 분들이 보내온 사업계획안의 일부다.

이민 작가님, 안녕하세요.

LUT&KKE 조○은입니다. 전일 귀한 시간 내주시고 저희들의 이야기를 가슴을 열고 들어주셔서 진심으로 감사합니다. 말씀하셨던 저희와 관련한 자료들을 첨부해 드립니다.

다소 들쑥날쑥하겠으나 양해를 부탁드립니다.

〈조직〉

Leben und Traum(LUT) : '삶과 꿈'이라는 독일어로 예술활동을 통한 나와 내 삶에 대한 깊은 이해와 통찰이 비로소 꿈을 갖게 한다는 의미. (대표 조상은)

발음상 영어 'Root'와도 유사하여, '많은 이들이 예술활동을 해 나갈 수 있는 근간이 되어주고, 그런 활동들을 통해 인간의 본원으로 돌아간다'는 뜻도 가지고 있습니다. 문화예술 스튜디오 형태로 당분간 운영되고, 자금 출현이 확정되면 재단으로 변경 운영할 예정입니다. 향후 운영될 다양한 비즈니스 모델의 근간 역할이 되어 줄 예정입니다.

Kling Klang Ensemble(KKE) : '짤랑짤랑, 댕그렁댕그렁' 같은 맑고 영롱한 소리를 표현하는 독일어로, 사람들의 가슴에 음악을 통해 공감과 감동을 불러일으키겠다는 의미. (대표 한희숙)

많은 이들이 음악 속에서 행복을 발견하며 살 수 있고자 노력하는 단체입니다. '연주+창작+교육'의 세 가지 사업을 주로 진행합니다.

슈필(Spiel) 슈투디오 : '놀이'라는 독일어. 예술은 곧 놀이이고 그렇기에 즐거울 수밖에 없다는 의미. (BM 김가림)

한국어 '수필'과도 발음이 유사하여, 개개인마다 내면 깊은 곳의 스토리가 곧 수필이 되는 것처럼 예술이라는 영역 안 다양한 도구들을 통해 자기만의 스토리들을 표현해 낼 수 있기를 희망한다는 뜻도 내포합니다. 문화예술 관련 프로그램이 3월부터 학기제로 운영될 예정입니다.

Welt Licht(예정) : 행정, 마케팅, 공연기획 등 예술가들이 예술활동을 위해 맞닥뜨리게 되는 다양한

부수적인 업무들을 대행해 주는 문화예술 기획사입니다. (예정)

〈진행 중인 사업〉

'그림책 마을에 클래식이 내린 날' : 〈할머니의 여름휴가〉라는 그림책으로 인형극과 창작곡, 그림책, 공간조형을 통해 그림책 콘텐츠의 깊은 이해와 향유 기회 제공. 현재 창비출판사와 저작권 협의 중, 인형극단 & 작곡가 섭외 완료. 인천문화재단 공모사업 제안 제출 예정, 선정 시 인천 트라이볼 공연장 (300~350석) & 파주 내 1곳 포함하여 총 4회 공연 예정.

슈필 : 문화예술 관련 프로그램 운영(어린이 필름카메라 촬영, 아트캔들, 꽃꽂이, 월 1회 클래식 미니

연주회, 작곡교실, 도예교실, 시대문화예술 시리즈 강좌, 브런치 무비, 예술태교교실, 나만의 보드게임, 코딩교육 등), 3월부터 학기제로 운영.

정기연주회 : KKE(클링클랑 앙상블) 정기연주회 연 2회.

〈**참고자료**〉

KKE Logo

공연기획서 : 저작권 협의 중에 있는 〈할머니의 여름휴가〉라는 그림책의 공연기획서입니다.

소개서 : 좀 오래된 스개서라 갱신을 해야 하네요 ^^;

facebook : https://www.facebook.com/Kling2016/

네이버카페 : http://cafe.naver.com/klingklang

감사합니다.

2017. 01. 03

조○은 DREAM.

이 공간에서 공간의 주인들이 뭘 하려는 것인지 알면 공간을 구획하고 정리하는 데 큰 도움이 된다. 이런 기획안 한두 장이 반복되는 말보다 설득력이 있기 때문이다. 위의 송영민 선생의 편지도 작업을 결정하고 진행하는 데 매우 큰 도움이 되었었다. 이 공간은 후에 권리금을 받고 기업에 양도했다고 한다.

고액 연봉을 포기하고 이룬 꿈

석촌호수 프랑스 빵집 〈비엔블랑〉

프랑스 빵집 〈비엔블랑〉의 예비 주인과의 만남은 9월 말이거나 10월 초였을 것이다. 오산의 수청동 물향기수목원 입구 맞은편에 배달 전문 이유식 카페 인테리어 작업이 이미 확정된 상태였지만 당시 관심을 집중하고 있는 베이커리, 그것도 한참 대세인 프랑스 빵집인 데다 여름에 이미 분당의 까치마을에 프랑스 빵집 〈라슈크레꼼마〉의 인테리어 작업을 하면서 빵과 빵집 인테리어 작업에 점점 더 깊은 흥미를 느끼고 있었기 때문에 프랑스 빵집 〈비엔블랑〉의 인테리어 작업 제안은 너무나 달콤하고 매혹적인 것이었다.

상가 계약도 완료되었고 주방에 세팅할 베이커리 장비들도 프랑스, 독일, 스페인 등지의 유럽 국가에 모두 주문이 들어간 상태라 하루라도 빨리 인테리어 작업이 완료되길 바란다고 했다. 오산의 이유식 카페 인테리어 작업 시점을 3일쯤 앞두고 있었으니 예정대로라면 작업 기간이 겹치는 일정이다. 일 욕심, 돈 욕심이 스노보드용 고글처럼 눈앞을 가려왔다.

〈비엔블랑〉의 예비 주인장과 두 번의 미팅을 하는 사이 작업 환경을 살피기 위해 혼자서 임대 상가 주변을 두 번을 돌아보았다. 그러나 아무리 생각을 해도 겹치기 작업은 힘들 듯 했다. 결국 "다른 인테리어 업체의 디자인과 견적도 받으시죠."라고 말을 하고 말았다. 오산의 작업이 시작되면 지리적 위치상 작업의 80% 이상이 진행되기 전에는 미팅 참석도 어려울 것이라고 정중하게 양해를 구했다.

잠실 석촌호수 프랑스 빵집 〈비엔블랑〉 정 대표는 이화여대 영문과를 우수한 성적으로 입학하고 졸업을 했다. 그런데 어려서부터 꿈꾸던 빵집에 대한 욕망 때문에 취업 대신 프랑스 빵 유학을 결심한다. 하지만 대학을 막 졸업한 정 대표에게는 유학 비용이 없었고 부모님은 이대 영문과를 나온 재원이 무

슨 빵집이냐며 프랑스 빵 유학을 만류하셨다. 부모님과 주변의 반대에 부딪친 정 대표는 먼저 취업을 해 유학 비용을 벌기로 하고 전자제품 회사에 취업하여 해외영업을 담당하게 된다. 60여 개국을 다녔고 영업은 자신의 취향이었다고 했다. 일하며 여행 다니는 즐거움, 영업하고 성공하는 기쁨, 그리고 고수익이 주는 만족감까지 이것이 천직이구나 싶었는데 불현듯 빵집 생각이 다시 났고 그 사이 세월은 15년이나 흘러 있었다-.

빵집에 생각이 머물자- 바로 사표를 내고 프랑스로 빵 유학을 떠났다. 그리고 3년 후 빵 유학을 마치고 서울로 돌아와 상가를 물색하고 임대를 하고, 제과제빵 기계 장비들을 해외에서 주문하고, 인테리어 업자 섭외 및 미팅을 하는 등 귀국 후 불과 2개월 만에 해치운 그녀의 업무 추진 능력은 가히 대단해

보였다. 보통의 준비 기간은 6개월에서 1년이 걸리는 일이다.

필자는 두세 번의 미팅을 하면서 최면에 걸린 듯했다. 문자를 보니 9월 26일 처음 연락을 받았고 다음 날인 27일 첫 미팅을 했다. 29일 오산의 이유식 카페의 작업이 들어가기 전까지 단 두 번의 미팅이었고, 그 사이 두 번의 현장 방문과 관리실 미팅, 현장 주변 답사를 했다. 〈비엔블랑〉의 인테리어 작업 참여에 대한 결론이 나지 않은 상태였지만 오산 작업에 디자이너 김 실장을 합류시켜 〈비엔블랑〉의 디자인 시안 작업을 병행시켰다.

오산의 이유식 전문 카페의 인테리어 작업은 10월 12일 마무리되었다. 그리고 그때까지 〈비엔블랑〉의 정 대표는 인테리어 업체 선정을 미루고 있었다. 2주일, 반달, 15일은 어떤 이에게는 금쪽같은 시간

이다. 결국 필자는 그 금쪽을 돌려줘야 하는 입장이 되었다. 모두 여섯 번의 미팅을 거친 결과였다.

필자는 인테리어 작업에 들어가면 철거 전의 모습부터 철거 과정, 작업 중, 작업 완료 후 과정까지 모두를 블로그에 보여준다. 작업을 진행한 나 스스로도 복기라는 과정을 통해서 되돌아보려는 의도도 있지만 자기 가게를 꾸미려는 소자본 창업자 또는 셀프 인테리어를 준비하는 분들에게 최소한의 도움이 되었으면 하기 때문이다.

〈비엔블랑〉 작업을 시 작하던 날 길 건너 석촌호수 길에 단 한 그루의 은행나무가 노랗게 물들어 있다. 작업 기간을 20일 정도로 예상했기 때문에 오롯이 석촌호수의 단풍 속에서 치르게 됨을 당연한 것으로 받아들였다.

공간은 안쪽으로 3분의 2가 주방이고 출입구 쪽 나머지 공간이 카페 겸 판매장이다. 주방 맨 안쪽의 우측 귀퉁이에서 1,800mm 지점에 돌출 기둥이 있는데 그 기둥 안쪽에 직원용 공간을 조성하기로 했다. 싱크대가 기둥 오른쪽에 위치하고 맨 안쪽 벽을 따라 로터리 오븐과 발효실이 배치되기 때문에 상하수도 배관을 먼저 한다. 창고 겸 직원 탈의실 겸의 좁은 공간은 마루를 깔고 칸막이를 해야 하기 때문에 여기도 미리 배관을 한다. 로터리 오븐으로 가는 배관은 석고보드 벽을 파고 매입했다. 노출을 하게 되면 공간을 잠식하기도 하지만 청소를 하는 데 어려움이 따르기 때문이다.

석촌호수 프랑스 빵집 〈비엔블랑〉의 정 대표와 같이 작업해 보자는 의기투합이 이뤄질 무렵 정 대표는 이번 작업 내용도 블로그에 포스팅할 건지 물었다. 물론, 당연하죠. 라고 했더니 "그럼 저를 소개하실 때 미모의 여주인이라고 해주세요"라고 얘기했다. 앞에서 이대 나온 재원이고 능력 있는 커리어 우먼이라고까지는 얘기 했는데 거기서 딱 빠진 얘기가 미모다.

냉난방기 설치 작업을 서둘렀다. 홀 쪽의 천장은 별도의 마감 작업을 해야 하기 때문에 스프링클러 증설 및 이설 작업은 덕트 배관 작업과 함께 미리 했다. 작업자들을 위한 월동 준비라는 사심도 있었다. 여섯시 사십분이면 작업자들이 현장에 도착하고 일곱시가 되기 전에 작업을 시작하는데 초가을의 이른 아침은 제법 쌀쌀했기 때문이다.

주방과 홀 사이에 가벽을 설치하여 주방이라기보다는 빵 공장(제조 시설)에 가까운 공간과 고객이 이용하는 공간을 완전히 분리시키기로 했다. 위생적인 환경의 오픈 주방이 대세이기는 하지만 미모의 여주인께서는 좀 더 위생적인 환경이 되려면 일반인들이 출입하는 홀과 주방은 격리되어야 한다고 주장했다. 하지만 완전히 벽으로 막히는 것은 아니고 주방 출입문 우측으로 1,200×1,000mm 정도의 고정 창을 뚫기로 했다.

가벽이 설치되어 가자 이쪽과 저쪽의 경계가 확실해지면서 답답해졌다. 각재로 구조틀을 짜고 석고보드로 양면 2겹을 쳐서 일부 소음과 공기를 차단한다. 가벽 맨 우측은 안으로 파고 들어가 작은 커피머신을 설치하도록 했다. 홀은 카페의 구실도 해야 하는데 작은 캡슐 커피머신과 정수기와 온수기, 작은 음료용 냉장고 등 음료를 만드는 데 필요한 공간이 필요하다. 그것들을 별도 공간에 두기 위해서 가벽의 일부 구간만 50cm쯤 뒤로 밀어서 설치하자는 제안이 있었지만 벽의 길이가 너무 짧았다. 공간이 매우 어정쩡한 자세가 될 우려가 있어 기존 안대로 벽은 세우고 벽을 파고 들어간 공간을 음료를 만드는 미니 바 형태로 조성하자는 의견을 냈다.

〈비엔블랑〉의 작업 일정은 2단계로 나누어 진행이 되었다. 냉동고, 냉장고, 오븐, 파이 롤러 같은 대형 주방 장비들의 반입 시기가 정해져 있었기 때문에 비교적 공정이 단순한 주방부터 작업을 끝내고 홀 작업을 나중에 하기로 했다.

가벽을 세우고 문틀과 창틀을 끼우고 붙박이 벽장을 제작해 설치하니 답답하게 느껴졌던 가벽이 조

금은 예쁜 모습으로 바뀌었다. 주방과 홀의 출입문은 덩치가 큰 주방 장비들의 반입이 편하도록 폭을 1,100mm 정도토 넓게 했고 행거 도어를 설치해서 열고 닫을 때의 불편함을 최소화했다. 가벽을 세우면서 서둘러 문을 달고 후드와 덕트를 설치하고 상하수도 및 전기 설비공사도 서둘렀다.

그러는 사이 홀과 외부 파사드에 대한 구체적인 디자인 작업이 진행되었다. 주방의 한쪽 벽면을 제외하고는 모든 곳이 도장 마감이라 페인트 작업량이 좀 많았다. 통로 쪽 통창에 설치될 격자 창살과 문짝들도 모두 현장에서 도색을 해야 했다.

오븐과 발효기는 상가의 맨 안쪽 벽에 등을 기대는 형태로 자리한다. 하지만 뜨거운 공기 배출을 위한 시로코 팬은 출입문 밖의 캐노피 위에 설치되게 된다. 배출구가 뒤쪽으로도 딱히 나갈 곳이 없기도 했

지만 버터향 가득한 빵 냄새를 길거리에 뿌려서 행인들의 후각을 자극하여 유인하자는 작은 속셈이 시로코 팬의 위치를 캐노피 위로 정하게 했다.

주방은 회색의 좀 저렴한 국산 타일을 선택했고 비교적 면적이 작은 홀은 멀리 유럽에서 건너온 귀한 타일을 붙였다. 스페인에서 모셔온 패턴 타일은 정 대표가 처음부터 지정한 유일한 마감재였다. 사진을 보여주며 "홀 바닥은 이걸로 해주세요"라고 딱 잘라 말했던 것이다.

컬러도 그녀가 오래전 부터 결정했던 것으로 컬러 차트에서 잘라온 칩까지 제시했었다. 타일 작업을 하루에 끝내겠다며 사벽부터 시작된 작업이 밤까지 이어졌다. 타일을 붙이고 줄눈 작업을 하고 다음 날부터 목공 작업과 도색 작업이 이어졌다. 가게 옆으로는 상가 뒤편으로 이어지는 좁은 실내 통로가 있는데 옆 가게의 비품들이 놓여있어 어지럽고 난잡해 보인다. 그래서 통로 쪽 창의 하부를 막고 상부는 격자 틀을 만들어 설치하기로 했다.

타일 양생이 끝나자마자 주방팀이 거대한 장비들을 밀고 들어와 설치 작업에 들어갔다. 한 마리 새 같은 느낌을 주는 과이 롤러. 프랑스 빵 중에서도 특히 크루아상을 전략 상품(시그니처)으로 구상하고 있기 때문에 대부분의 장비들이 거기에 맞춰진 듯하다. 장비들의 가격을 합치면 인테리어 비용의 몇 배가 된다고 한다. 이제 주방에 각종 장비들의 배치가 끝난 후에도 홀과 파사드, 창과 문, 진열장, 테이블 등의 난이도 높은 작업이 많이 남아있다.

일주일가량을 정신없이 작업을 진행하고 나니 전체적인 윤곽이 잡히고 끝이 보이기 시작한다. 메인 컬러는 짙은 녹석이고 나머지는 화이트에 금장 몰딩 마감이다. 필자는 개인적으로 클래식 몰딩을 선호하는 편이 아닌데 미모의 주인장과 디자이너 김 실장의 강력한 주장으로 클래식 금장 몰딩으로 벽과 진열장을 마감했다. 짙은 녹색과 금장 몰딩의 조화가 가히 나쁘지는 않다.

홀에는 여섯 명 정도가 앉을 수 있는 장 테이블 하나만 배치하는데 계단재 구조목 판재와 각재를 이용해 만들고 오일스테인 채색을 하고 투명 락카 페인트 마감을 해서 빈티지한 분위기를 연출했다.

물론 진열장, 수납장, 락커 등 목재의 질감을 살린 모든 부분은 같은 방식으로 마무리했으며 채색의 농도가 테이블과 조금 차이가 있을 뿐이다.

인테리어 작업이 마무리되어 갈 무렵이 되자 주방에서는 빵 굽는 냄새가 쉴 새 없이 퍼져 나오고 작업이 끝나고 퇴근하는 작업반원들 손에 빵 봉지가 하나씩 들려졌다. 다양한 빵들이 오븐에서 나올 때마다 즉석에서 맛보는 빵 맛은 그동안 빵이라는 식품에 대해서 가지고 있던 작은 거부감마저 사라지게 만들었다.

석촌호수 가의 프랑스 빵집 〈비엔블랑〉은 석촌호수의 맛집으로 인정받고 있다는 소문이다. 2018년 8월에 SBS의 〈생방송 투데이〉 오늘방송맛집 ― 골목빵집, 명품 크루아상 맛집으로 소개되었다.

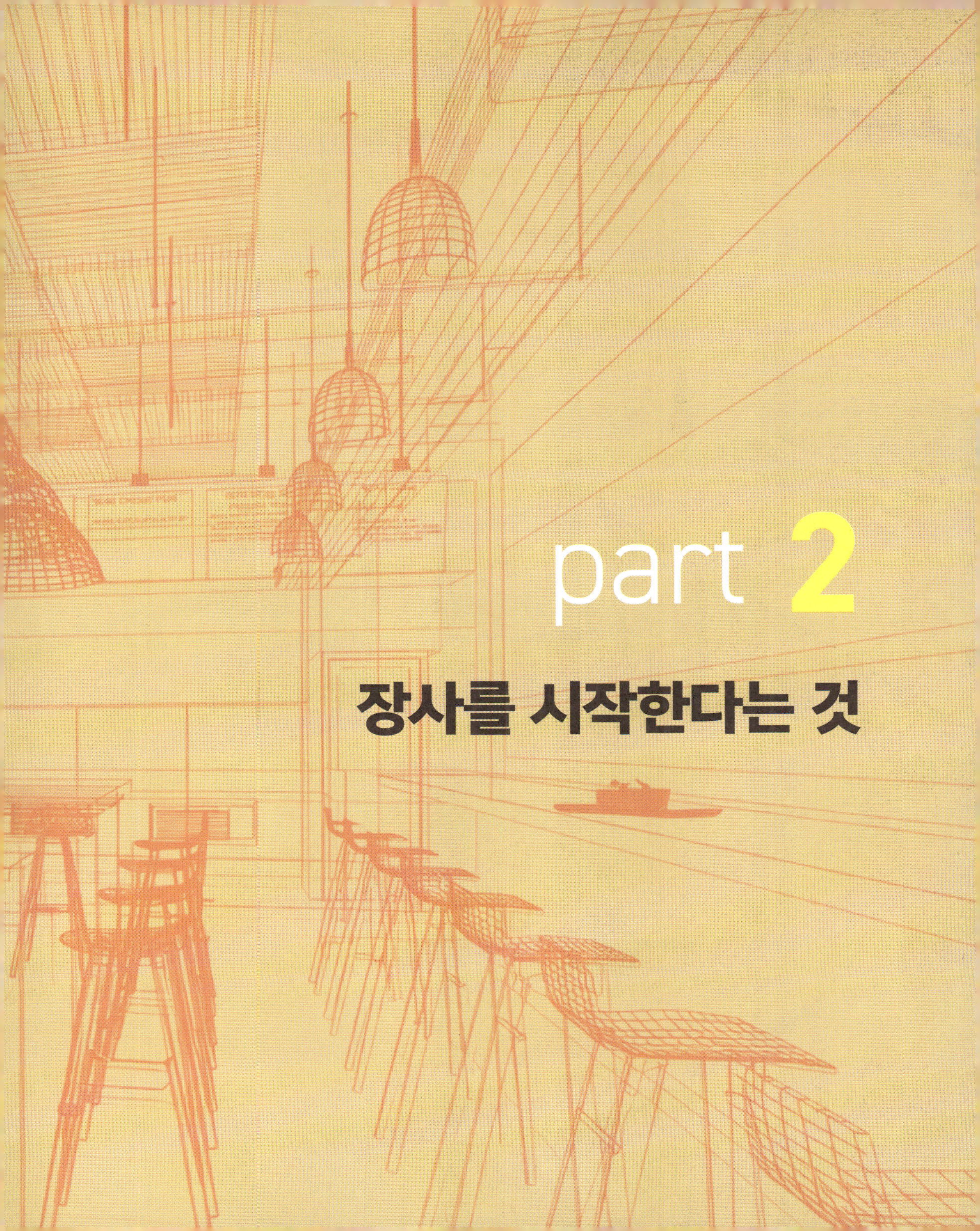

part 2
장사를 시작한다는 것

장사를 하며 깨달은 것들

인테리어 공사를 전문적으로 하는 필자가 창업 준비와 관련해서 글을 쓴다는 것은 다소 무리가 있다. 따라서 창업 준비와 관련한 이 글은 전문가 식견이 아니라 인테리어 공사를 하면서 만난 소자본 창업자들, 자영업자들, 소상공인들, 카페 창업자들의 경험을 통해 보고 들은 사례들을 글로 옮긴 것이다. 물론 필자의 판단이나 주관적인 생각도 반영되었다.

필자 또한 사업을 했었고, 수도 없이 많은 사업계획서를 작성하고 사업 제안서를 작성한 경험이 있기 때문에 전혀 터무니없는 내용은 아닐 것이라 생각한다.

"카페나 한번 해볼까?"

"김밥집이나 한번 해볼까?"

"빵집이나 한번 해볼까?"

이런 식의 뭔가 해볼까 정도의 생각으로는 사업 계획이 아니다. 그런데 소자본 창업자들은 대부분 이런 식의 '뭔가 한번 해볼까?', '뭐가 요즘 뜬다는데' 식의 구상에서 시작하는 경우가 의외로 많다. 그게 나쁘다는 것은 아니다. 다만 그 다음에 해야 할 준비 단계 중 가장 중요한 단계를 슬그머니 넘어간다는 것이 문제다.

소자본 창업자들은 기업들이 신규 사업을 시작할 때 전문가들을 투입해 철저한 시장조사를 하고 사업성 분석을 통해 시작하는 것과는 많이 다르다. 소자본 창업자들에게 대기업들처럼 하라는 말은 아니다. 다만 그런 치밀함이 있어야 하고 정확한 타깃은 설정되어야 한다.

자영업에서 종목을 선택하는 데 있어 가장 중요한 것은 될 만한 종목을 선택하는 일이다. 하지만 비전이 있을 것으로 판단되는 대부분의 종목은 이미 많은 소자본 창업자들이 선택해서 창업을 했거나 또는, 무수한 사람들이 창업 준비를 하고 있다는 점을 절대 간과해서는 안 된다. 그리고 시장에는 수요와 공급의 법칙이 엄연히 존재하며 이 법칙을 돌파할 비장의 무기를 개발하지 않으면 창업 후 얼마 가지 않아 난관에 봉착할 우려가 크다.

"요즘 카페나 빵집 너무 많은 것 아냐?"

이 말을 들어본 적 있다면 카페에 대한 수요와 공급의 법칙에 대한 사회적 우려를 듣게 된 것이라 생각하면 틀림이 없다. 우리나라 시장은 어떤 아이템 하나가 뜨면 급격히 과열되는 양상을 보이곤 한다.

80년대의 가라오케, 90년대의 노래방, 2000년대의 PC방 등 방 시리즈가 대표적이고, 간식으로는 치킨집, 피자집, 떡볶이집, 김밥집 등이 그렇다. 음식점으로는 무수한 지역별 해장국집이 뜨고 졌으며 무한 경쟁 속에서 살아남아 롱런을 하는 해장국집들도 있다.

그런데 재미있는 점은 포화상태에 이르렀다고 평가되는 업종에 여전히 진출하려고 준비하는 예비창업자들이 있다는 점이다. 치킨집만 해도 그렇다. 80년대에 열풍이 일기 시작한 업종이며 이제 치킨집을 해서는 재미보기 힘들다는 평가가 있지만 여전히 주택가 골목마다 치킨집은 있고 또 새로 생긴다. 물론 치킨이라는 음식이 국민의 대표 간식이라는 상품성이 있기 때문이긴 하지만 수요와 공급의 법칙만 놓고 보자면 납득하기 어려운 점이 분명히 있다.

이유는 하나다.

"그래도 배우기 쉽고 가장 안정적이니까."

이미 공급 과잉이라고 딱지가 붙었는데도 불구하고 자영업의 길로 뛰어드는 사람들이 치킨집을 선택하는 이유이다.

공급 과잉이라는 것은 가장 안정적인 것과는 대치되는 개념인데도 불구하고 많은 창업자들이 선택한 것이기 때문에 비전이 있고, 비전이 있기에 자신 또한 선택했다는 자기 위안을 삼으며 불안한 사업을 시작한다.

전문가들은 그래도 좋다고 말한다. 단, 창업자 스스로가 자신이 선택한 치킨이라는 음식을 지극히 좋아하고 즐길 수 있다면 말이다. 자신이 좋아하고 즐기는 일이면 공급 과잉으로 경쟁이 치열하다 하더라도 성공할 확률이 높다는 것이다. 그런데 과연 치킨집을 준비하는 사람들 중 치킨을 좋아하는 사람이 몇이나 될까? 매일같이 치킨을 먹는 사람은 또 몇이나 될까?

한국만큼 다양한 치킨 브랜드가 있는 나라도 드물 것이다. 그리고 한국만큼 다양한 치킨 요리가 발달한 나라도 드물다. 그만큼 경쟁이 치열하다는 반증이다. 그리고 앞으로도 치킨이라는 음식은 계속 진화할 것이다.

사업 준비 이야기로 다시 돌아온다.

시장 골목에 치킨집, 튀김집, 김밥집 등을 차리면서 사업계획서를 작성한 사람은 매우 드물 것이다. 카페, 베이커리, 라면집, 주점, 와인 바, 칵테일 바, 샌드위치 전문점 등을 준비하는 당신도 사업계획서를 작성할 생각은 하지 않을지도 모른다. 물론 복잡하고 까다로운 전문적인 사업계획서를 작성하는 일은 경영학과를 졸업한 사람들도 쉬운 일이 아니라고 말한다.

자영업을 준비하는 여러분에게 아주 세부적인 사업계획서를 작성하라고 말하려는 것이 아니다. "사업계획서? 그게 뭐지? 어떻게 하는 건데?" 라고 말하는 분들을 위해 세상에서 가장 간단하게 작성할 수 있는 사업계획서 작성법을 알려드리고자 한다.

사업계획서 작성하기라고 말하면 뭔가 거창해진다. 일반적으로는 사업자금 준비 계획에서부터 사업 시행 초기의 2~5년간의 사업 운영, 또는 시행까지의 세부적인 계획을 수립하는 것을 말한다. 하지만 여기서 알려드리려고 하는 것은 그렇게 방대하면서도 세부적인 것은 아니다. 사실 그런 복잡한 계획서는 필요가 없을지도 모른다. 하지간 작은 사업이라도 사업인 만큼 계획서를 만드는 것이 성공 확률이 높다.

손익계산서를 작성할 줄 안다면 본인이 시작할 사업의 앞날을 매우 구체적으로 내다볼 수 있다. 카페나 작은 가게를 하려는 여러분은 복잡한 재무제표까지는 필요 없다. 하지만 사업자금의 지출계획표는 꼭 작성해야 한다. 사업자금을 사용하면서가 아니라, 지출한 후가 아니라 사업을 시행하기 전에.

사업자금이란?

사업자금을 항목별로 카페를 기준으로 나열해보겠다.

1 사업 준비금(이것저것 알아보고 다니는 경비, 교육비, 교제비 등)

2 임대보증금

3 권리금(없을 수도 있다)

4 수수료(부동산 중개)

5 인테리어 긍사비

6 주방기기 그입비(커피 기계 및 장비 그릇, 컵 등 포함)

7 테이블, 의자 등 비품과 소품 구입비

8 초기 식음료 재료 구입비

9 종업원 인건비

10 초기 3개월 운영비 또는 예비비

11 오픈 행사비(광고홍보비용, 떡, 고사, 전단지, 무료 시음 시식 등)

12 기타 비용(일회용품과 소모품)

사업비를 쓰기 전에 생각해야 하는 것들

사업자금은 투자금이다. 적금을 털었든 퇴직금을 동원했든 사채를 얻었든, 사업을 목적으로 준비한 돈은 결국 80% 이상은 어디엔가 투입할 계획으로 준비한 것이다. 그런데 막상 돈을 준비하고 투자를 할 때가 되면 어떤 일에 얼마만큼 사용해야 할지 난감해진다.

사업에 있어서 돈은 도구이자 수단이다. 따라서 아까워해서는 안 된다. 중요한 것은 적절한 곳에 적절한 시간에 사용하는 것이다. 그렇게 하기 위해서는 계획이 필요하다. 그리고 계획을 세우기 위해서는 어떤 곳에, 어떤 항목에, 어느 시기에 얼마를 쓸 것인지 알아야 한다.

사실은 거창한 투자계획이라는 말보다는 예산을 편성한다는 말을 사용하는 것이 좀 더 부드럽게 느껴질 듯싶기도 하다.

사업자금의 구성

카페를 창업한다는 가정하에 항목별로 나열해 보겠다.

예시 1)

1️⃣ 사업 준비금(이것저것 알아보고 다니는 경비, 교육비, 교제비 등): 500만 원

2️⃣ 임대보증금: 3,000만 원

3️⃣ 권리금(없을 수도 있음): 2,000만 원

4️⃣ 수수료(부동산 중개): 150만 원

5️⃣ 인테리어 공사비: 2,500만 원

6️⃣ 주방기기 구입비(머신, 냉장고 등): 1,700만 원

7️⃣ 테이블, 의자 등 비품과 소품 구입비: 600만 원

8️⃣ 초기 식음료 재료 구입비: 150만 원

9️⃣ 종업원 인건비 3개월 치: 600만 원

🔟 초기 3개월 운영비 또는 예비비: 1,000만 원

1️⃣1️⃣ 오픈 행사비(광고 홍보비용, 떡, 고사, 전단지, 명함, 현수막, 무료 시음 시식 등): 200만 원

1️⃣2️⃣ 기타 비용: 100만 원

합계: 1억2천4백5십만 원

예시 2)

1️⃣ 사업 준비금(카페 근무 경험이 있는 경우 교육비 제외. 경비 등): 100만 원

2 임대보증금: 2,000만 원

3 권리금(없는 경우): 없음

4 수수료(부동산·중개): 건물주와 직접 계약

5 인테리어 공사비: 2,000만 원

6 주방기기 구입비(머신, 냉장고 등 중고로 구입): 900만 원

7 테이블 의자 등 비품과 소품 구입비(중고): 100만 원

8 초기 식음료 재료 구입비: 150만 원

9 종업원 인건비(혼자 운영): 없음

10 초기 3개월 운영비: 300만 원

11 오픈 행사비(광고 홍보비용, 떡, 고사, 전단지, 명함, 현수막, 무료 시음 시식 등): 100만 원

12 기타 비용(예비비): 100만 원

합계: 5천650만 원

예시 1)과 예시 2)를 비교해 보면 무려 배 이상의 차이가 난다.

하지만 예시 2)의 경우가 되기 위해서는 창업을 준비하는 본인이 얼마나 많은 발품을 팔아야 할지 짐작할 수 있을 것이다. 또 마음을 비우고 욕심은 버려야 한다.

창업 준비 기간이 최소한 2년 이상 되었고 카페 근무 경력이 1년 이상으로 일정 기간 수익이 발생하면서 바리스타 교육비가 상계되었고 식음료 만드는 교육은 더 이상 받지 않아도 되는 상태여야 한다.

또 가게 자리를 찾는 데 부동산에 의지하지 않고 직접 찾아다녀서 건물주와 직

접 상담하고 계약해야 한다. 기존 상권이 인정되지 않는 권리금 없는 건물이거나 신축 건물로 스스로 상권을 개척해야 한다는 각오도 필요하다.

주방기기와 가구, 집기 비품도 고급스러운 것 또는 새것을 고집하지 말고 중고를 선택한다. 소품이나 비품은 2~3년 전부터 꾸준히 준비해 왔어야 한다. 직원이나 알바를 고용할 생각도 말고 손익분기점까지는 혼자서 고군분투해야 한다. 한마디로 죽기 아니면 까무러친다는 각오로 배수진을 치고 창업 준비를 해야 한다는 말이다.

예시 2)에서도 비용을 더 줄일 수 있다. 임대 보증금을 1,000만 원으로 낮출 수도 있고 인테리어 공사비를 1,500만 원 정도로 낮출 수도 있다. 물론 인테리어 공사를 직접 한다면 더 낮출 수도 있을 것이다. 다른 항목에서는 더 이상 낮추기 힘들 것 같지만 10만 원이나 20만 원씩 낮추는 것은 가능한 일이다.

예로 든 항목별 사업비를 다시 한번 자세히 분석해 본다. 사업비는 일반적으로 들어가는 평균 비용을 산출하게 되는데 앞에서 산출한 비용은 좀 많게 잡았다고 볼 수도 있다.

자, 이제 당신이 카페를 한다면 투자비용이 얼마 정도 필요한지 산출이 가능할 것이다. 그리그 당신이 가지고 있는 돈으로 예산을 어떻게 분배하고 책정할지도 방법을 알게 되었다.

그런데 여기서 중요한 것은 역시 시장조사다. 임대와 관련한 빈틈없는 조사와 집기 비품, 주방기기, 커피 머신 등 신품과 중고의 가격을 조사하는 일, 그리고 구입비뿐만 아니라 운반비, 설치비 등도 자세히 알아봐야 한다.

　신품의 경우 운반 및 설치까지 해주는 경우가 대부분이지만 중고의 경우는 운반 및 설치비를 별도로 요구하는 경우가 많다. 이런 것들을 미리 확인하고 책정해 두지 않으면 나중에 어려움에 처할 수 있다. 그래서 예비비를 꼭 책정해 두어야 한다.

　의자나 테이블도 운반비가 별도로 들어가고 그릇이나 자잘한 소품 등을 구입할 때도 택배비 등이 발생한다. 구입할 때 운반비나 택배비에 대해서도 결제 전에 확인하면 포함될 수도 있는데 미리 확인하지 않으면 착불이 될 수도 있다. 따라서 꼭 확인한 후에 결저 한다.

커피만 팔아서는 버티기 어려운 이유

카페는 이미 브런치 카페, 디저트 카페, 로스터리 카페, 베이커리 카페, 식물 카페, 가드닝 카페, 팜 카페, 뮤지엄 카페 등으로 다양하게 진화하고 있다. 하지만 대형 베이커리 체인점들이 커피 시장을 공략하면서 음료를 전문으로 하는 작은 카페들의 입지는 더욱더 좁아졌고, 다양한 편집숍들까지 카페를 겸하면서 동네 카페들은 줄도산을 했다. 특히 2020년 팬데믹 상황이 발생하면서 겨우 명맥을 유지하던 작은 카페들은 골목에서 자취를 감춰버렸다.

거기에 빽다방, 컴포즈커피, 메가커피 등의 저가 커피 프랜차이즈가 기승을 부리고 편의점들마다 원두커피를 팔고 있으니 이제 개인 카페 시절은 끝났다고 보는 것이 옳다. 따라서 카페 창업을 준비하는 예비창업자는 이에 대한 대책을 세우지 않고는 성공 확률이 더욱 낮다는 것을 인식해야 한다.

케이크, 쿠키, 초콜릿, 마카롱, 타르트 같은 것들이 카페의 메뉴로 선보이기 시작한 지도 한참 되었다. 2025년 등장한 두툰쿠(부바이 쫀득쿠키)는 2026년 2월 현재 유행이 끝나가는 느낌이다. 이렇듯 어떤 트렌드 상품들은 라이프 사이클이 길지 않다. 아니 매우 짧다. 결국 지속성, 연속성을 가질 수 있는 나만의 특화 상품을 개발하지 않고는 카페라는 사업의 장기 레이스에서 낙오할 가능성이 큰 것이다.

특화 상품이란 대단한 발견을 하거나 개발을 하는 것이 아니다. 남원이라는 소도시에서 소보로빵에 크림을 주입해 생크림 소보로빵이란 상품으로 히트를 친 명문제과의 경우가 그렇다. 명문제과는 아주 작은 오래된 시골 빵집이었다. 그런데 일명 곰보빵이라그도 부르는 소보로빵에 생크림을 넣어 보면 어떨까라는 반짝이는 아이디어를 실현해서 전국적으로 유명해졌다.

춘천의 팜가드닝 카페 〈감자〉의 경우는 전문 회사로부터 컨설팅을 받아 탄생한 카페인데 감자빵을 개발해 히트를 쳤고 전국에 감자빵 열풍을 일으켰다. 전남 함평군의 〈키친205〉는 할머니가 한복집을 하다가 다년간 비워둔 가게에 오직 함평에서 많이 생산되는 딸기를 산더미같이 넣은 케이크 전문점을 차렸는데 지금은 전국적으로 유명해졌고 몇 군데의 백화점에 입점했다. 이처럼 지역 특산물을 이용한 감자빵이나 양파빵, 공주밤빵, 땅콩과자, 대게빵 등도 사실은 생존을 위한 치열한 고뇌에서 탄생한 것들이다. 부산에 갔더니 고등어빵도 있었다.

베이커리는 무초 다양하며 그 많은 아이템 중에서 나만의 것을 찾아낸다면 매출의 기본은 지킬 수 있다. 따라서 베이커리를 기본으로 하면서 식사 대용이 가능한 메뉴를 개발한다면 좀 더 안정적인, 또는 성공적인 카페 운영자가 될 것이다.

"카페나 한번 해볼까?"라는 생각은 위험천만한 것이다.

요즘은 그 많던 동네 카페들이 소멸되다시피 했다. 편의점에서도 원두 커피를 팔고, 1,500원짜리 저가 프랜차이즈가 기승을 부리고 있기 때문이다. 그런 가운데도 3,000원짜리 커피를 팔며 생존하는 카페들이 있다.

이들이 더 높은 가격으로도 생존하는 이유가 뭘까? 그것은 공간이 특별한 경우, 음료(직접 로스팅을 하거나 핸드 드립)가 특별한 경우, 베이커리·브런치 등이 특별한 경우 등으로 그 존재의 이유를 나눠 볼 수 있다.

요즘의 자영업, 특히 카페와 같은 곳은 크로스오버crossover 시대다. 카페에서 와인을 팔고, 삼겹살집에서도 와인을 팔고, 국밥집에서 지역 특산물을 판다. 꽃집을 하면서 인테리어 소품을 팔고, 인테리어 소품을 팔면서 커피를 판다. 베이커리에서도 와인을 팔고, 카페에서 도자기를 판다.

작은 가게를 준비하는 여성들에게

인테리어와 관련된 글을 쓰면서 필자가 중요한 사실 하나를 놓치고 있다는 것을 깨달았다. 주점이나 요리점은 남성의 비율이 높지만 작은 카페일수록 주인장이 여성일 확률이 매우 높다는 점이었다. 이런 사실은 비단 카페만이 그런 것이 아니다. 옷 가게, 샌드위치 전문점, 토스트 가게, 아이스크림 가게, 케이크 가게, 베이커리 등 작은 가게의 주인들 대부분이 여성이다.

작은 가게의 인테리어 작업이라는 것이 공구를 다룰 줄 알고 손재주가 있는 보통 남자들에게는 취미생활의 좀 더 적극적인 행위에 불과할 수도 있지만, 섬섬옥수를 지닌 여성들에게는 결코 만만한 일이 아니라는 것을 뒤늦게 깨달은 것이다.

페인트칠을 하기 위해서 다뤄야 하는 붓은 김을 구울 때 사용하는 들기름 바르는 붓과 다르고, 드라이버나 전동 드릴 또한 뜨개질바늘과는 전혀 다르다. 연장을 다루는 데는 기술도 중요하지만 힘과 체력이 바탕이 되어야 한다. 가볍고 성능 좋은 전동 공구들이 다양하게 나와 있지만 여성들이 장시간 사용하기에는 무리가 있다. 그리고 인테리어를 전혀 모르고 가게를 준비한다면 예상치 못한 다양한 난관에 부딪칠 수 있다. 따라서 이 책에는 인테리어 작업을 했던 현장을 중심으로 인테리어란 무엇이며 어떻게 진행되는 것인지 현장 사진과 작업 과정을 상세히 기술해 놓았다.

인테리어 공사비 얼마나 나올까요?

"인테리어 공사비 얼마나 나올까요?"

가게를 준비하는 사람들이 가장 먼저 물어보는 말이다. 아마도 필자가 가장 많이 받는 질문이고 나를 가장 난처하게 하는 질문일 것이다. "평당 얼마나 들어갈까요?"라는 말 또한 나를 당혹스럽게 한다. 100만 원이 들 수도 있고 300만 원이 들어갈 수도 있다. 가장 큰 차이는 가게를 꾸미고자 하는 주인의 마음이다.

어떤 가게를 임대하느냐에 따라서도 많은 차이가 난다. 상하수도 배관이 되어 있는 곳과 그렇지 않은 곳, 전기 용량이 충분한 곳과 그렇지 않은 곳의 차이가 크다. 공사를 하는 데 수월한 곳과 복잡하고 까다로운 곳도 차이가 난다.

카페 창업을 준비하는 사람은 소문난 카페 순례를 한다. 그리고 각각의 카페들의 좋은 점만을 보고 자신이 만들 카페에 적용하고 싶어한다. 당연한 마음이다. 하지만 가장 마음에 든 구석(아이템)들이 가장 비싼 것들일 수 있다는 것도 생각해야 한다. 인테리어 비용이 5,000만 원이 들어간 카페를 보고 그 카페처럼 시공하길 바라면서 인테리어 비용은 그 절반 정도만 생각하는 경우도 있다. 그럴 때는 좀 당혹스럽다.

사람들은 인테리어 공사가 끝나면 바로 다음 날쯤 카페를 오픈할 수 있을 것으로 생각한다. 체인점 카페라면 어느 정도 타당성이 있는 이야기이다. 이미 카페를 운영해본 경험이 있는 분이라면 역시 가능성이 있다. 하지만 처음 창업하는 개인 카페는 전혀 다르다. 인테리어 공사가 끝나면 주방기구 세팅을 해야 하고 테이블과 의자 등도 들여와야 한다. 이런 과정을 철저하게 준비했다고 하더라도 3일 이상 걸린다. 경험이 없는 분들은 1주일 이상 걸리기도 한다.

주방과 홀의 테이블 집기까지 세팅되고 필요한 물품이 다 구비되었다고 하더라도 사전에 메뉴에 대한 세팅이 되어있지 않다면 이 또한 많은 시간이 필요해진다. 판매할 음료와 베이커리 등이 결정되었다 하더라도 과연 고객에게 돈을 받고 팔 수 있는 상품 가치가 있는 것인지 확인해야 한다.

음료를 만들고 시음을 하고 다시 만들고 하는 시연 시간이 2일에서 길게는 5일 정도까지 걸리기도 한다. 그러다 보면 인테리어 공사가 끝나고 난 후로도 1주일 또는 10일 정도의 시간이 금방 지나가 버린다. 따라서 사전 준비와 계획이 세심하고 철저해야 한다. 그에 따라서 불필요한 시간을 줄일 수도 있고 늘어날 수도 있다. 하지만 통상적으로 1주일 정도 워밍업 시간은 필요한 듯하다.

오픈 계획을 세울 때 인테리어 공사 종료 후 5~7일 정도 시간 여유를 두는 것이 좋다.

재계약을 거부하는 건물주와 싸워 이긴

Food Gallery 〈음식기행〉

기존 임차인과의 계약을 종료하고 보증금과 월세를 올려 새로운 세입자를 맞이하고 싶은 건물주 앞에서 8년 동안 이룩한 영업 터전을 지키려는 음식점 주인의 가슴앓이를 고스란히 지켜봤다.

8년 동안 단 한 번도 월세를 연체한 적이 없고 몇 해 전 무려 8천만 원이 넘는 비용을 들여 간판과 파사드뿐만 아니라 방부목 데크에 외부 창문까지 폴딩도어로 전면 교체하는 대공사를 해서 낡은 건축물의 외관을 바꿔 건물의 가치를 높여 놓았다. 그런 세입자에게 업종 변경을 해야만 갱신 계약을 해주겠다는 건물주. 30년 이상 된 역삼동의 3층, 옥탑까지 4층인 이 건물이 리뉴얼 작업을 하면서 1층에서 8년째 식당을 운영하고 있는 세입자에게 음식 냄새 때문에 건물 버린다며 업종 변경을 요청했다. 임대차 계약 만기를 서너 달 앞두고 있던 터라 식당 주인은 아무 소리도 못하고 쫓겨날 운명에 처했다.

이야기는 이미 지난돋부터 꾸준히 나왔다. 완전 철거를 하고 재건축을 한다고 했다가 리뉴얼 및 증축을 한다고 했다가. 재건축을 할 경우에는 20여 평이나 되는 지하층이 없어지고 1층 또한 주차장으로 허가를 받아야 해서 결국 리모델링으로 결정이 났고 그러는 사이 3층 주택이 먼저 이사를 갔고 2층 사무실도 이어서 이사를 갔다.

갱신 계약을 원하는 1층 식당만 남아서 온갖 불이익을 감수하며 리뉴얼 공사를 위한 휴업에 들어갔다. 당초 건물주는 식당을 하지 않는다는 조건으로 착공 전에 갱신 계약을 해주기로 했고 식당 주인은 반찬가게로 업종 변경을 하는 조건으로 갱신 계약에 대한 협의를 봤다. 리뉴얼 공사 착공 계정일 하루 전날 휴업을 하면서 갱신 계약서를 작성하기로 하였지만, 오후 2시경 오기로 한 건물주는 5시가 넘어서도 나타나지 않았고 다른 일이 생겨 늦어졌다며 다음날(공사 착공일) 10시쯤 오겠다고 했다.

그리고 다음날 오전 10시에 도착한 건물주 부부는 목이 빠지게 기다리는 세입자의 인사는 받는 둥 마는 둥 하고 공사업체 사장과 철거 현장을 둘러보러 다니기 바쁘다. 건물주는 결국 이날 계약서를 작성해 주지 않았고 세입자의 대변인이 된 필자는 언성을 높여 세입자를 돕고 있는 사람의 존재감을 드러냈다. 시작이 고약하면 진행도 고약하기를 피할 도리가 없다.

공사가 시작되는 날까지도 건물주는 갱신 계약을 해주지 않았기 때문에 1층 세입자의 대변인이 된 필자는 건물의 리뉴얼 공사를 맡은 시공사 대표에게, 1층 세입자가 계약서에 따라 점유하고 있는 공간에 대해서는 털끝도 건드려서는 안 된다는 협박 비슷한 양해를 구하며 이를 어길 시 시공사에서 손해배상을 해야 한다는 경고를 했다. 시공사 대표는 이해한다며 원활한 협의가 이뤄질 수 있도록 돕겠다고 했다.

그렇게 건물 리뉴얼 공사가 시작되고 우여곡절 끝에, 그러니까 식당 영업을 중단하고 3주쯤 지난 후에 갱신 계약은 이루어졌다. 식당을 하지 않고 반찬가게를 한다는 조건이었다. 반찬가거를 하면서 김밥을 파는 것은 허용 받고 점심때 반찬가게 형태의 점심 뷔페를 하는 것까지 어렵게 승낙 받고 갱신 계약서를 작성했다.

세입자는 리뉴얼 과정에서 사라지게 되는 주방 공간 6평에 대해서 따지지도 묻지도 말고, 공사 기간의 3개월의 영업손실 비용에 대해서도 따지지도 묻지도 말며, 1층에 새로 해야 하는 주방 공사와 상하수도 설비 및 전기 관련 공사비용에 대해서도 당연히 세입자 몫이다. 그리고 보증금과 월세는 올리려 했지만 오갈 데 없어 보이는 세입자의 통사정으로 기존대로 2년만 동결해 주는 어마어마(?)한 선심이 깔려있었다.

건물주에 대한 불평은 계속되겠지만 시공사의(또는 하청업체의) 횡포 또한 작지 않았다. 1층 파사드와 간판을 철거하면서 세입자에게 철거비용을 요구하며 버티다가 건물주의 항의로 대충 철거해 놓고 도망갔다. 돌출간판 두 개는 그대로 둔 상태로 다시 30만 원의 철거비용을 요구해 오랫동안 작업을 같이 해온 간판 사장님께 연락해 부탁했더니 지나시는 길에 사다리 걸치고 10분 만에 떼어가셨다.

철거가 끝나고 위생설비 및 상하수도 설비공사가 진행될 무렵 사전 점검을 하면서 설비공사팀에게 상하수도 인입 위치를 설명했고 설비업체 사장님은 알았다고 했다. 하지만 지하층이나 2층의 상하수도 설비 배관 작업은 과도하게 시행하고도 막상 음식점 자리인 1층은(이미 세입자가 확정되어있으니) 상하수도 배관을 전혀 해주지 않았다. 모든 것은 지하 창고에 머물러 있었고 1층의 배관 작업을 하는 비용은 건물주와의 견적에서 배제되어있다고 건축 업자는 주장했다. 말이 앞뒤가 맞지 않는 내용이어 조목조목 따지고 들었더니 결국 사실관계가 확인되었다.

설비 업자(하청업자의 재하청 업자)가 작업을 종료하고 현장을 빠져나갈 때까지 1층 배관 작업이 이뤄지지 않은 것을 책임자(현장소장과 재건축 업자)가 발견하지 못했고 그런 와중에 결제 문제로 의견

이 달라졌다. 그 피해는 고스란히 1층 세입자에게 돌아왔다. 건축 업자는 이 사실을 인지하고도 1층 세입자의 몫이라며 상하수도 설비공사 비용을 떠넘기려 했던 것이다.

결국 건축 업자와의 협박에 가까운 협상을 통해서 자신들의 실수를 인정받고 상하수도 설비 배관 공사를 세입자 측에서 직접 하고 비용은 정산 처리하는 것으로 했다. 과연 원활하게 정산 처리를 해줄지 의문이 들지만 책임 소재를 명확히 한 것으로 만족하고 진행했다.

하지만 복병은 또 있었다. 건물 외벽 리뉴얼을 위해 지중에서 올라온 메인 배관을 제외하고는 도시가스 배관을 계량기까지 모두 철거한 상태였고 1층 식당도 가건물이었던 주방이 철거되면서 실내 배관도 철거된 상태였다. 그런데 도시가스 배관 업자가 와서 1층 인입 및 실내 배관에 대한 비용은 1층 세

입자가 부담해야 한다고 했다.

1층의 기존 도시가스 배관은 1층 세입자가 몇 해 전에 180만 원을 들여서 신설한 것이었고 철거 전에는 모두 원상복구해 주기로 했던 것인데 말이 또 달라진 것이다. 도시가스 배관 업자는 130만 원을 견적했고 1층 세입자와 필자가 건축 업자에게 강력하게 항의하자 옆에서 웃고 있던 도시가스 배관 업자가 선심 쓴다는 듯 견적을 80만 원으로 하향 조정했다. 건축 업자는 여전히 나 몰라라 하는 표정이어서 다급한 세입자가 건물주와 직접 협의 정산을 해서 배관 공사에 대한 비용을 지불하는 것으로 정리하고 작업 일정을 잡았다.

도시가스 배관 작업을 하기로 한 하루 전날, 현장 소장이 모르타르 작업을 해야 하니 주차·장에 쌓아놓

은 집기들을 치워 달라고 했다. 도시가스 배관 작업을 하기로 했는데 괜찮겠냐고 했더니 문제가 없다고 한다. 하지만 막상 다음날 아침 펌프카가 들어오고 미장 작업자 2명과 콘크리트 패턴 작업자 2명이 들어와 현장 정리 및 보양 작업을 하는 것을 본 배관 작업자는 이런 상태에서는 배관 작업이 불가능하다며 장비를 챙겨 가버렸다.

1층 식당의 인테리어 작업은 부분 철거 및 전기 배선 배관 공사, 상하수도 설비공사, 타일 작업이 선행되었고 외부 모르타르 공사가 진행된 다음날부터 본격적인 목공 작업을 시작했다. 기존에 있던 테이블의 수저통과 고기를 굽는 가스버너를 빼내고 테이블 세 개를 연결해 고정한 후에 상판은 낙엽송 합판으로 덧방을 하고 측면은 막고 홀 쪽 앞면에는 테이블 다리를 보강하고 문짝을 달았다. 그리고 긴

통 하나를 만들어 올려 테이블을 2단의 바 테이블 형태로 만들었다. 기존 천장은 투톤이었던 색상을 화이트로 통일하고 벽 또한 화이트로 통일하기로 했다. 조명은 기존 갓등의 일부를 재활용하면서 삼파장 전구를 LED로 전부 바꾸고 바 테이블 위에는 전등용 레일을 설치하고 스폿등 네 개를 추가 설치했다.

출입구 쪽 기둥에는 자투리 목재를 활용해 등 박스를 만든 후에 백열전구 소켓 네 개를 연결한 후에 8와트짜리 LED 전구를 끼워 넣었다. 광원을 분산시켜 은은한 분위기를 연출하고 싶어 등 박스 안쪽에 방충망을 두 겹으로 댔는데 효과는 그리 크지 않아 실망스럽다. 상부장을 기역자로 설치해 주방 안쪽의 어수선한 분위기를 최대한 감추고 부족한 수납공간으로 활용하게 했다.

한참 작업을 하고 있는데 건물주가 복잡한 현장으로 들어왔다. 그분은 아주 친한 듯 너그러운 표정을 지으며 "건물을 완전히 새로 만들었는데 1층도 싹 뜯어버리고 깨끗하게 새로 인테리어를 하지!"라고 말한다.

주방의 너저분해 보이는 천장과 벽을 정리하고 후드를 설치하고 낙엽송 합판으로 덧방을 한 테이블은 목재용 스테인으로 채색을 해서 분위기를 가라앉혔다. 스테인이 착색되고 건조되자 모서리 부분을 집중적으로 샌딩하고 상판 바닥도 일정 부분 빈티지하게 연출되도록 샌딩한 후에 우레탄 바니시로 마감을 했다. 혼밥족들을 위한 공간도 별도로 마련했다.

언제나 그렇듯 예산은 한정되어 있지만 하고 싶은 것도 해야 할 것도 많다. 그래서 우선 깔끔하게 보이는 데 주안점을 두었다. 한편 푸드 갤러리라는 그럴듯한 이름을 내걸었지만 자칫하면 동네 점심 뷔페집을 면하기 어려울 것이라는 우려를 하고 있었다. 대부분의 집기 비품을 식당 시절의 기존 것을 보수해서 사용해야 한다는 문제점이 있었지만 최대한 응용과 기교를 부려 인테리어 콘셉트를 식당이 아닌 카페 분위기로 살짝 방향을 틀었다.

하지만 생각처럼 되지는 않았다. 천장도, 창과 문도 그대로이고 심지어 조명까지 배치만 조금 바뀌었을 뿐, 일부 작은 갓등과 바 상부장 앞 셀프 바를 비춰주는 스폿 조명이 추가되었을 뿐이다. 그러고 보니 출입구 기둥에 설치한 등 박스도 새로 달기는 했다. 푸드 갤러리라는 이름을 착안하고 검색을 해보니 푸드카페만큼은 아니지만 이미 여러 곳에서 사용을 하고 있었다. 그리고 대부분의 푸드 갤러리는 대형 뷔페였다.

집밥, 직접 만든 음식, 바로 만든 반찬, 먹고 갈 수도 있고 싸가지고 갈 수도 있는 곳. 직접 만든 다양한 음식을 포장하지 않은 상태로 진열해 놓고 소비자가 선택하게 하는 진열 또는 전시 형태이니 갤러리라는 이름을 붙이면 좋겠다는 생각이었다. 〈푸드갤러리 음식기행〉 오픈 첫날 점심 때 80명 정도가 왔고 다음 날에는 130여 명이 점심을 먹으러 왔다고 한다.

팥빙수로 히트진 팥 전문 카페
세곡동 〈홍팥집〉 3호점

인연은 점점 크고 견고해진다. 물론 어떤 인연은 풍화되어버리기도 하지만 대부분의 인연은 시간의 흐름과 함께 소실점에 다다른다. 가파도라는 섬에서 받은 전화. 3호점 준비를 합니다. 3년인가? 4년 전인가? 오금동에 2호점을 만들 때 같이 했던 아름다운 청년들이다.

4월 16일. 섬에서 꾸렸던 짐을 풀었다. 3호점도 꼭 같이하자던 약속을 지키게 되었다. 천장 텍스를 두 친구가 허리 아프게 철거해 놓았고. 평면도와 배치도, 창호 디자인까지 그렸다. 훌륭했다.

홍팥집은 젊은 남자 두 분이 운영한다. 둘은 고교 시절부터 친구다. 주인장이 둘이라 의사 결정을 하는 데 시간이 좀 더 걸린다. 게다가 두 분이 직접 1호점의 인테리어 작업을 했고 2호점을 필자와 같이 했으니 이분들은 거의 인테리어 업자다. 그래서 더 신중하고 또 더 더디다. 두 분이 의사결정을 하면 필자는 현장에 적용할 방법을 찾는다. 작업의 효율성, 경제성, 실효성 등을 고려한 후에 적용할 것인지 포기할 것인지를 의논한다.

기획과 디자인, 설계를 셀프로 하는 것만으로도 대단한 일이다. 등 박스를 만드는 일이나 도장 작업도 두 주인장이 번갈아 가며 같이 한다. 어느 날 아침 깨어 보니 두 짝의 문에 대한 그림이 날아와 있다. 단순해 보이지만 결정을 하는 데는 쉬운 일이 아니다. 여기서도 오금동의 2호점처럼 ㄱ-마솥을 올릴 부뚜막을 만들어야 허서 고벽돌을 구했다. 한 장에 600원, 필요한 것은 500장이니 30만 원이다. 두 남자는 하루에도 수만 가지 아이디어를 얘기하고 제안을 한다. 그런 의견들이 때론 벅차-지만 의견들 중에는 필자가 생각하지 못했던 독특하고 참신한 아이디어가 있고 그로 인해 전혀 다른 디자인이 나온다.

5월의 첫날, 유리 취부, 덕트 후드 설치, 에어컨 설치가 동시에 이뤄져서 난리법석이었지만 별일 없이 잘 진행되었다. 주인장들은 당초 5월 초 오픈 목표를 포기하고 중순으로 미뤘다. 어린이날과 어버이날, 스승의 날이 연달아 이어지는지라 문정동의 1호점과 오금동의 2호점을 운영하는 데도 벅차다는 결론을 내리고 욕심을 버린 것이다.

기존 창에는 3.5m 높이의 대형 이중유리가 설치되어 있었고 그중 가장 큰 두 장은 철거하지 않고 재활용할 계획이었다. 그런데 그중 하나가 아무리 닦아도 닦이지 않는 때가 있어 자세히 보니 유리와 유리 사이의 안쪽이 오염된 것이었다. 그래서 폐기하고 강화유리로 교체했다.

작업장과 주방 바닥 동선은 패턴 타일로 시공했다. 작업은 주인장 중 한 분이 진두지휘했다. 홍팥집 3

호점 인테리어의 핵심은 가마솥 세 개가 설치되는 부엌이다. 주방이라는 말보다는 부엌이 훨씬 어울리는 공간인데 안성의 인간문화재가 제작한 대형 주물 가마솥 두 개와 그보다 더 큰 초대형 교반솥 한 개가 설치된다.

고벽돌로 만들어진 부뚜막과 가마솥 이미지의 확장성을 위해 건물 바로 앞 보도블록 다섯 줄을 고벽돌로 교체했다. 테이블은 다리만 주문을 하고 일반 합판 18mm와 15mm를 겹쳐 붙인 후 하부 방향으로 모서리 따기를 했다. 페인트 마감은 샌딩, 오일스테인, 샌딩 실러, 샌딩, 바니시 마감까지 모두 주인장 두 분이 틈틈이 작업해 완성했다.

이번 작업은 에어컨 설치, 덕트 후드 이설 작업 및 설치, 주방기구 주문 및 설치, 등기구 구입 및 설치, 가구 도장, 도시가스 공사 등을 주인장들이 직접 진행함으로써 비용 절감과 더불어 성취감도 만끽하는 공동작업이다. 때론 의견이 일치되지 않거나 공종 간에 충돌이 생기기도 했지만 결과적으로는 매우 만족할만한 작업이었다.

홍팥집은 문정동에서 7평짜리 작은 가게로 시작해 오금동의 16평짜리 2호점을 3개월 만에 오픈한 막강 저력이 있다. 팥빙수, 단팥빵, 상투과자 등등 팥을 위주로 하는 팥 전문 카페 홍팥집 3호점을 2호점 오픈한 지 3년 만에 연 것이다.

이들은 셀프 인테리어의 달인들이지만 시간과 비용을 줄이기 위해 전문 장비와 숙련공의 손길이 필요한 부분을 내게 요청했다. 그리고 어떤 것들의 디테일한 부분은 직접 설계하고 제작은 필자와 팀원들이 하고 어떤 것들의 마감은 또 두 남자가 했다. 두 남자의 집요함과 섬세함에 작업자들이 때로는 당황하기도 했지만 대부분은 그들의 정성에 감동했다. 두 남자의 오늘이 있는 이유일 것이다.

〈라슈크레꼼마〉 직원이었던
춘천 베이커리 카페 〈동네빵집〉

인천 송림동 베이커리 카페 작업이 막바지로 갈 즈음. 이른 퇴근길, 겨울바람에 식어버린 해를 등지고 경인고속도로를 엉금엉금 달려 서울로 진입하고 있었다. 조수석에는 정 기사가 오늘은 어디 가서 누구랑 한잔하지 고민을 하면서 다음 현장은 어디냐고 묻는다. 예정된 다음 현장은 없었다. 다만 1월에는 충남 서산, 2월은 인천이었으니 봄이 오는 3월에는 봄내가 있는 춘천에서 봄맞이 작업을 한다면 더 바랄 것이 없겠다고 했다. 한 열흘쯤 숙소 잡아 여행을 떠나온 듯이… 춘천에서. 그렇게 시답잖은 또는 시큰둥하게 얘기를 하면서 경인고속도로 신정동 부근의 막힌 고속도로에 서 있는데 문자가 왔다.

"여기는 춘천인데요."

분당의 프랑스 빵집 〈라슈크레꼼마〉에서 한동안 일한 적이 있는데 그 집 인테리어가 마음에 들어서 연락을 했다고 한다.

"작가님 돗자리 깔으셔야겠네요."

춘천의 베이커리 카페는 신축 건물 1층이다. 인천 송림동의 40년이 넘은 시장 골목의 부실 건축물 1층과는 전혀 다르다. 철거할 것도 보수할 것도 없다. 홀 쪽의 두 개의 검정색 알루미늄 미닫이창을 빼내고 고정창으로 개조했다. 창틀은 합판으로 감싼 뒤 통유리를 끼우고 출입구의 양개형 강화유리 문도 빼내고 틀은 목재로 감싸고 문짝은 합판으로 제작해 설치했다. 최소한의 비용으로 홀의 분위기를 일신하기 위해서 천장은 도색만, 바닥은 에폭시 하도만 2회. 조명은 목재로 현장 제작. 오븐 위의 후드도 목재로 제작. 물론 선반, 바 테이블, 진열장, 붙박이장, 화장실 쪽 통로 칸막이 등등은 현장 제작 설치 후 도색했다.

주인장이 직접 그린 주방 배치도를 주었다. 상하수도와 전기의 배선 배관과 후드 덕트의 설치 위치의 적합성, 작업자의 동선 등을 고려해 대폭 수정되기는 했지만 이 배치도 한 장에 주방에 필요한 모든 정보가 들어있다. 기구 및 전열기들의 크기와 전력량, 상하수도의 연결 여부 등이 모두 적혀있다.

주인장의 메모는 매우 중요한 역할을 한다. 열 마디 말보다 중요할 때가 있다. 30대 초반의 주인장은 학창 시절부터 아르바이트와 취업을 통해 10여 년 모은 돈으로 베이커리 카페를 준비한다고 했다. 때문에 사업비에 여유가 전혀 없다. 최저 최소 비용을 견지하다 보니 상권은 스스로 만들어야 하는 곳을 선택했고 장비는 1년 전부터 사 모으기 시작했다고 한다. 셀프 인테리어를 해서 비용을 절감하고 싶었지만 쉬운 일은 아니었다. 그러다 보니 인테리어 비용도 당연히 최저의 설정이었다.

춘천은 순우리말로 봄내라고 한다. 봄이 오는 시냇물. 그래서 봄을 맞이하며 일할 최적의 장소가 아닌가 생각했는데 이는 큰 착각이었다. 춘천의 봄은 서울보다 보름은 늦게 찾아왔다. 강원도라는 내륙 깊숙한 산간지역임을 간과한 것이다. 그래도 〈동네빵집〉은 이른 아침부터 고운 햇살이 창가로 찾아오는 곳이라 포근한 느낌이 든다.

집기, 기기, 장비가 들어오기 전의 모습은 조금은 휑한 느낌이 든다. 이들이 들어오기 전에 조명은 잘 켜지고 위치는 맞는지, 콘센트의 전원은 잘 들어오는지 에스프레소 머신, 제빙기, 냉장고, 오븐, 발효기 등이 놓일 위치 에 필요한 전기와 상하수도 위치는 맞는지 등을 확인하는 작업이 필요하다.

주방 설비팀이 설치 작업 및 시운전을 마치고 떠나자 서울에서 한 무리의 손님이 찾아왔다. 대부분이 베이커리나 카페 관련 종사자들인데 춘천 〈동네빵집〉 주인장의 지인들로 베이커리 카페 오픈 준비를 돕고 축하하기 우 해서 왔다고 한다. 공사 기간 중에도 먼 곳에서 응원차 찾아온 분이 제법 많았는데 〈동네빵집〉 주인장의 인품을 느낄 수 있었다.

7개월 만에 다시 찾아간 춘천 〈동네빵집〉. 마침 가는 날이 장날이 아닌 휴일이라고 쓰여있어 놀랐는데 주방 안쪽에 작업대 상부등이 켜있고 인기척이 느껴졌다. 조용한, 고즈넉한 초겨울 풍경 속 아침 햇살이 스며드는 빵집이었다. 쉬는 날인데 마침 대구에서 빵을 배우러 오신 분(이미 베이커리 카페를 운영하시는 분)이 있어 나왔다는 주인장 별님.

"어떠세요?"라는 질문에 "직원은 둘이고 겨우 같이 먹고 살만 해요"라고 답한다. 혼자 먹고 살기도 힘든 요즘 같은 시절에 이 얼마나 위대한 업적인가. 아직 어린 듯, 여린 듯하면서 앳된 고운 모습인데 마음은 넓고 따뜻ㅎ-고 그러면서 다부진. 처음 봤을 때나 지금이나 변함없는 모습이다. 쉬는 날이라 제품이 없어 드릴 게 없다며 따뜻함과 포근함 마음 가득 담은 커피를 뽑아주고 실기 교육에 여념이 없다.

커피를 마시며 두 분의 작업을 한 시간여 지켜보았다. 사람이 사람을 만나고 사람을 보며 뿌듯함, 행복함을 느낄 수 있다는 것. 춘천에 내게 보석 같은 큰 행운이 있다.

코로나 때 2호점까지 낸 케이크 전문점
〈버터힐〉 시그니처는 시오빵

창고였다. 언덕 위에 있어 뒤쪽의 3분할 창으로 보이는 풍경이 좋았다. 네 개의 벽면이 서로 전혀 다른, 뭔가를 실험하고 테스트한 듯한 곳이었다. 벽돌로 쌓아 만든 좁은 화장실, 우측 벽에는 옆집으로 이어지는 통로의 흔적이 있고, 좌측 창고와 공간 분할한 석고보드 벽, 샌드위치 패널로 막은 전면 벽과 창과 출입문. 모든 것이 제각각이지만 뒤로 난 창으로 보이는 풍경이 좋았다.

7.5평의 케이크 전문점. 언덕 위, 낡고 지저분한 창고에 있는 좁은 화장실은 길 건너편 공용주차장에 공용화장실이 있으므로 철거하고 공간을 확장했다. 3분할된 알루미늄 섀시 창문도 뜯어내고 확장시켰다. 창문의 틀과 턱도 넓게 내외부로 돌출시켜 고정 테이블로 사용이 가능하도록 설계했다.

날씨가 좋으면 좌측으로부터 인왕산, 삼각산, 도봉산, 수락산, 불암산, 용마산 등 서울 강북의 6대 명산이 모두 보인다. 파사드와 전면 창호는 작업자의 의견에 따라 부식철 섀시로 슬림한 ㅅ-다리꼴 구조에 맑은 유리로 선택했다.

워낙 좁은 공간이라 덩치 큰 오븐 두 대와 냉장고, 발효기 등이 한쪽 벽면을 차지하고 나니 뭔가 표현할 공간이 없다. 게다가 쇼케이스가 놓이고 오더 테이블과 작업대도 설치되어야 해서 고민을 하다 주방을 완전히 개방하는 방식을 제안했다. 베이킹을 하는 시간은 제한적이기 때문에 베이킹을 하지 않는 시간에는 작업대의 일부를 손님들이 앉을 수 있도록 하고, 가게 안쪽 뒷벽의 창틀까지 손님이 들어오도록 해서 창틀에 앉아 확 트이는 시야 좋은 전망을 보면서 차를 마시도록 하자고 했다. 고객의 동선이 작업대 앞의 협스한 통로를 통과하는 것이라 부담스럽기는 했지만 이 공간에서 가장 아름다운 곳이 뒤쪽 창이고 손님이 앉을 만한 곳은 작업대뿐이라서 과감히 모두 개방하기로 한 것이다. 기존의

오픈 주방과는 개념이 완전히 다른 것이다.

개인 사정이 생겨 한동안 작업에 참여하지 못했더니 벽과 천장의 페인트 색이 너무 밝은 것에만 맞춰져 개성이 없기에 블루 컬러를 일부 벽면에 올리기로 했다. 조명의 종류와 위치 또한 부적절하고 비효율적이어서 일부는 새로 만들어 설치하고 기존 것도 위치를 바꾸거나 개조해서 재부착하니 훨씬 안정적인 카페 분위기가 연출된다.

작은 가게는 공간이 없다. 그 공간을 창출하는 아이디어가 필요하다. 우측 벽의 움푹 들어간 공간에 원목으로 책장을 만들어 끼워 넣었다. 설마 했는데 의외로 많은 것이 수납되었고 블루 컬러와 어울리는 포인트가 되었다. 인테리어는 뭔가를 엄청 꾸미는 것이 아니라 그 공간에 들어올 장비와 기구와 가

구를 담기 위한 준비를 하는 과정이다. 인테리어는 그 공간에서 오랜 시간 머물게 될 주인과 작업자가 편안하고 효율적으로 머물고 작업할 수 있는 공간으로 만드는 과정이다. 또한 인테리어는 그 공간을 찾아올 고객들에게 소소한 감동과 재미를 느끼게 하는 준비 과정이다. 그러나 그 공간이 너무 좁다면 이 모두를 만족시키기는 어렵다. 자칫하면 어지럽고 난잡한 곳이 되기도 한다.

베이커리 카페는 일반 카페에 비하면 참으로 많은 장비가 필요하고 준비해야 할 재료도 너무나 많아서 수납공간 또한 많이 필요하다. 그래서 가장 큰 과제는 보이거나 보이지 않는 수납공간을 최대한 많이 만드는 것이다. 그 와중에 손님들에게도 만족할 만한 공간을 제공해야 한다. 공간 내부는 너무나 협소해서 큰 창을 내고 창틀을 테이블로 만들고 높은 의자를 놔서 시선을 창밖으로 유도했다. 그 의도는 다분히 성공했다.

부친 병간호를 위해 고향 함평에 머물고 있을 때였다. 2~3년 전부터 눈여겨 봐둔 낡은 창고가 마음에 든다며 빵집 자리로 거떠냐고 내게 보여줬던 그 창고가 문이 열려있고 안에서 한 남자가 작업을 하고 있다고 연락이 왔다. 당장 들어가 "임대 안 하세요?" 하고 물어보라고 했다. 창고의 주인이 건물 주인의 사위라는 것을 우리는 알고 있었다. 사위는 장모에게 90만 원의 월세를 내며 사용 증이라고 했고 임대 줄 마음이 없다고 했다. 일단 전화번호를 받은 후에 물러나라고 했다. 그리고 문자를 보내라고 했다. 창고의 반만 임대를 해주시면 월세 중 절반을 내겠다고. 안 된다고 답장이 왔다. 다음날 창고 앞을 지나는데 또 작업 중기라고 해서 그럼 또 들어가서 인사하고 창고의 반만 넘겨달라고 생떼를 쓰라고 했다. 이런 작업을 수차례 반복한 끝에 창고의 3분의 2를 월 80만 원에 계약했다.

마음에 드는 장소는 이런 식으로도 얻어내는 것이다. 임대 계약을 한 지 5개월 만에 비이커리 카페 〈버터힐〉이 탄생을 헜고 이후 딱 2년 만에 장충동에 버터힐 2호점 〈버터힐 키친〉이 문을 열었다.

첫날부터 솔드아웃
울산 프랑스 빵집 〈빵집울프〉

울산시 북구 송정동은 신도시로 아파트 숲이었다. 10평 정도의 공간에 제과제빵 작업용 주방과 교육실을 만들고 손님이 드나들고 앉을 수 있는 카페를 만들어야 한다. 현장에 도착해 기계 장비들을 내리고 둘러봤지만 작은 도시를 빙 둘러 산. 바다는 보이지 않았다. 스마트폰 검색으로 정자항을 찾아냈다. 산맥 넘어 15분 거리. 항구가 있고 몽돌해수욕장이 있고 회 센터가 있다고 했다.

"첫날이니까 좀 비싸더라도 바닷가에서 회를 먹고 좀 비싸더라도 바닷가 숙소에서 잠을 잡시다." "어쩌면 오늘이 울산에 와서 바다를 보는 것이 처음이자 마지막이 될지도 모릅니다." 전기 한 사장님과 목공 반장님은 그냥 대충 저렴한 곳으로 가자고 했다. 얼마나 번다고.

장생포도, 일출로 유명한 강양항도 가고 싶지만 작업을 하다 보면 뜻대로 된 적이 별로 없었다.

〈빵집울프〉의 젊은 주인은 이미 냉장고와 쇼케이스와 작업대와 기타 장비, 집기들을 구입해 두어 좁은 현장이 꽉 차있었다. 작업 첫날 폭염이 찾아왔다. 3면이 막힌 창이 없는 아파트 상가여서 에어컨 설치를 서둘렀던 것이 큰 도움이 되었다.

〈빵집울프〉는 주방과 홀의 공간을 칸막이로 구분해야 한다. 택배 판매나 납품을 하려면 생산시설 허가를 받아야 하기 때문이다. 생산 작업을 할 때는 두 짝의 행거 도어를 닫아 손님들이 있는 공간과 차단하여 위생을 확보하고 작업이 완료되면 두 짝의 행거 도어를 활짝 열어 개방감을 확보할 수 있도록 했다. 문 한 짝의 넓이가 1m가 넘으니 활짝 열면 2m 이상 넓게 열린다.

작업 3일 만에 큰 틀은 잡혔다. 〈빵집울프〉는 정동향이라 햇볕을 가릴 수 있는 천막이나 캐노피 설치가 필수이고 커튼이나 블라인드 설치도 피할 수 없는 구조다. 한여름에는 아침 여섯시 이전부터 오전

10시 30분까지는 뜨거운 햇살이 가게로 깊숙이 침투하고 오전 여덟시만 되면 가게 안은 40도 가까이 달궈져 온실이 된다. 그래서 차양 역할과 처마 역할을 하면서 간판이 되는 적당한 경사가 있는 캐노피를 설치하기로 했다. 가성비를 위해서 선택한 재료는 테고 합판. 방수가 되며 양면에 코팅이 되어있기 때문에 바탕에 묻어있는 유분을 닦아내고 사포질을 해서 스크래치를 내면 에나멜이든 락카 페인트든 도장이 잘되고 면도 미려하게 나온다.

제빵 장비가 설치되자 실내는 더욱 좁아졌다. 비가 잠시 그친 틈을 타서 미리 준비해 둔 간판용 스텐실을 찍었다. 1주일 전쯤 상호를 정하지 못해 고민한다는 얘기를 듣고 울산의 프랑스 빵집을 줄여 〈빵집울프〉로 하면 어떠냐고 제안했는데 모두들 좋다고 해서 채택이 되었고 간판 로고의 마지막 프 자와

늑대 그림도 신전 또는 상패를 형상화해서 모음을 빼고 구상해 줬더니 역시 반응이 좋았다. 그래서 캐노피가 설치되자마자 로고를 박아 버렸다. 마음 변하기 전에.

전기 분전반이 있는 출입구 쪽 기둥과 기둥 사이. 분전반에서 오븐 두 대를 위한 동력선이 새로 올라오고 온수기와 반죽기와 또 다른 기구들을 위해 몇 가닥의 전선이 더 올라와야 해서 노출되는 전선을 숨길 겸 박스를 만들고 선반을 만들고 그 아래 기둥과 기둥 사이에 붙박이 테이블을 설치했다. 그리고 스테인으로 착색. 1차 착색하고 샌딩하고 2차 착색하고 샌딩하고 3차를 하던가 코팅한다. 목재로 만든 모든 것들은 조색한 스테인으로 착색한다.

인테리어에서 마지막을 장식하는 것은 조명이라고 하기도 한다. 조명가게에 가면 화려하거나 아름답거나 독특한 조명들이 많아 보인다. 하지만 막상 고르다 보면 그게 그것 같은 느낌이거나 터무니없이 비싸거나. 그러다 보니 마지막 선택은 무난한 것이 될 때가 많다. 결국 작업을 마무리하면서 뭔가 미흡한 마음을 남기게 되는 일을 겪게 된다. 그래서 선택한 것이 일부 조명은 직접 제작을 하자는 것이었다. 작업을 하고 남은 자투리 합판이나 송판을 이용하거나 길거리나 대형공사 현장에서 폐기되는 목재를 활용하기도 한다.

〈빵집울프〉를 작업할 때는 아침저녁으로 바다를 거닐었고 아침 파도에 떠밀려 온 풍파에 시달린 흔적이 가득한 목재를 발견했고 그것으로 세상에 단 하나만 있는 조명을 만들었다. 재료비는 3만 원 정도. 나머지 조명도 파도에서 건진 목재와 자투리 목재를 활용해 만들었으니 비용은 최소화시키면서 조명가게에서는 팔지 않는 〈빵집울프〉만의 조명을 갖게 되었다.

조명의 설치 목적에 대해서 간단히 정리한다. 많은 사람들이 조명을 인테리어의 한 분야로만 인식을 하면서 조명의 본 기능을 잊어버리는 듯하다. 조명 설치의 첫 번째 목적은 조도(밝기)이고 두 번째는 사인(시선을 잡아주는)이고 세 번째가 치장(인테리어)이라는 것이 개인적인 생각이다. 따라서 조명을 설치할 때는 첫 번째와 두 번째를 먼저 만족시킨 후에 세 번째를 달성하려 노력한다. 낮이든 밤이든 최대한 넓은 각도로 행인들의 시야에 이 카페의 조명이 눈에 들어오도록 고안하고 설치했다. 가게가 문

을 열었는지 닫았는지 이 조명을 보고 가장 먼 곳에서도 확인할 수 있어야 한다고 생각하기 때문이다. 울산 작업을 마치고 어느 날 〈빵집울프〉 주인장의 전화가 왔다. "오늘 오전 11시에 오픈했는데 30분 만에 다 팔았어요. 너무너무 감사합니다." 매일 솔드아웃을 치고 있다고 한다. 코로나로 인해 수많은 자영업자들이 최소한의 매출로 겨우 연명하거나 폐업을 하고 있는 시기에 오픈을 하고 연일 완판을 이어간다는 것은 기즈 같은 일이다. 하지만 다른 측면에서 보면 소비자는 사라지지 않았고 소비 패턴 이 바뀌고 있을 뿐이라는 생각이 든다. 한 해 전 작업해 준 〈버터힐〉이 코로나 이후로도 매출이 꾸준 히 늘어난 것도 소비자들의 변화하는 소비 패턴에 적합한 빵집으로 계획되었기 때문이라고 풀이할 수 있다. 코로나 기간 동안 지속된 화두는 코로나이고 비대면, 언택트였다. 카페와 빵집이라는 자영업의

인테리어를 비대면과 언택트를 적용해 설계하고 디자인하는 일. 사업 계획을 수립하고 마케팅을 전개 하는 일은 미래를 예측하는 일과 다를 바 없는 듯하다.

〈빵집울프〉 주인장은 원래 베이커리 카페를 계획했고 베이킹 클래스도 운영할 생각이었고 그래서 커 피머신도 준비했었다. 하지만 베이커리에 집중하시는 것이 좋겠다고 조언하고 음료 판매를 만류하고 쿠킹 클래스도 1~2년 후로 미루시기를 당부했다. 다행히 이 조언은 적절했던 것 같다. 그리고 또 하나, 가격 책정은 계획하셨던 것보다 1.5배 정도 높게 책정할 것을 당부했는데 이는 재료의 선택과 사용에 서 주저함이 없어야 품질의 지속성도 유지가 되고 매출 향상에도 도움이 되기 때문이다. 이 조언 또한 결과적으로 적절했다. 그런데 그녀가 결혼을 했고 육아를 하기 위해 빵집을 접었다고 한다.

넓은 정원에 호수가 있는
순천 팜 가드닝 〈café 운평769〉

2021년 코로나가 왔고 필자는 그 봄에 전남 순천의 산골짜기로 갔다. 3월 17일, 아직 겨울의 기운이 남아 있는 봄날. 길게 잡아 15일의 일정으로 시작된 순천시 서면 죽청 저수지 일원의 팜 가드닝 카페 인테리어 작업은 원래 실내 작업만 하는 것으로 하고 시작되었다. 하지만 일은 데크 작업과 파사드 작업으로 이어지고 조경과 야외 조명까지. 석 달 열흘을 순천을 오가게 된다.

주인장 부부는 서울 성활을 청산하고 고향에 자리 잡은 지 2~3년 되었고 평생 숙원인 갤러리 카페 또는 사진 문화공간을 만들기 위한 장소 물색을 꾸준히 해왔다. 그러다 발견한 곳이 순천 청소년수련원 아래 있는 죽청저수지 주변의 임야와 전답이다. 개발 제한구역이지만 음식점을 하던 25평쯤 되는 낡은 건물이 있어서 이를 대수선하여 사용하기로 하고 매입을 했다. 흥미로운 것은 전 토지주가 저수지 주변을 개발하고자 30여 년 동안 꾸준히 조경수를 심고 가꾸어왔다는 점. 이제는 연세가 너무 많아 관리하기도 힘들고 해서 처분한 것으로 보인다.

기존 건물은 샌드위치 패널로 지어졌는데 너무 심하게 훼손되어서 대수선을 하기로 하고 현지 건설업체에 공사 의뢰를 하면서 화장실과 주방의 위치를 잡아 주고 상하수도 설비 및 위생설비, 전기설비 등의 아웃라인을 잡아줬다. 벽체를 바꾸고 창과 문을 모두 바꾸고 지붕까지 바꾸는 데 한 달 반이 걸렸다. 기초 배관 공사가 끝난 후에 주방 배치도와 장비 리스트를 확정했는데 다행히 설계 변경은 하지 않아도 되었다.

3월 17일. 서울에서 내려온 멤버들이 합류하면서 본격적인 작업이 시작되었다. 바닥은 에폭시 하도로 마감하고 천장은 검정 페인트 마감, 창호는 건축 시공에 반영했으니 손댈 게 없다. 인테리어 작업이라

고 할 곳은 주방과 화장실 그리고 창을 제외한 홀 벽의 목공 작업이 전부였다. 물론 조명을 비롯한 전기 작업도 해야 한다. 타일 작업은 순천의 타일 가게에서 소개받은 인력을 투입했다.

철골 구조의 패널 건물은 안쪽에서 보면 굵은 각 파이프 기둥이 노출되고 결코 아름답지 못한 패널 안쪽의 미색 컬러가 보이게 된다. 건물의 목적이 창고라면 상관없지만 카페를 목적으로 한다면 결단코 어떤 조치가 필요하다. 각 파이프와 창틀 상부의 벽과 천장은 모두 섀시의 검정색과 동일하도록 도색을 해서 일체감을 주었다. 창틀의 하부와 측면 벽은 합판으로 가벽을 친 후에 나왕 다루끼를 1:1 간격으로 박아서 루버 패턴 벽을 만들고 측면 벽은 기둥의 두께인 100mm만큼의 매입 선반을 설치했다. 가성비란 어떤 것인지 보여주는 심플한 작업이다.

나왕 다루끼로 루버를 만들어 창틀 하단의 일부 벽을 장식한 후에 주인장의 컨펌을 받았다. 그리고 재단을 하기 전에 필요한 양만큼의 각재를 앤틱 컬러 스테인으로 도색을 했다. 벽에 설치한 후에 도색을 할 경우 작업의 난이도가 서너 배는 되기 때문이다. 홀의 벽에 일정한 간격으로 콘센트를 설치해야 하는데 패널 벽은 전선을 매입할 수가 없어 궁여지책 끝에 각 파이프 속으로 전선을 통과시키고 콘센트도 각 파이프에 매입 설치했다. 하나하나 그라인더로 콘센트 박스 구멍을 뚫었다.

카페 인테리어 디자인의 콘셉트는 이미지의 대칭이다. 각재로 벽면에 잡은 루버 패턴은 맞은편 주방의 바 테이블에도 그대로 적용되었다. 그 사이 화장실에 금장의 세면대와 선반, 거울을 설치했다.

바 테이블 위에 올릴 조명을 구상하던 중 개울가에서 버려진 철도목(침목)을 발견했다. 썩어서 파이고

파인 곳에는 흙과 이물질이 가득했지만 브러시로 털어내고 꼬챙이로 파냈다. 그리고 홀 바닥에 바를 에폭시 하도를 칠했다. 여기까지는 주인장이 직접 했다. 아름답게 퇴화된 철도목, 철로를 잡고 있던 굵은 못은 뽑지 않고 그대로 두었다. 철도목으로 조명을 만들어 설치하는 것은 이제는 보기 드문 아이디어는 아니다. 오래된 낡은 철도목의 묵직한 감성은 카페 분위기를 압도하는 위력이 있다. 전기 사장님도 꽤 여러 번 만들어 본 경험이 있는지라 소켓과 전선을 드리니 순식간에 조립하여 체인을 걸어 천장에 매달았다. 출입문 앞, 홀 중앙쯤에는 전구를 포도송이처럼 만들어 체인과 전산 볼트로 고정했다. 나머지는 레일에 캉통등.

인테리어 작업을 하다 보면 의외로 버려지는 자재가 많다. 타일이나 석고보드, 합판 등 자재 물량을 산

출할 때 통상적으로 10% 이상의 로스율을 적용한다. 작업 환경에 따라서는 10%보다 많은 로스율을 적용해야 할 때도 있다. 잘라 쓰고 남은 자투리를 모아 폐기 처분을 할 때도 비용이 발생한다. 때문에 로스율을 줄이려 노력을 하고 어쩔 수 없이 발생하는 자투리는 다른 방식으로 활용하는 방안을 모색하게 된다.

벽을 장식하고 남은 나왕 각재 자투리들을 5mm 합판에 목공 본드를 바르고 짜깁기하듯 이어 붙이고 무거운 것으로 눌러 두었다가 이튿날 양쪽을 켜서 수평을 맞췄다. 양옆을 일정하게 커팅을 한 후에 각재 두께의 두 배 이상의 폭으로 18mm 합판을 켜서 테두리를 둘렀다. 이렇게 하면 테이블 다리를 고정하기도 편하고 상판을 구성하는 각재들이 이탈하는 것을 막을 수 있다. 자투리만으로 제작된 테이블은 사용하고 남은 멀바우 집성으로 만들고 스테인을 칠하기 전에 사포질을 하여 모서리와 면을 고르게 하고 스테인을 칠한 후에 다시 사포질을 하여 빈티지한 연출을 한 후에 무광 투명 락카 페인트로 마감을 했다.

건물은 그라운드 레벨(마당)에서 50cm 가량 높다. 따라서 계단과 유모차가 오를 수 있는 슬로프를 만들어 줘야 하는데 주인장은 건물 앞쪽과 화장실 있는 우측면에 일정한 넓이의 데크 설치를 원했다. 그래서 루버 파사드를 그려 보여주며 외연으로의 공간 확장성(데크에 테이블을 놓는 등)과 주 출입구와 화장실 출입구의 처마 기능(비와 바람을 막아주는), 건물의 미학적 기능에 대해 설명했다.

데크 작업은 아연도금 각관을 골조로 하고 난간 기둥은 100×100mm 각관을 세우고 상판은 방부목을 깔았다. 데크와 난간을 설치할 때는 출입 동선에 대해서 세심히 체크해야 한다. 난간은 추락을 방지해 주는 기능이 있지만 오르고 내리는 동선을 끊어 주는 기능도 있다. 때문에 계단과 슬로프를 어디에 할 것인지 면밀히 검토한 후에 작업하도록 한다. 주차장과 화장실과 창고와의 동선을 고려하고 종업원의 작업 동선도 생각해야 한다.

주 출입구 쪽의 파사드 양옆으로 계단과 슬로프를 설치하고 화장실이 있는 우측 끝에도 계단을 설치했으며 빙 둘러 난간을 설치했다. 각 파이프로 프레임을 잡은 파사드는 방부목 각재로 루버 틀을 짜서 끼워 맞추기를 했다. 카페 안의 벽을 장식한 이미지를 외연으로 확장한 것이다. 컨테이너 같던 단순한 사각 건물이 루버 파사드와 방부목 데크로 인해서 전혀 다른 모습으로 재탄생했다.

카페 건물 뒤편 석축 밑에서 물이 나와 주변 땅은 항상 질퍽하게 젖어 수렁 같았다. 전 주인이 배수용 관을 묻었는데 토사로 막혀 무용지물이어서 다시 배수용 유공관을 시공해 달라는데 발상의 전환을 해 보기로 했다. 팜 가드닝 카페 〈운평769〉에만 있는 옹달샘을 만들자는 것. 석축 밑의 흙을 긁어내자 금방 물이 고이기 시작했는데 흙 속에서 난데없이 도롱뇽이 나타났다. 1급수에만 산다는 도롱뇽이다. 땅의 전 주인이 보더니 예전에는 가재도 있었다고 한다. 물이 고이니 제법 그럴듯해 보이고 황찬록 작가의 기도하는 소녀상을 바위에 앉히자 마치 그 자리를 위한 작품인 듯 절묘하게 어울렸다. 마침 조각

상 설치도 할 겸 울타리 작업을 하기 위해 춘천에서 내려온 황찬록 작가에게 옹달샘 둘러에 돌을 쌓고 창포와 원추리를 심는 미션을 주었다. 황찬록 작가는 감각적인 조경사이기도 하다. 주인장의 지인이 가져온 돌미나리까지 빙 둘러 심었더니 오래된 옹달샘으로 변했다.

파사드, 캐노피, 아트월. 숲과 호수가 있는 아름다운 장소에 각진 건물을 들여놓는 일은 죄악일 수 있다. 그런데 인간은 직선을 포기하지 못하고 자꾸만 위아래로 반듯한 선을 그어댄다. 결국 필자도 석 달 반 동안 선 긋기만 하온 듯하다. 다행이라면 찬란한 녹음보다 낮고 땅 빛깔에 가까운 색을 입혔다는 것. 자연에는 직선이 없다고 한다.

캐노피이며 아트월인 파사드 작업이 끝나고 황찬록 작가님이 일의 가닥을 잡아 주인장인 김미정 작가님과 환상 콜라보로 정원 가꾸기에 들어갔다. 잡초를 뽑고 돌을 줍고 놓는, 길을 내고 울타리를 치고 문을 다는 작업이 본격적으로 시작되었다. 황 작가님의 홍천 작업실 목책(울타리)은 자체가 예술이라 이곳 정원의 감나무밭에 울타리 설치를 부탁했는데 어쩌면 이것이 랜드마크가 될 수도 있겠다.

징크패널로 대수선한 건물은 커다란 컨테이너박스를 연상시키는데 건물 한쪽에 아주 오래전에 작은 건물을 한 채 더 짓기 위해 기초 콘크리트 옹벽이 있고 7~8평쯤 되는 옹벽 안 터에는 흙으로 채워져 있는데 그 흙을 파내고 연못을 만들기로 했다. 안도 다다오의 디자인을 모방한 직사각 연못을. 연못 안에는 수련을 심고 어린왕자와 여우 동상을 세워 동화적인 풍경도 연출했다.

카페의 내부 정리는 최근 합법 부부가 된 젊은 커플에게 맡기기로 하고 비워줬더니 공간이 감각적으로 바뀌어 간다. 역시 믿어줘야 한다. 진입로, 산책로, 하우스 주변의 길에 파쇄석을 깔았다. 흩뿌리듯 하라는데 포크레인 할배는 말을 귓등으로 듣는지 듬뿍듬뿍 공사현장을 만들어 버린다. 그러거나 말거나 버찌가 영롱한 보석이 되어 빛난다.

주인장 부부는 100평짜리 비닐하우스를 지어 스스로 격리 놀이터를 만들었는데 전기와 수도를 끌어와 연결하고 수납장을 만들어 정리정돈 하는 데 사나흘이 걸렸다. 부산과 울산에서 온 손님이 주인장과 하루밤을 머물고 갔는데 화장실 없는 것 빼고는 완벽했다는 평가다.

비닐하우스에 전기와 수돗물이 개통되고 드디어 무쇠 장작난로가 설치되어 연통에서 흰 연기가 올라왔다. 주말 이틀간- 비 소식이 있어 서둘러 빗물받이 맨홀 및 배수구를 보수했다. 그후 전기 사장님을 다시 호출해 호수 주변과 진입로 조명설치 작업을 일주일 동안 진행했다. 1천 개 가까운 전등을 달고 밤을, 어둠을 기다리는 기분이란. 반디불도 모를 것이다.

진입로의 바닥을 파고 남아도는 보도블록을 심어서 화살표를 만들어 색칠을 했다. 간판과 이정표, 안내판도 100% 셀프 제작했다.

6월 30일. 개성 있게 석 달 열흘의 기쁨을, 예고된 장마의 먹장구름 아래 찬란한 천둥번개 춤으로 흥겨워하며 두고 갈 그리움과 함께 순천 작업을 마무리했다.

역삼동 와인바
〈바라던바〉

5년 전, 홍대 인근 상수동, 극동방송 건너편에 자리를 잡은 와인바 〈바라던바〉. 이미 5년 전의 그 이전에 상권이 죽어버린 곳에서 창업해 끈기 있게 버티고 살아남아 강남으로 이전을 했다. 이전할 장소 물색에만 6개월쯤 걸린 듯하다. 어느 날 강남역 뒷골목을 뒤지고 있다고 하길래 역삼동의 남도음식점 남도랑 골목을 추천했더니 이틀 후엔가 연락이 왔다.

다음날 찾아가 보니 남도음식점 〈남도랑〉의 옆의 옆에 건물이고 최근에 신축한, 내장 마감이 전혀 진행되지 않은 콘크리트 그대로인 벌거벗은 상태 그대로였다. 계약은 바로 진행되었고 잔금을 치르면서 작업에 들어갔다. 2층을 단독으로 사용하는데 홀이 두 개로 나뉘어 있다. 〈바라던바〉 주인장과 현장 바닥에 마스킹 테이프로 배치도를 그렸다. 바닥에 테이프로 배치도를 그렸지만 작업 중에 크고 작은 변화가 생긴다. 작은 방 창 측에 와인창고를 만들기로 했는데 최종 의견에서 큰 룸의 구석진 자투리 공간을 와인창고로 만들기로 변경 되었다.

작은 룸의 안쪽에 작은 철문이 있는데 3층으로 올라가는 계단 하부 공간으로 창고로 활용할 수 있도록 문을 달아 놓았다. 창고가 있는 벽을 진열장, 수납장, 책장, 옷장 등 다목적 붙박이장을 만들어 설치했다. 작은 창고의 철문은 마치 금고의 문처럼 보이게 된다.

천장이 낮아서 노출 천장으로 하고 싶었지만 작은 룸 천장의 절반 이상이 위층에서 내려오는 오수 배관이 지나가고 있어 미관상 부담스러워서 배관이 지나가는 곳은 천장을 하고 창과 벽 쪽으로는 등 박스를 만들어 간접등을 설치했다. 창고가 있는 벽 쪽 수납장의 맨 위 칸에도 간접등을 설치해서 분위기를 잡고 싱크대가 설치될 곳의 상부는 모두 찬장 형태의 수납장을 만들어 설치했는데 분전반이 있는

곳과 냉장고가 놓일 그 옆자리는 높게 달았다.

목재로 만든 모든 가구와 벽은 앤틱 컬러의 스테인으로 채색을 했다. 작은 룸의 디자인 콘셉트는 서재 같은 아늑한 공간이다. 와인바는 일반 음식점이나 주점과는 좀 다른 분위기가 필요하다. 조금은 차분하고 안정감 있는, 고급스러운 데까지는 아니더라도 품위가 느껴지는 공간이어야 한다는 생각이다.

와인이라는 음료를 만들고 취급하는 과정이 그러하듯이. 그러면서 적당한 규모의 주방과 창고와 진열장과 눈에 보이지 않는 수납공간을 만들어야 한다.

와인바 〈바라던B·〉의 메인 홀에는 작은 주방과 가벽, 주방과 바로 동선이 연결되는 디귿자형 바 테이블을 설치하게 도 는데 홀 바닥에 마스킹 테이프로 위치를 잡아 배치도와 평면도를 그려가며 의논을 했다. 그런 후에 먼저 각재로 가벽의 구조틀을 세우는데 그때 매입 선반 자리의 틀도 같이 형성해 준다. 이후 구조틀에 합판을 덧대고 역시 매입 선반 자리는 오려낸다. 가벽을 세우는 일까지는 비교적 빠르고 순조롭다. 바닥게 그려진 평면도 위에 구조물이 올라오는 것을 보면 일하는 중에도 재미가 있다. 가벽의 매입 선반은 주로 술병을 올릴 생각이라고 해서 상부에 간접조명을 달았다.

바 테이블의 안쪽에서는 좌측에 테이블 냉장고가 들어가고 우측 테이블 하부는 수납공간으로 선반 처리했다. 몸통은 비교적 저렴한 코어 합판을 사용하고 상판은 멀바우 집성으로 덮었다. 바 테이블 하부 외벽은 템바보드로 마감하고 역시 간접조명을 넣었다. 앤틱하면서도 미니멀한 분위기가 주인장의 바람이었지만 작업을 진행하면서 다양한 생각들이 덧대어지니 미니멀한 쪽에서는 조금씩 멀어지는 느낌이다. 메인 홀의 구조물 설치는 여기까지만 하고 추후 창가에 테이블 세 개 정도를 배치하기로 했다. 물론 주방 안쪽에 싱크대, 조리대, 선반, 찬장, 환기 등의 작업은 더 진행된다.

와인바 〈바라던바〉의 역삼동 새 둥지는 2층 전층을 사용하는데 두 개의 홀로 나뉘어 있고 홀과 홀 사이에는 엘리베이터실에 각각의 주 출입구가 있고 엘리베이터실 뒤쪽에 두 홀을 이어주는 통로가 별도로 있는데 이 통로로 나가는 곳에 각각의 출입문이 있고 그 통로에 화장실이 있다. 그런데 특이하게도 화장실 문을 설치하지 않았다. 건물주가 천장과 벽과 바닥을 마감하지 않은 상태로 임대한 데는 공간을 임대하는 임차인의 사업 종류에 따라서 인테리어의 성격이 다르다 보니 멀쩡한 신축 건물의 천장과 벽을 철거하고 노출 콘크리트를 하거나 아니면 전혀 다른 소재로 재시공하여 불필요한 낭비가 발생하는 것을 방지하고자 한 깊은 의도가 있었다고 한다. 그리고 이 의도에는 거대한 현금이 있었다. 처음에는 마감 공사를 하지 않은 것이 건축비를 아끼려는 건물주의 꼼수가 아닌지 의심했는데 놀랍게도 건물주는 신축 당시 실내 마감을 하기 위해 책정된 공사비를 임차인의 인테리어 비용으로 지원하겠다는 것이다. 건물주가 700만 원의 현금을 지원한 것이다. 화장실 문짝이 없는 것이 얼마나 기쁘던지 〈바라던바〉의 주인장과 같이 춤을 추었다.

화장실의 개구부가 너무 넓어 세면대가 있는 쪽에 낙엽송 합판으로 기둥을 만들고 일반 합판으로 제

작한 행거 도어를 설치하고 그 옆에도 낙엽송 합판을 덧대어 타일과 위생도기의 차가운 느낌을 없앴다. 그리고 변기 뒤쪽 상부에도 선반이 있는 수납장을 만들어 설치했더니 기존의 화장실과 전혀 다른 새로운 화장실이 되었다.

오래전부터 신축 중인 건물을 임대하게 될 경우 건물주와 상의해 설계 변경해서 가능하다면 천장, 창과 문, 상하수도의 위치 등을 향후 세입자가 원하는 형태로 시공해 달라고 부탁하고 그로 인해 발생하는 비용의 증감은 협의해 서로 지불하는 방식으로 하면 세입자가 추후 지불할 불필요한 비용을 최소화할 수 있고 건물주 입장에서도 효율적인 건축을 할 수 있다고 의견을 얘기했었다. 그리고 실제로 그런 사례도 발생했고 건물주와 세입자 모두 만족했던 기억이 있다. 그런데 이번의 경우는 건물주가 스

스로 건축비용도 아끼면서 미래의 세입자를 위한 배려를 준비해 둔 경우다. 마감공사에 들어갈 예정이었던 공사비를 700만원이나 세입자에게 지원한 것이다.

와인을 취미로 수집하는 사람들이나 와인 마니아들뿐만 아니라 와인바를 하는 사람들 모두가 갖는 가장 큰 로망이 와인창고다. 이를 대리만족시켜 주는 것이 와인셀러(와인냉장고)다. 역삼동 와인바 〈바라던바〉의 주인장이 와인셀러 구입을 이야기할 때마다 와인창고를 만들자고 제안을 했다. 공간, 장소가 문제였다. 처음에는 작은 룸 한쪽에 유리 칸막이를 하고 작은 에어컨을 설치하는 쪽으로 방향을 잡았다. 뒷벽에는 파벽돌을 붙이고 창문형 에어컨을 설치하면 최소한의 냉장 효과는 있을 것이라고 설득했다. 그러다가 선택된 곳이 1층에서 2층으로 올라가는 계단 위의 2면이 유리창이고 뒷면은 옹벽,

앞은 홀 쪽으로 트였지만 콘크리트 기둥으로 통로가 반쯤 가려진 독립된 공간이다. 다른 것은 잘 해결될 것 같은데 창문형 에어컨의 배수관을 빼는 게 문제가 되었다. 그런데 다행히 계단실 안쪽으로 옥상에서 내려오는 노출된 우수관을 발견했다. 일반적으로 옥상에서 내려오는 우수관은 옹벽 속으로 설치하는데 감사하게도 건물주는 우리를 위해서 노출 배관을 해놓은 것이다.

코어 합판과 구조목과 낙엽송 합판으로 큰 와인 진열장을 만들어 뒷벽 쪽에 꽉 차게 세우고 진열장 뒤편으로 간접등을 설치했다. 메인 진열장은 와인병을 눕혀 쌓을 수 있을 만큼 선반의 폭을 넓게 했고 좌측 계단 방향 창에 놓을 진열장은 외부 계단에서도 진열장의 와인병이 잘 보일 수 있도록 병을 세울 수 있게 슬림하게 제작했다.

역삼동 와인바 〈바라던바〉는 2층으로 큰 홀은 3면이 창이고 작은 홀도 2면에 창이 있다. 따라서 벽 부분이 많지 않은데 이도 주방과 진열장과 수납선반 등으로 인해 가려지고 나면 전체 벽의 절반만이 노출된다. 처음에는 비용 때문에 일부는 노출 콘크리트를 하고 일부는 도색을 하자는 의견이 있었다. 하지만 아무리 생각해도 천장과 벽 모두 노출 콘크리트로 마감을 하는 데 부담이 들었다. 그래서 주어진 예산에서 최대한 쥐어짜 점토 타일을 붙이기로 했다. 줄눈 작업을 하지 않고 타일과 타일을 맞대어 붙였다. 천장과 벽이 만나는 곳은 자연스럽게 그대로 두었다. 메인 홀의 벽과 기둥, 와인창고에도 점토 타일을 붙였다. 와인창고 뒷벽에는 적벽돌 느낌이 나는 파벽돌을 붙이고 싶었지만 통일하고 말았다.

주방의 칸막이와 가구들과 이어진 벽면은 합판을 덧대어 가구랑 같은 색을 입혔다. 작은 홀은 수납장이 있는 벽을 중심으로 좌측 벽은 점토 타일을, 우측은 합판 마감을 해서 가구와 일체감을 줬다. 천장과 바닥을 노출 콘크리트 마감을 하는데 바닥의 경우는 에폭시 빈티지 마감을 하기로 했다. 하도(프라이머) 1회 도포 후 양생시키고 이후 중도(라이닝) 2mm 정도 도막을 올려 마무리하는 것으로 계획을 잡았다. 그런데 천장 콘크리트 회색, 벽과 기둥도 점토 타일 회색인데 바닥까지 회색이면 너무 차갑거나 어두운 느낌이 들 것 같아서 창고에 있는 금분을 가져와서 라이닝에 혼합해 봤더니 튀지 않고 화려하면서 앤틱한 가구랑 잘 어울렸다.

기존의 미장 바닥에 발생한 크랙은 보수하지 않고 그대로 두었다. 금분은 라이닝 한 말에 테이크아웃 커피잔 3분의 2컵 정도가 적당하다. 금분과 경화제를 주제에 부은 후에 전동 믹서기로 3분 이상 돌려줘야 한다. 결론은 사람들은 금색을 좋아한다 이다. 크랙 부분에 대한 의견이 있었지만 금색이 들어간 것에 대해서는 반응이 좋았다. 자칫하면 가볍게 느껴질 수 있는데 금분의 혼합 비율은 기존 콘크리트의 느낌은 살리고 천장과 벽과 가구의 컬러 배리에이션을 적절히 잡아줬다는 자평을 내렸다.

작은 룸의 긴 테이블과 메인 홀의 창가에 놓을 4인용 테이블 두 개는 비용이 좀 들더라도 원목으로 하고 싶다는 주인장의 간절한 소망으로 국내 우드슬랩 시장의 70%가량을 점유한다는 대양목재의 인천 전시장에 가서 100만 원이 넘는 2.3m짜리의 레인트리와 다소 저렴한 4인용 월넛으로 착색한 미송 테이블 두 개를 구입했다.

〈바라던바〉가 이전한 역삼동 골목은 10여 년 전 5개월 동안 주택을 원룸으로 리모델링 증축공사를 했던 곳이다. 그때 공사를 하며 골목의 거의 모든 주민들과 이웃처럼 지냈었다. 공사로 인해 발생하는 소음, 분진, 교통혼잡 등의 불편은 고스란히 주민들의 몫이기에 항상 낮은 자세로 임하며 민원 발생 시 해결을 위해 노력했다. 그 덕분인지 아직도 날 알아봐 주시는 분이 계셔서 비교적 주차도 편하게 할 수 있었다.

절약으로 시작한 청년의 창업기

대흥동 철길공원 칵테일바 〈For:Ru〉

가을의 끝자락, 겨울의 초입에 들어선 마포구 대흥동 경의선 숲길, 일명 철길공원 옆의 새로 리뉴얼한 건물 반지하. 열네 평의 칵테일바다. 건물주가 건물 전체 리뉴얼을 하면서 바닥 방수를 했고 방과 방을 구분하던 벽을 철거하·면서 빔으로 보강을 했고, 석고보드로 벽을 마감하다 말았고, 창과 문틀도 일부 마무리를 하다 말았고 퍼티를 하다 말았고, 여러 가지로 하다 만 게 많아 그것들부터 손봐야 했다. 그래도 냉난방기를 새로 설치해 놓았고 화장실도 새로 만들어 놔서 비교적 일은 많지 않았다.

화장실의 오른쪽에 구석진 공간이 있는데 바닥은 다른 바닥보다 15cm쯤 높다. 화장실 배관이 지나가는 곳이기 때문이다. 그 안쪽에 상하수도 배관을 설치해 놓았는데 아쉽게도 칵테일바 주인장은 주방을 건너편으로 구상하·고 있었다. 그래서 턱을 일부 깨고 상하수도를 연장 배관을 했는데 노출 배관을 하면 미관상 좋지 않을 것 같아서 두꺼운 가벽 하단의 석고보드를 일부 자르고 벽 속으로 상수도와 하수도관을 예정된 주방 쪽으로 임시 배관을 했다.

작업 일정상 바닥 작업을 먼저 했는데 황토색 스타코 미장을 하고 이틀 양생을 한 후에 하도를 바르고 하루, 투명 라이닝을 바르고 3일간 양생을 하고 바닥 보양을 철저히 한 후 목공 작업에 들어갔다. 당초에는 천장이 낮아 배관이 많이 지나가는 안쪽 일부만 천장을 하려고 했으나 천장의 콘크리트 상태도 좋지 않았고 전선과 빔의 노출도 너무 어수선한 느낌이 들어 빔은 감싸고 천장은 최대한 높여 하는 것으로 수정을 했다. MDF로 마감을 한 천장을 본 주인장이 천장을 하길 잘했다며 도색을 하지 않고 그대로 두어도 좋겠다고 한다.

칵테일바는 와인바와 달리 주방이 차지하는 공간이 많다. 그리고 주방 뒤쪽 벽은 모두 술과 칵테일 잔

을 수납할 선반고· 수납장으로 짜여져야 한다. 손님들이 볼 수 있도록, 바텐더가 술잔과 술병을 꺼내고 다시 넣기 편하도록 설계되어야 한다. 주방 뒷벽을 꽉 채워 수납 선반을 만들고 뒤로 나가는 철문은 고정을 하고, 그 자리에는 60cm 깊이에 좌우 폭이 약 1m가 되는 장식장을 만들었다. 여닫이 유리문을 달고 조명을 켜니 그럴듯하다. 뒷벽 선반 아래 90cm 높이로 좌우 5m 50cm 구간에 테이블을 만들고 하부에는 식기세척기, 제빙기, 냉장고 등이 들어가게 하고 남는 공간은 작은 수납장을 만들어 끼워 넣었다. 칵테일B·에서 가장 중요한 자리는 바 테이블이다.

주방 쪽에서는 하부에 싱크대, 냉장고, 냉동고 등등이 들어가고 홀 쪽은 손님의 무릎 공간을 깊게 확보해 달라고 했다. 가감은 템바보드를 요청했고 바 테이블 안쪽에 간접조명을 달았다. 멀바우 상판을 제외한 목재에는 앤틱 컬러 스테인으로 착색하고 무광 우레탄 바니시 마감을 했다. 화장실은 홀 중앙에 있어서 드나들 때마다- 시선이 바텐더와 다른 손님들과 마주칠 우려가 있었다. 밖으로 열리는 문을 안으로 열리도록 개조하고 문 앞쪽에 각재로 파티션을 하고 시선 높이 부분은 템바보드로 마감한 후에 파티션 안쪽 벽에 거울과 조명을 달았다.

공간이 반지하라 창밖은 바로 도로와 수평을 이룬다. 게다가 수도계량기가 있는 쪽이 높아 비스듬히 경사를 이루고 있어서 테이블을 놓기에도 어려운 상황이라 방부목 데크를 했는데 데크 공사비용은 건물주가 지원했다.

주인장이 마지막까지 고민했던 것이 창과 문이었다. 창은 바꾸기로 했는데 디자인을 결정하지 못했고 철재 틀의 방화유리문도 바꾸고 싶은데 대안을 찾지 못했다. 그래서 마음에 들지 않으면 수정하기로 하고 기존 창문과 유리를 철거하고 남은 섀시는 합판으로 감싸고 두 짝 문을 제작해 달자고 제안을 했다. 그런데 해놓고 보니 원했던 스타일이라고 마음에 든단다. 그에 맞게 목재로 제작된 것처럼 출입문도 개조하였다.

이번 칵테일바 작업을 하면서 오랫동안 사용하지 않던 낙엽송 합판을 몇 장 사용했다. 창문은 12mm 방수 합판이다. 목공 작업이 어느 정도 마무리되고 목제 가구의 스테인 작업까지 진행하고 천장과 벽의 도장 작업에 들어갔다. 하루를 천장과 벽의 퍼티 작업을 하고 오렌지 빛깔이 미세하게 비치는 화이트를 발랐다.

주인장의 소신이 우드 & 화이트인데 전구를 주광색으로 할 예정이라 순백색은 차갑게 느껴질 우려가 있다며 선택한 컬러다. 뒷벽의 술 진열장과 바 테이블 위의 조명과 바 테이블 아래의 간접조명 모두를 주광색(백색)으로 선택했는데 칵테일과 술잔의 컬러가 왜곡되어 보이는 것을 막기 위해서라고 했다. 이해는 가는데 너무 차갑게 느껴질 수도 있으니 창 쪽 레일 조명은 오렌지빛이 감도는 전구색으로 가자고 했다.

그리고 바닥. 주인장이 선택한 스타코 컬러는 황토색이었다. 막상 라이닝을 도포한 후에 보니 전체적

으로 탁한 느낌이 들고 바 테이블 등의 목재가 바닥 컬러에 묻히는 느낌이 들었다. 그래서 라이닝 네 말을 더 사다가 금분을 진하게 배합해 도포해 버렸다. 주인장과 상의하지 않은 채. 물론 추가 비용 청구 같은 것은 할 생각이 없었다.

화장실 우측 구석진 자리 위의 천장으로는 위층의 오폐수관이 지나가 낮고, 바닥은 좌측의 화장실에서 나오는 오폐수관이 지나는지라 높아서 정말 어정쩡한 곳이었다. 게다가 안쪽 벽에는 커다란 철재 전기 분전함이 자리했다. 주인장은 이 구석진 곳을 창고로 사용하겠다고 하는데 밖에 넓은 창고가 있는지라 조금은 은밀한 공간으로 만들어 보겠다고 맡겨달라고 하고 분전함은 합판으로 감싸며 문짝을 만들어 달고 그 옆의 벽은 소품 선반으로 만들었다. 그리고 선반 아래 간접조명을 넣고 내려온 천장의 끝선에도 간접조명을 넣었다. 그리고 우측에 있던 큰 창에도 선반을 만들어 끼워 넣기를 해 막아 버렸다.

화장실 앞 파티션의 안쪽에 거울을 붙이고 거울 앞에 선반을 달았다. 그리고 천장에서 갓등 하나를 내렸더니 그런대로 예쁜 파우더룸이 되었다. 벽과 천장 도장을 마무리하고 바닥 라이닝도 새로 도포하고 바 테이블과 작업대 상판도 우레탄 바니시 작업을 한 후에 최종 점검을 했다. 빠진 것은 없는지, 뭐가 부족한지, 추가할 것은 뭔지.

마포구 대흥동 철길공원 칵테일바 작업이 마무리되어 갈 무렵 날은 어느덧 겨울로 들어와 있었다. 바 테이블의 템바보드에 락카 페인트 투명 무광을 칠했는데 절반 가까이 하얗게 솜처럼 일어나는 현상이 발생했다. MDF를 깎아 만든 템바보드는 반달형 표면이 거친 편인데 락카 페인트를 칠했더니 거친 표면이 솜털처럼 포슬도슬하게 일어나 허옇게 보인 것이다. 모두 뜯어내고 재시공을 한 후에 스테인으로 마감했다. 시행착오는 어디에서나 있는 법이다. 칵테일바의 상판을 팔로 기대며 누르면 휘어지는 현상이 발생했다. 너무 길고 무릎 공간을 깊이 준 결과다. 다시 까치발을 만들어 보강을 하고 간접조명도 너무 밝아 30mm 몰딩으로 커버를 덧대었더니 빛이 반으로 줄었다.

그런 가운데 칵테일바 〈포루〉의 핵심 관계자들은 오픈 준비에 바쁘다. 수백 병의 고급 우스키와 럼주와 보드카가 들어오고 처음 보는 향신료와 음료들이 쌓여갔다. 관심을 보이면 세심하게 설명해 주는 주인장, 반도 이해 못 하는 노가다 아저씨. 그래도 마냥 신기했다.

천장의 간접조명도 40mm 평몰딩으로 커버를 해 조도를 낮춰 주고 콘센트 사용이 편하도록 여기저기 위치 조절하고 구멍을 뚫어주고 기물과 술병들로 꽉 찬 주방을 둘러보니 이제 필자가 떠날 때가 되었다는 것을 알겠다. 이때가 한편으론 아쉽고 한편으론 홀가분한, 홀가분한 아쉬움의 시간이다.

영화감독이며 인플루언서인 분의 사무실을 영상작업실 겸 카페로 만드는 작업을 했다. 교육, 커뮤니티 공간이면서 갤러리를 겸하는 카페다.

공간은 앞쪽이 넓고 안으로 갈수록 좁아지는 마름모꼴인데 우측 벽에 두 개의 큰 창이 있고 꺾이는 부분이 두 곳이나 되어서 좀 난감한 상황이었다. 의논 끝에 주방이 될 안쪽 창은 매입 선반 처리하면서 막고 홀 쪽 창은 가벽을 치고 막아서 전시가 가능한 벽을 만들었다. 텍스에 수성 백색 페인트가 칠해진 천장은 오수 배관이 지나가는 안쪽은 그대로 두고 홀 부분은 철거를 하여 노출 천장을 해서 답답함을 해소시켰다. 슬래브에 스티로폼이 붙어있는데 놀랍게도 두께가 30mm에 불과했다. 어떻게 준공이 난 건지 의심스럽다. 2층이 주택인데 겨울철 난방비가 장난이 아닐 듯하다.

바 테이블은 골조를 시멘트 벽돌로 쌓고 상판은 미송합판이다. 선반은 18mm 코어 합판과 5mm 일반 합판으로 제작을 했고 오일스테인 오크색을 입혔다. 싱크대는 기존 것의 스테인리스 물통 부분을 재활용했고 부속은 전면 교체했다.

황 작가님의 요청에 따라(예산 때문에) 냉난방기 설치를 제외한 전 과정을 황 작가님과 함께 진행했는데 그러다 보니 그 혼자서 600장가량의 벽돌을 쌓았고, 아홉 포의 모르타르 시멘트를 비벼야 했다. 조각을 하시는 분이라 그런지 일손이 빠르고 정교하다.

안쪽 천장이 있는 부분은 벽과 같은 화이트를 칠하고 노출 천장 부분은 푸른색을 칠했다. 바닥은 먼저 에폭시 하도를 1회 도포했는데 2차 작업을 끝내고 나면 라이닝에 금분을 혼합해 도포할 예정이다.

춘천 석사동 영상 카페 〈자마〉의 인테리어 작업 마무리는 황 작가의 작품인 조명과 나무, 한글 활자의

설치다. 나무와 조명고- 활자는 모두 그가 직접 제작한 조각 작품인데 한글의 자음과 모음은 구체적인 생각이나 디자인을 하지 않고 단지 영감에만 의존해 만들었다고 한다. 그런데 신기하게드 활자를 만든 이후에 지어진 카퍼 이름이 나타났다. 조명은 한지로 만든 달을 형상화했다고 하는데 불을 켜니 은은한 분위기가 한복을 떠올리게 했다.

창업 당시 23세 소녀
춘천 거두리 디저트 카페 〈글리프〉

3월 28일. 춘천은 봄바람이라기에는 좀 이른 듯한 바람이 불었고 약속 장소인 디저트 카페 예정지의 상가는 원상복구 작업이 한창이었다. 23세의 소녀 같은 예비 창업자와 그녀를 도울 어머니를 만나 상담을 하고 실측을 하고 예비 창업자가 그려놓은 두 장의 도면을 받았다. 그녀가 그린 도면의 구성은 명료했고 간결했다.

4월 1일. 예비 창업자의 두 가지 도면 중 하나를 선택해 배치도를 그려서 현장에서 다시 만나 마스킹 테이프로 현장 바닥에 가벽과 바 테이블의 경계를 그려 보여드렸다. 컬러는 벽, 천장, 가구 모두 화이트가 베이스이고 창틀은 파랑, 간판은 노랑과 빨강으로 연출하고 싶다고 했다.

23세의 예비 창업자 그녀는 수줍음이 많지만 의견은 간결하고 단호했다. 조명에 관한, 간판에 관한 의견을 정리해 달라고 요청했다. 이틀간 SNS를 통해 디자인 콘셉트를 확정 짓고 4월 4일 현장에서 다시 만나 〈디저트 카페 glyph〉의 인테리어 작업에 대한 최종 마무리 상담을 하고 일부 장비들을 현장에 내려놓았다.

첫날은 춘천에서 생활하는 황 작가와 벽과 천장을 보수한 후에 퍼티 후 도색 작업을 했다. 칸막이를 하고 나면 발판이나 사다리를 들고 다니며 작업을 하는 것이 불편할 뿐만 아니라 긴 롤러 대를 끼우고 롤러 작업을 하는 것도 많이 불편해지기 때문이다.

이튿날, 전기 사장님과 목공 반장님이 도착했다. 전기 사장님께는 가벽에 걸리는 전기 분전반을 왼쪽으로 15cm만 이설해 달라고 하고, 목공 반장님께는 작업 동선이 겹치지 않는 부분의 가벽 작업부터 해 달라고 요청했다. 전기 분전반의 15cm 이설은 고작 한 뼘도 되지 않지만 작업은 결코 쉽지가 않다.

순식간에 가벽이 설치되어 평면에 있던 공간이 입체적으로 드러나기 시작했다. 가벽은 저렴한 석고보드 대신 MDF 6mm를 사용해 도장 마감 작업이 용이하도록 했다. 목공 작업이 진행되는 것과 동시에 가벽에 설치될 콘센트와 스위치 등은 미리 타공을 하고 배선, 배관을 해놓으면 일이 좀 더 수월해진다. 상하수도 배관도 마찬가지다.

작업을 시작한 첫날, 양지바른 곳부터 벚꽃의 꽃망울이 터지기 시작했다. 작업에 열중한다고는 하지만 거리의 가로수 벚꽃나무들의 꽃망울 터지는 파열음은 마음을 설레게 한다. 하루쯤 쉬면서 꽃놀이를 하면 좋겠지만 4월 15일까지는 베이킹 장비와 커피 장비 세팅이 가능하도록 서두르겠다고 약속했기 때문에 게으름을 피울 수 없다.

칸막이가 들어서기 전에 칸막이 안쪽이 될 부분의 벽과 천장에 퍼티를 하고 1차 도색을 서둘렀다. 가구 제작에 사용된 합판은 18mm 일반 합판, 18mm 코어 합판, 5mm 일반 합판, 6mm MDF 등이다. 제빵 작업대는 상판에 1.5T 스테인리스를 절곡해 씌웠다. 건물주에게 외벽 화강석 기둥에 페인트를 해도 되는지 확인을 한 후에 섀시와 같은 색의 페인트를 했다.

테고 합판을 도색할 때는 먼저 고운 사포로 표면을 갈아 스크래치를 내고 먼지와 유분을 마른 걸레로 충분히 닦아 준 후 프라이머를 바르고 프라이머가 마르면 그 위에 에나멜이나 락카 페인트를 칠하면 된다. 프라이머 도포 후 노란색 에나멜 페인트를 바르는데 자꾸만 벚꽃잎들이 날아와 노란 페인트 위에 달라붙는다.

바닥 데코타일을 붙이고 창틀과 여기저기 서로 다른 재료들이 만나는 곳에 실리콘을 쏘고 청소를 하고 조명을 달았다. 순백색은 다소 차가운 느낌을 준다. 그래서 모든 전구는 전구색을 선택했고 더불어 채도가 살아났다.

청소를 하고 조명을 밝히니 냉장고와 쇼케이스와 제빙기와 정수기와 에스프레소 머신과 핫 워터와 그라인더를 설치할 팀이 도착했다. 그런데 또 테이블 냉장고가 들어가지 않는다. 결국 제빙기 쪽 바 테이블 다리 역할을 하는 칸막이의 일부를 잘라냈다. 냉장고의 좌우 폭이 1,200mm이니 그 폭을 확보해 달라고 했지만 목공 반장님은 튼튼함을 더 중요시해 버렸다.

설치된 모든 전열기들, 오븐과 냉장고와 에스프레소 머신과 그라인더와 핫 워터 디스펜서와 세 라인의 조명의 전기가 다 잘 작동됨을 확인하고 오픈 전에 다시 한번 돌아와 점검하겠다며 춘천 거두리의 10여 일의 일정을 마무리했다.

춘천 거두리의 디저트 카페 〈글리프〉의 인테리어 작업을 마무리한 지 10여 일이 자나 4월 28일 오픈 날짜를 확정했다는 연락을 받고 최종 점검차 찾아갔다. 커튼이 달렸고 의자와 테이블이 들어왔고 전신 거울 하나가 벽에 기대어 서 있다. 카페 로고와 마스코트 그림이 있는 포스터 몇 장이 벽에 붙어있고 화장실 출입구와 작업실 출입구에도 커튼이 쳐졌다. 전반적으로 23세의 소녀 감성이 풍기지만 잡다함이 없는 화려한 컬러 감성이 풍긴다. 작업실과 화장실 출입구의 컬러플한 커다란 원형 무늬가 있는 커튼이 드리워졌다. 작업실 칸막이에 길게 뚫어 놓은 창은 밖에서 들여다보일 것 같아서 부끄러워 잡다한 것들로 막아 놨다.

아이스 아메리카노, 따뜻한 아메리카노 그리고 쿠키 몇 조각을 시음·시식했다. 제품의 가격 책정을 하는 데 어려움을 겪고 있어서 이에 대한 고민도 같이 나누고 이야기를 나누다 보니 조명을 켜지 않음을 알고 조명 스위치 세 개를 켜니 카페의 분위기가 순식간에 달라진다. 때마침 도착한 커팅 시트지 로고와 이미지를 유리창에 붙이는 작업을 거들었다.

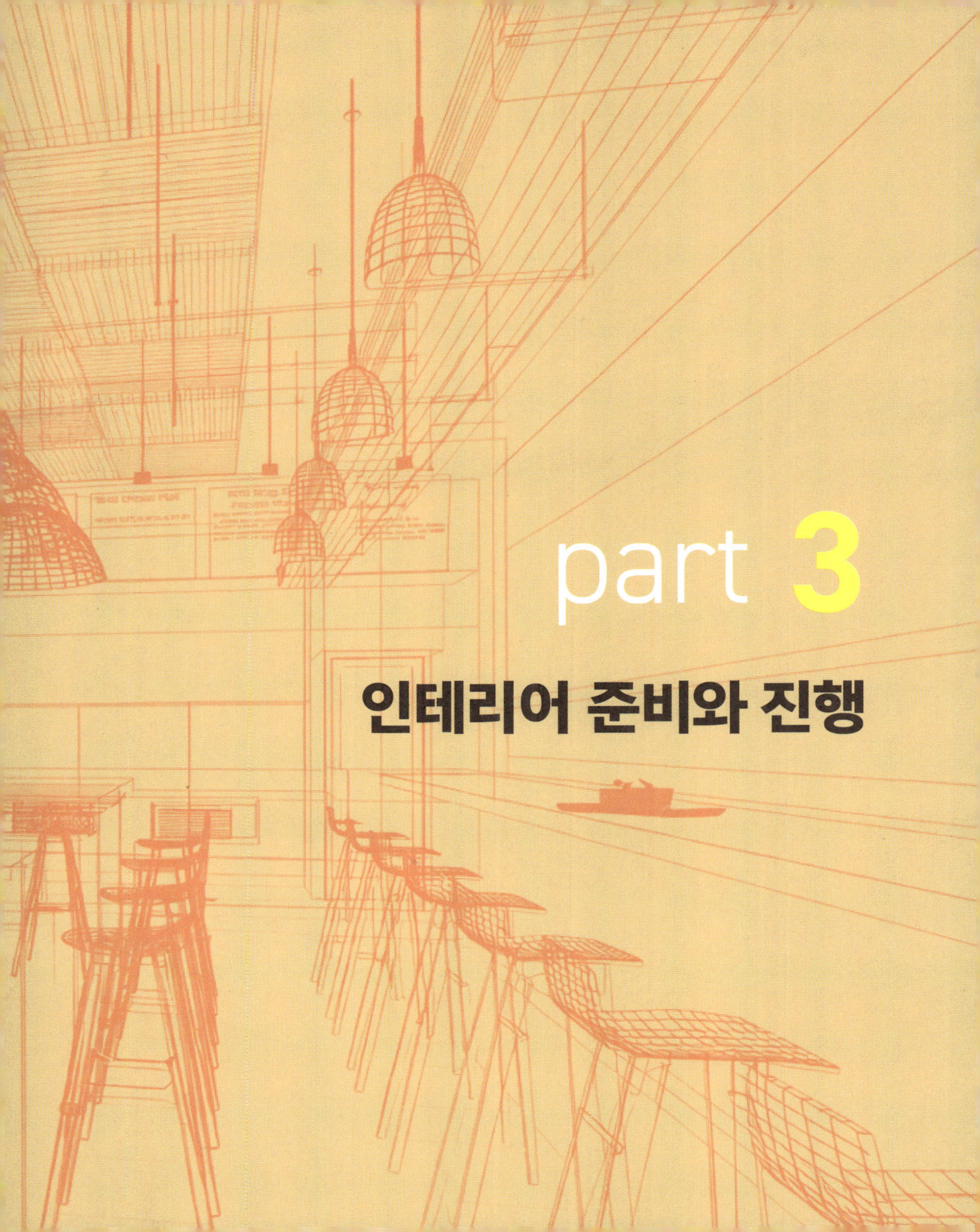

part 3
인테리어 준비와 진행

Iced Tea

인테리어 준비는 미리 시작해야 한다

2년 전부터 준비하라는 말은 다소 터무니없는 이야기처럼 들리겠지만, 당신이 지금 카페 창업을 준비하고 있는 중이라면 오늘로부터 시작해 과거로 거슬러 올라가 보라. 카페나 작은 가게 한번 해봤으면 하는 생각을 하게 된 지가 언제부터인지 곰곰이 생각해보면 2년 전이 아니라 훨씬 그 이전인 경우가 대부분이다. 본격적으로 준비를 시작한 지가 오래되지 않았을 뿐이다. 그리고 지금은 카페든 작은 가게든 인테리어가 중요한 마케팅 수단이자, 인테리어를 미리 준비하는 것은 바로 재테크에 해당된다는 점이다.

카페는 음료와 베이커리, 브런치가 주요 상품이다. 그래서 창업을 준비하는 사람들의 대부분은 음료와 베이커리를 만들고 배우는 데 치중한다. 다른 업종도 마찬가지다. 그런데 테이크아웃 전문점이 아니라면 카페의 주요 상품에는 공간과 시간이 포함되게 된다. 그래서 인테리어가 중요한 마케팅 수단이 되는 것이다.

인테리어를 미리 준비해야 하는 이유는 이제 확실해졌다. 현명한 사람들은 창업 준비할 때, 음료를 잘 하는 곳, 사이드 메뉴를 잘 하는 곳(베이커리), 브런치를 잘 하는 곳, 그리고 인테리어가 잘 되었다고 소문난 곳들을 찾아다닌다.

흔히 사람들은 인테리어를 얘기할 때, 화려하고 고급스러운 치장공사를 떠올린다. 하지만 인테리어에서는 소품과 액세서리도 매우 중요한 비중을 차지한다. 갤러리 카페나 뮤지엄 카페는 이미 무언가를 전시하거나 진열할 목적이 뚜렷하니 논외로 치자. 일반 로스터리 카페, 브런치 카페, 베이커리 카페, 와인 바, 칵테일 바, 전문 주점, 전문 음식점 등을 준비한다면 인테리어 소품은 꼭 필요한 것이다.

멋스러운 것, 고급스러운 것, 고풍스러운 것, 예쁜 것, 깜찍한 것, 그럴듯한 것, 자신이 갖고 싶은 것, 남들이 갖고 싶어 할 만한 것, 욕심나는 것, 분위기 있는 것, 친구에게 주고 싶은 것, 애인에게 선물하고 싶은 것, 사진 찍고 싶은 것 등등이 당신의 카페를 가치 있게 해주는 인테리어 소품이다.

그런데 이런 것들은 하루아침에 준비할 수 있는 것이 아니다. 주변 사람들에게 지저분하다느니 정신없다, 어수선하다는 말을 수없이 들어가며 오랜 시간 공을 들이고 노력을 해야 한다.

소품은 공사가 아니라 준비의 일부다

도시에 사는 사람들은 일상생활에서 잘 버리는 것도 기술이며 경제적인 생활을 하는 지혜 중 하나라고 말한다. 좁은 공간에서 쓸모없이 자리만 차지하는 것들은 분명 비효율적인 것이다. 비효율적인 것은 또 비경제적인 것이다. 하지만 당신이 언젠가 가게를 할 생각이 있다면, 가게 인테리어 소품이 될 만한 것들은 절대로 버리지 말고 모아 두라는 것이다. 지금 당장 황학동에 가면 3년 전 당신이 버렸던 고물 라디오나 다이얼 전화기가 3만 원 또는 10만 원에 팔리고 있음을 목격하고 통탄할 것이다.

당신이 버린 것들 중에서 낡은 구형 토스터기, 다리미, 라디오, 전화기, 스피커, 머그컵, 낡은 가죽가방, 여행용 지갑, 여행가방, 가죽 벨트, 못 쓰는 카메라, LP 디스크, 작은 인형들, 자동차 모형, 선박 모형, 로봇 완구, 레고, 퍼즐 등이 있다면 땅을 치고 통곡해야 한다. 추억을 떠올릴 수 있는 모든 것은 영업장의 소중한 인테리어 자원이기 때문이다. 낡은 벽시계 20개만 모아도 대성공이다. 고장 난 것도 좋고 유리가 깨진 것도 좋다. 영업장 인테리어에 있어서 소품은 액세서리 차원을 넘어 숨결 같은 것이고 피부 같은 것이다.

인테리어 소품을 모으기 위해서는 주제나 장르를 정해 놓고 모으는 것이 좋다.

요즘은 굳이 북카페가 아니라도 분위기 있는 영업장에 가면 적지 않은 책을 비치하고 있다. 한마디로 손님이 모이는 곳에서 책은 이제 필수 소품이다. 무조건 모아야 한다. 테이블 회전이 빠른 국밥집 같은 업종은 상관없는 내용이지만 그렇다 하더라도 한쪽 벽을 서가로 장식한다면 얼마나 멋진 풍경이 되겠는가. 상호는 〈국밥 주는 도서관〉. 한마디로 발상의 전환을 해 보자는 것이다. 필자는 최근 창고에 쌓아 놓은 그동안 수집한 책들을 보면서 〈커피 주는 책방〉 또는 〈밥 주는 책방〉을 구상하고 있다.

책은 소설, 시집, 인문학, 여행서, 미술, 음악 등 가볍게 펼쳐볼 수 있는 장르로 모으는데 자신의 취미나 과거의 직업과 관련한 것도 좋다. 잡지 또한 오래된 것이라 하더라도 다시 보는 재미가 있다. 패션, 인테리어, 여행, 사진, 디자인 관련 잡지가 부담 없고 좋다. 교과서만 모으는 것도 한 방법이다. 초등학교와 중학교 교과서 정도. 중학교 교과서까지는 추억이지만 고등학교 교과서는 지옥일지도 모른다.

다른 아이디어로는 인테리어 재료로 활용할 수 있는 것들을 미리 수집하는 것이다. 가령 낡은 청바지만 십여 벌만 모아도 벽면 하나를 장식할 수 있고, 상의는 의자의 커버로 활용할 수 있다. 명절 때면 골목마다 아파트의 쓰레기 수거함마다 수북이 쌓이는 선물 상자들 중 원목으로 된 것이나 대나무, 등나무 등으로 된 것도 나중에 훌륭한 인테리어 소품이나 자재가 된다.

캠핑이나 등산 마니아라면 역시 낡아서 못 쓰게 된 것들이라도 절대로 버리면 안 된다.주변의 친구나 동료들의 것까지 모두 모아둔다. 코펠, 야전 삽, 숟가락, 포크, 버너, 낡은 배낭, 등산화, 야전컵, 물통, 해먹 등등 수없이 많다. 야전용 의자나 테이블도 멋진 소품이 된다. 날씨 좋은 날은 밖에 놓으면 낭만을 아는 손님의 자리가 된다.

당신에게 지금 시간이 많지 않다면 친구, 친척, 취미를 같이 했던 동료들에게 부탁해서 수거하고 만약 당신이 인테리어 공사를 마치고 오픈했다면, 그런데 인테리어 소품이 빈약하다고 느낀다면, 고객들을 활용하는 방법도 있다. 헌책이나 헌 청바지를 가져오면 커피 값을 반값으로 할인해 준다거나 아니면 무료로 주고, 좀 더 값나가는 것이면 사이드 메뉴도 준다든지 하는 행사를 해서 확보한다. 이러한 행사에 참여한 고객은 확실한 단골이 되는 경우가 많다. 일거양득, 일석이조인 셈이다.

자신의 취미를 활용하는 것이 가장 수월하고 저렴한 방법이다. 뜨개질이 취미라면 실뭉치, 뜨다 만 조끼, 본인이 만든 뜨개 작품 등을 가져다 한쪽에 쌓아 놓기만 해도 훌륭한 소품이며 손님들의 감성을 자극할 수 있다. 그리고 손님이 없는 한가한 시간에는 뜨개질을 하면 된다. 어찌어찌 그렇게 하다 보면 세상에서 가장 독특한 뜨개질 카페가 탄생할 수도 있다. 뜨개질 용품도 팔고(이게 요즘 뜨는 편집 샵이다.) 얼마나 멋진 일인가. 그래서 카페라는 사업이 매력이 있었다.

자재와 업체 선정 전에 알아야 할 것들

필자가 사는 곳에서 반경 500m 안에 인테리어와 관련된 모든 업체가 있다고 해도 과언이 아니다. 그리고 일가친척 중 4촌 내지는 6촌까지만 가도 인테리어와 관련된 일을 하는 사람이 꼭 있기 마련이다.

요즘은 지도 검색을 통해서도 순식간에 당신이 필요한 업체를 찾을 수 있다. 유튜브나 페이스북에서 검색을 하면 이후로 AI가 새로운 정보를 무한 공급해 주기까지 한다. 그런데 막상 오랜 기간 공을 들여 준비하고 카페 인테리어를 할 시점에 주변을 둘러보면 마음 편하게 믿고 맡길 사람이 없다고 생각된다.

인테리어 공사를 하기 위해서 어떤 작업들이 필요한지 나열해 보겠다.

우선은 철거부터 해야 하고 테이블, 장식장, 바 테이블, 싱크대, 작업대 등을 만드는 목공작업이 있다. 그 외 전기 공사, 페인트 공사, 위생설비 및 주방 설비 공사 등이 있다. 이 중 모든 작업의 중심에는 목공들이 있다.

지금 필자가 무슨 얘기를 하려고 하는지 짐작이 간다면 당신은 당신이 운영할 카페의 인테리어 공사 현장 소장으로서 재능이 있다고 할 수 있다. 짐작이 가지 않는 분들도 실당할 필요는 없다. 이 글은 어차피 눈치 빠른 일부가 아닌 잘 모르는 다수 여러분들을 위해 쓰였기 때문이다.

당신이 창업을 하기 위해서 2년 전부터 인테리어를 배운다면 그것은 어리석은 일이다. 하지단 당신이 외식업 창업을 하기로 마음먹었다면 그 순간부터 소품을 준비해야 하는 것은 당연한 것이며 매우 현명한 일이다.

오래전부터 준비한 소품에는 당신의 강렬한 소망과 열망과 열정이 깃들게 되고 그것들이 당신과 함께할 때, 당신의 사업장은 아늑하고 포근하며 사랑스러운 공간이 될 것이며 고객들도 그렇게 느끼게 될 것이다.

당신이 여러 가지 다양한 소품을 준비했다면, 그때부터 어떻게 장식할 것인가를 생각하게 된다. 그 생각이 바로 인테리어 구상의 시작이며 인테리어 디자인의 출발이다. 소품을 미리 준비한다는 것이 단순한 소품 준비의 차원이 아닌 것이다.

그리고 인테리어와 관련된 사람을 만나는 일이 중요하다. 그중에 목수를 사귄다면 당신의 카페 인테리어를 위해서는 최상의 인맥을 형성한 셈이 된다. 앞에서 언급했듯 모든 작업의 중심에 목공이 있기 때문이다.

좋은 사람 하나가 결과를 바꾼다

모든 일은(AI가 할 수 없는 현장 일) 사람이 하는 것이다. 만약, 당신의 영업장 인테리어 공사를 도와줄 사람이 당신의 사업에 대한 당신의 열정과 열망과 갈망과 염원의 얘기를 오랫동안 들어 온 사람이라면, 인테리어 공사는 경제적으로 또 미학적으로 절반 이상 성공한 셈이 된다.

만약 언젠가 당신이 칵테일 바를 하고 싶다는 소망을 간직하고 있다면, 소품들을 모으면서 인테리어 업자든, 인테리어 디자이너가 되었든 아니면 목수가 되었든 그도 아니면 목저소나 조명가게 주인과라도 친분을 쌓아 두라는 것이다. 요즘은 유튜브나 페이스북이나 인스타그램, 블로그, 밴드 등을 통해서도 얼마든지 인맥을 쌓을 수 있다.

만사는 인사라고 했다. 사람의 일이고 사람을 다루는 일이다. 사람과 사람이 만나서 하는 일이기 때문에 어떤 사람을 만나느냐에 따라서 일은 방향이 바뀌기도 하고 색깔이 바뀌기도 한다. 때론 성패의 여부가 갈리기도 한다.

그럼 어떻게 사람을 만날 것인가?

첫 번째는 관심이다. 앞에서 열거한 디자인, 나무, 조명, 페인트 등 그 어떤 분야가 되었든 접근하기 쉽거나 아니면 본인이 가장 호감을 느끼는 분야에 대한 관심을 갖는 것이다.

디자인과 관련해 주변에 아는 이가 없다면 인터넷과 유튜브를 통해 접근하면 되는데 인터넷에는 수많은 인테리어 관련 사이트가 있고 인터넷 카페가 있다. 회원에 가입하고 수시로 드나들며 질문하고 댓글 달고 하다 보면 금방 우수회원이 되고 오프라인 모임에서도 만날 기회가 생긴다.

오프라인에 나가지 않더라도 웹상의 지인들은 나중에 큰 도움이 된다.

오랫동안 많은 준비를 했다고 생각했는데 막상 가게를 계약하고 나면 패닉 상태에 빠지는 경우가 허다하다. 그럴 때 간단한 조언이라도 해 줄 수 있는 사람이 있다면 큰 도움이 된다.

하지만 주변 사람들의 도움이란 것이 대부분 피상적인 것이어서 도움이 되기보다는 더 막연해지는 경우가 많다. 대부분의 지인들은 "뭘 하면 좋다더라", "이렇게 했으면 좋겠다", "저렇게 해도 좋겠다", "어디 가니 요렇게 저렇게 해 놓았더라", 식이다. 피부에 와 닿는 조언은 당장 무얼 해야 하는지와 그다음에는 또 무얼 해야 하는지를 구체적으로 알려 주는 것이다. 실행계획이 필요한 것이다.

목공과 관련된 인맥을 만들 수 있다면 가장 좋은데 주변에 없다면 이 또한 인터넷을 활용할 수 있다. 만약 자주 다니는 동선에 목재소가 있다면 틈나는 대로 들러서 배우는 학생처럼 이것저것 물어본다. 무엇을 물어야 할지 감이 잡히지 않는다면 작은 책꽂이나 화분 받침대 같은 소품을 설계해(인터넷에서 수집하거나 잡지를 오려 가도 된다.) 자재비가 얼마나 나오는지 물어본다.

만드는 방법도 인터넷이나 유튜브에 작업 순서까지 상세히 나온다. AI에게 물어봐도 된다. 책상 위에 올릴 책꽂이 정도면 자재를 원목으로 구입해도 2~3만 원 정도다. 책꽂이 같은 소품 두세 개 정도 만들고 인맥을 형성한다면 대단한 성공이다. 결코 아까운 수업료는 아니다.

만약 당신이 목공예학원을 다니면서 책꽂이 만드는 법을 배우게 된다면 당신은 먼저 고액의 학원비를 지출해야 하고 진도는 매우 느리기 때문에 속이 터질 우려가 있다.

목재소를 찾아갈 때는 당연히 바쁘지 않은 시간을 선택하고 캔 음료 한두 개쯤 준비하는 성의가 있어야 한다. 대부분의 목재소에는 목재를 자르는 기계톱이 있고 경우에 따라서는 에어 컴프레서와 타카 총을 가지고 있기도 한다. 대략적인 도면이나 만들고자 하는 소품의 사진을 가지고 가면 목재를 재단해 준다. 약간의 재단비용을 받기도 하는데 운 좋으면 쓰고 남은 자투리를 거저 주기도 한다. 조립하는 방법에 대해서도 친절하게 설명해 준다.

뭐가 되었든 소품을 만들기 위해 목재소를 세 번쯤 방문했다면 당신은 이미 아주 소중한 인맥을 확보한 셈이다. 그리고 목재의 종류에 대해서 몇 가지는 알게 되었을 것이다. 그럼 이제 가게를 하고 싶다는 이야기를 해도 된다. 벌써 자연스럽게 얘기가 나왔을 수도 있겠지만.

주의할 것은 목재소 사장님은 기술자가 아니라는 점이다. 다만 목재소는 모든 목수들의 방앗간이다. 목재소 사장님은 당신에게 가장 잘 맞는 목수를 소개시켜 줄 사람이다. 그와 친해져야 하는 이유다.

일반인들은 목공소와 목재소의 차이를 잘 모르는 경우가 있다.

목공소는 말 그대로 나무를 가지고 공예, 공작을 하는 곳으로 본인이 원하는 물건을 만들어 주는 곳이다. 최근에 와서 목공카페, 인테리어 DIY 카페, 목공교실 등으로 진화하고 있는데 대부분 홈 인테리어와 관련된 소품을 만드는 법을 배울 수 있다. 시간과 비용이 들기는 하지만 배워 두면 나쁠 것은 없다.

반면 목재소는 나무와 합판 등의 재료를 판매하는 곳인데 인테리어에 필요한 몰딩류와 문틀과 문짝 등을 취급하며 목공작업을 하기 위해서 필요한 목공본드, 실리콘, 타카핀 등 잡다한 소모 자재들도 취급한다.

임대 조건과 인테리어의 균형 잡기

좋은 장소란?

간단하다. 장사가 잘 될 만한 곳이다. 그러나, 누가 보아도 장사가 잘 될 만한 좋은 장소는 결코 당신의 것이 아니다.

작은 주점을 생각하는 당신의 예산은 규모가 작다. 가능하면 권리금도 없었으면 싶다. 하지만 권리금 없는 가게를 찾는 일은 하늘 아래 별 따기이거나 모래밭에서 가장 작은 모래알 줍기와 같다. 그래도 당신이 해야 하는 일이 풀 섶에서 바늘 찾기 같은 나의 가게 자리 찾기다.

한 후배는 카페 자리를 찾는 데 1년이 걸렸다. 이 건물의 1층은 가전제품 재활용센터로 월세 매물로 나온 지 8개월 가까이 되었지만 임대가 나가지 않았던 자리다. 2층과 3층은 미술학원인데 매일같이 점토와 나뭇조각 등 각종 실기 교재용 쓰레기가 산더미같이 나왔다. 건물의 1층과 건물 주변만 본다면 온갖 쓰레기가 가득

한 지저분한 건물로 보였고, 어떤 장사를 해도 실패할 것 같은 분위기였다. 그런데 필자의 눈에는 그런 점이 장점이었다. 관점을 바꿔서 평가해 보라.

1 8개월 동안 나가지 않던 쓰레기 같은 자리이니

— 권리금이 없어졌다.

2 8개월 동안 나가지 않았던 쓰레기 같은 자리이니

— 보증금과 월세가 내려갔다.

3 8개월 동안 쌓인 쓰레기를 치우면(뒷마당도 있었다)

— 새로운 공간이 생길 것이다.

4 1층에 다른 가게가 없으니 나만 잘하면

— 1층의 전체 분위기를 바꿀 수 있다.

5 1층 분위기가 바뀌면 건물 전체의 분위기가 바뀐다.

— 건물 분위기가 바뀌면 거리의 분위기도 바뀐다.

6 건물을 지저분하고 소란스럽게 하는 2~3층의 미술 학원 학생들은

— 손님으로 바꾸면 된다.

실제로 카페를 오픈하고 미술학원 앞치마를 입었거나 미술도구를 지참한 학생들에게 50% 할인행사를 해서 길 건너편 편의점으로 가던 학생들의 대부분을 고객으로 만들었다.

알록달록한 물감이 묻은 앞치마를 입은 여학생들이 카페를 들락거리는 모습은

누가 봐도 활기차고 아름답다.

　공사가 끝났을 때, 사람들은 거리의 분위기가 바뀌었다고 말했다. 오픈한 지 1개월 만에 부동산 업자들이 찾아오고 비싼 권리금을 제시했다.

임대를 잘하면 공사비가 줄어든다

좋은 장소가 성공할 확률이 높은 것은 사실이다. 그래서 대부분의 체인점들은 본사에서 좋은 장소를 미리 물색해 두고 가맹점을 받기도 하고, 가맹점 상담이 들어오면 전문 상담 직원을 투입해 장소 물색을 같이 해준다.

하지만 10평 이내의 작은 카페, 주점, 베이커리를 준비하는 사람에게 누구나 인정하는 좋은 장소는 그림의 떡이다. 결국 예산에 맞는 곳을 찾되 앞으로 당신이 좋은 장소로 만들 수 있는 곳인지를 파악하고 결정하는 것이 중요하다.

인테리어 공사를 하는 데 있어서도 입지는 중요한 영향을 미친다. 모든 일들이 다 그렇겠지단 작업 조건이 나쁘면 인건비가 올라가고 공사 기간도 늘어나게 된다. 예를 들자면, 종로나 명동의 경우는 무슨 일을 하던 공사비가 다른 곳보다 1.5배 내지는 심하면 2배가 더 들어간다. 혼잡하고 복잡한 곳이면 무조건 불리하다.

백화점이나 호텔처럼 관리가 까다로운 건물도 공사비가 더 많이 들어가고 같은 건물의 입주업체가 어떤 업체이냐에 따라서도 작업에 어려움이 있을 수 있다. 당신이 임대한 건물 바로 옆이나 바로 위층에 학원이 있다면 소음에 관한 민원이 끊이지 않을 것이고, 어쩌면 강의시간에는 공사를 중단해야 할 수도 있다. 또 주상복합이라면 휴일은 공사를 중단하고 같이 쉬어야 하는 경우도 있다.

반대로 같은 건물에 교회가 있다면 주일에 공사하는 것은 어려울 것이다. 임대건물 앞에 자동차를 세울 수 없다면 역시 그것도 불리하다. 자재와 공구와 폐기물을 사람이 들고 날라야 하기 때문이다.

공사비란 자재비, 인건비, 물류비, 관리비 등으로 구성되는데 인건비의 비중이 50%에 가깝다.

상하수도와 전력 조건, 반드시 확인하자

기존의 인테리어나 설비의 활용도를 잘 검토하면 인테리어 공사비를 많이 절감할 수 있다. 모든 건물에는 공통적으로 전기와 상하수도가 연결되어 있다. 하지만 모든 공간에 설치되어 있는 것은 아니다.

전기의 경우는 모든 공간에 최소한의 조명이 설치되어 있고 콘센트가 설치되어 있지만, 상하수도는 각 층의 화장실에만 설치되어 있는 경우도 있다. 건물 설계 단계에서부터 음식점으로 임대할 계획을 세웠다면 임대 구역별로 각각의 상하수도 설비와 도시가스 설비를 설치하는데 2~3층에는 없는 건물이 있다. 겉만 보고 좋은 장소라고 생각하고 덜컥 계약하고 보니 상하수도가 들어와 있지 않으면 별도의 공사비가 들어가게 된다. 상하수도를 연결할 화장실이 가까운 곳에 있다면 그나마 다행이다.

전기는 거의 모든 공간에 설치되어 있기 마련인데 여기에도 함정이 있다.

카페, 베이커리, 치킨집을 하기 위해서는 전력이 최소한 10kW 이상 필요하다. 그런데 일반적인 상가의 경우는 기본 전력으로 5kW까지만 설치되어 있다. 1kW의 전력을 추가 설치하기 위해서는 약 20만 원 정도의 비용이 발생하는데 5kW를 증설하려면 1백만 원의 추가 비용이 발생한다는 계산이 나온다.

사실 최소 필요 전력이 10kW이지 안정적으로 기계설비들을 운영하려면 12kW~15kW 정도는 필요하다. 오븐을 사용하는 베이커리라면 20kW 이상의 전력이 필요하게 된다. 10kW 증설이라면, 전기 증설(인테리어를 위한 전기공사비가 아닌)에만 2백만 원이라는 거금이 들어가게 된다.

그런데 전기에는 그것 말고도 흔히 발생하는 것은 아니지만 꼭 확인해 봐야 할 함정이 하나 더 있다. 건물을 지을 때, 그 건물에 할당된(설계에 의한) 전력량이 있는데 오래된 건물이나, 건물에 공장 등이 입주해 있는 경우에는 자칫하면 세입자가 추가 증설해야 할 전력량이 건물 전체에 할당된 양을 초과할 수도 있다는 것이다.

만약 이런 내용을 가게를 계약하기 전에 알게 된다면 전기 증설과 관련된 비용을 건물 주인이 절반쯤 부담한다든가, 아니면 일정 기간 동안 월세를 낮춰 준다든가, 건물 주인과 협상이 가능할 것이다. 그러나 이미 계약을 해 버린 상태에서는 계약 자체가 기존에 시설되어 있는 것을 담보로 하는 것이기 때문에 전액 당신이 부담해야 한다.

그렇다면 전력량에 대해서는 어떻게 알 수 있을까?

간단하다. 부동산 중개업자에게 확인해 달라고 하면 된다. 이것도 계약 전에 부탁해야 확인해 준다. 계약하고 나면 모른다고 잡아떼기 십상이다.

대부분의 건축물에는 전기안전관리자가 선임되어 있고 전기안전관리자는 건물의 전기와 관련된 모든 정보와 자료를 갖고 있게 마련이다. 작고 오래된 건물의 경우는 전기안전관리자가 없는 경우가 있는데 이 또한 부동산 중개인에게 확인해 달라고 하면 한전에 전화해서 확인해 줄 것이다. 만약 건물 주인과 당사자 거래라면 직접 알아봐야 하는데 이 또한 어렵지 않다.

당신이 임대하고자 하는 건물의 임대 공간에 할당된 전력사용량을 측정하는 계량기에 적혀있는 고유번호를 확인한 후, 한전 민원실에 전화해서 고유번호를 불러주고 확인을 부탁하면 친절히 알려 준다.

면적보다 활용 가능한 공간을 확보하라

영업장의 인테리어라고 하면, 본인이 임대하고 운영할 그 공간만을 생각하는 경우가 대부분이다. 하지만 그것은 큰 착각이다.

만약 당신의 카페로 들어오는 진입로가 외부에서 직접 들어오는 것이 아니고 다른 매장들과 공용되는 통로라면 카페까지의 구간에 대해서는 일정 부분 당신이 관리를 해야 할지도 모른다. 아니, 당신의 고객을 위해서라면 뭔가 하기는 해야 할 것이다.

또 하나, 당신의 카페를 찾아오는 손님들이 이용할 화장실이 카페 안에 있지 않고 다른 가게와 공유하는 공용화장실이라면, 이 또한 손님들을 위해 당신이 관리해야 할 상황이 발생한다.

통로가 되었든 화장실이 되었든 당신의 카페 손님만 이용하는 공간이라면 그것은 당연히 임대 면적에 속하며 인테리어를 해야 하는 공간이다. 따라서 이런저런 고민을 할 필요가 없다. 하지만 공동으로 사용하는 공간에 비용을 들여 어떤 행위를 한다는 것은 망설여지는 일임에 틀림이 없다. 임대계약서를 작성하기 전에 이런 것까지 꼼꼼히 살피고 따져야 한다.

외부에 있는 화장실이나 공용 통로의 경우는 계약 전에 건물 주인에게 기본적인 관리에 대해서 요구할 수 있다. 조명이 어둡다거나, 내벽이나 천장의 페인트가 지나치게 더럽다거나 화장실 문짝이나 변기나 세면대가 깨지거나 금이 간 경우, 때가 너무 심하게 찌들어 있는 경우 등은 보수 내지는 교체를 계약 조건으로 걸 수 있다. 이런 것들은 가게를 계약하기 전에 모든 것을 따질 수 있다. 결국 얼마만큼 꼼꼼하게 잘 체크하느냐에 따라서 당신의 사업비가 그만큼 절약될 수 있다.

앞에서도 언급했지만 일단 계약서를 작성하고 도장을 찍으면 협상을 하기 어렵다. 본인이 원했던 좋은 자리라 하더라도 냉정을 잃지 않고 포커페이스를 유지해야 한다. 그리고 임대 공간 외의 부분에 대해서 꼼꼼히 살펴보고 건물주에게 요구할 것은 과감히 요구한다.

또 하나의 팁은 자투리 공간 확보가 가능한지 확인하는 것이다.

건물의 공용면적인 계단 밑이나 통로의 맨 안쪽 공간 등을 창고로 활용 가능한지 확인한다. 그런 공간이 있다면 정리 및 관리를 책임지겠다며 공동사용권을 확보한다. 이러한 공간은 대부분 어수선하고 지저분하게 방치되어 있는 경우가 많다. 건물주에게 수시로 청소하고 관리하겠다고 하면 훌륭한 창고 하나를 얻게 될 수도 있다.

그런 자투리공간을 활용할 수 있다면 카페 안에 그만큼의 여유 공간이 생긴다는 것을 의미한다. 가게를 운영하다 보면 의외로 잡다한 물건들이 많은데 정리를 잘 못하면 공간은 어수선한 창고처럼 변해 버린다. 하지만 자투리공간이라도 있다면 당장 필요하지 않은 물건들은 그곳에 보관하면 된다.

이처럼 작은 카페, 작은 가게를 임대할 때는 활용 가능한 자투리공간이 있는지 확인하는 것도 매우 중요한 일이다.

원상복구 비용을 줄이는 전략

임대차 계약서 양식을 자세히 살펴보면 '원상복구'라는 조항이 있다. 계약관계가 종료되었을 때, 계약서에 명시된 공간에 대해서 계약 전의 상태로 돌려놓는 것을 뜻한다.

당신이 사무실이나 가게를 임대하고 인테리어 공사를 했는데 임대기간이 종료되어 계약을 해지하고자 할 때는 당초 계약 전의 상태로 돌려놓아야 하는데 임대 사무실의 경우 90% 가량은 원상복구를 해주거나 그에 상당하는 비용을 지불하게 된다. (보증금 반환에서 제외하는)

상가의 경우는 반대로 당신이 한 인테리어와 설비 시설을 권리금이라는 명목으로 비용을 받고 팔 수가 있다. 물론 모든 일이 잘 되었을 때의 상황이다. 그렇지 못한 경우에는 집기나 비품은 따로 판매를 해야 하고, 건물주가 원할 경우에는 인테리어 부분의 원상복구 공사를 해 줘야 한다.

그런데 필자가 지금 여기서 여러분께 이야기하고자 하는 것은 아직 가게를 오픈도 하지 않았는데 계약 해지 후의 상황을 염두에 두라는 것이 아니다. 아직 계약 전인 상황에서 당신이 계약하고자 하는 공간에 당신이 필요로 하지 않는 시설과 인테리어가 복잡하게 되어있다면, 건물주에게 철거를 요구할 수 있다는 것을 설명하고 싶은 것이다.

당신이 작성하려는 계약서에 원상복구에 관한 내용이 있다면, 당신이 임대하려는 공간의 전 임차인과 건물주와의 계약서에도 원상복구라는 내용이 있었을 것이다. 건물주는 원상복구에 필요한 비용을 전 임차인으로부터 받았을 가능성이 매우 높다. (받지 않았다고 우길 수도 있지만.)

따라서 당신에게 쓸모가 없고 도리어 철거하고 버리는 일이고, 비용이 발생한다면 당신은 당당하게 건물주에게 원상복구에 관한 이야기를 할 수 있다. 결국 당신은 좀 더 유리한 조건으로 계약을 체결할 수 있다. 월세를 일부 감면 받거나, 원상복구(기존 인테리어 철거) 비용을 일부 지원받을 수 있다. 건물주에게 직접 이야기하기가 난처하다면 부동산 중개인에게 얘기하되 단호하게 한다. 계약 전에는 분명 세입자의 요구가 먹힌다.

부동산 중개인은 대부분 건물주 편이다. 부동산 중개인에게 건물주는 부동의 고객이고 세입자는 평생 한 번 오는 고객일 수 있기 때문이다. 반드시 계약서에 도장을 찍기 전에 뭘 요구해야 할지 파악하는 것이 중요하다.

부동산 중개인이 당신에게 지나치게 우호적이라면 대부분은 건물주와 만날 기회를 주지 않으려고 한다. 따라서 그런 중개인을 만났을 경우에는 건물주에게 요구하고 싶은 것이 있으면, 중개인에게 먼저 요구해서 말이 통하지 않으면 건물주에게 직접 요구한다. 건물주와의 담판이 의외로 빠른 결과를 얻을 수 있다.

계약 해지 흐의 일로 족쇄가 될 것이라고 예상되었던 원상복구 조항이 이렇듯 잘만 이해하면 계약 전의 내게 이익으로 다가온다. 그리고 당신이 인테리어를 잘하고 장사를 잘 한다면, 원상복구라는 족쇄는 권리금이라는 커다란 황금 관으로 변신한다.

잘되는 가게를 분석하고 적용하기

모방이라는 말을 쓰면 뭔가 좀 찝찝한 느낌이 들지만 벤치마킹이라고 하면 대단히 그럴듯한 것처럼 느껴진다. 하지만 이 둘은 사실 크게 다를 바가 없다는 것이 마케팅의 비전문가인 필자의 상식이다.

휴대폰이 보급되면서 전 국민이 디지털 카메라 한 대씩을 가지고 있는 셈이 되었다. 특히 스마트폰의 보급은 15년 전의 시점으로 보면 최고급 사양의 디지털 카메라를 전 국민들에게 보급한 셈이다.

카페나, 주점, 베이커리를 준비하는 사람들은 본인이 차리고자 하는 업종의 규모 정도 되는 장사 잘 된다는 다른 가게를 보고 싶어 한다. 소문난 또는 성공한 가게들부터 찾아다니게 되는데 혼자 가기도 하고, 친구나 다른 지인을 등반하기도 한다. 창업을 위한 자료수집 또는 벤치마킹 차원에서 하는 카페 방문이라면 이 또한 당신의 사업을 위한 사전 투자가 되는 셈이다.

　소문난 가게 한 곳을 방문하기 위해서는 최소한 두 시간에서 많게는 한나절 이상의 시간을 소비해야 하고, 교통비와 음료와 음식 값 등의 비용이 지출되게 된다. 동행이라도 있게 되면 비용은 더 늘어난다.

　그렇다면 이렇게 시간을 내고 비용을 들여 소문난 영업집을 방문해서 얻어 가는 것은 무엇일까? 대부분은 '아! 이래서 잘 되는구나'라는 식의 막연한 느낌만을 가지고 돌아간다. 훗날 당신이 가게를 준비할 때, 이런 식의 느낌을 수집하는 일은 아무런 도움이 되지 않는다. 백 군데쯤 다니고 나면 감이 잡힐 수도 있겠지만 시간도 없지만 비용도 아깝다. 그래서 사진을 찍으라고 권하는 것이다. 작은 수첩도 준비하시라. 만약 당신이 '아…! 이래서 잘되는구나'라고 느끼면서 그날의 카페 분위기가 느껴지는 전경과 메뉴판과, 커피 잔과, 실내 사진을 찍었다면 '이래서…'라는 느낌이 상당히 구체적인 자료로 남았을 것이다.

　상상해 보라. 당신이 가게를 준비하면서 동종 업종의 10이나 20곳의 소문난 가게를 돌아다녔는데 그 소문난 가게들의 사진이 고스란히 당신에게 있다면, 그리고 그 사진들을 보면서 인테리어 콘셉트를 잡고 디자인을 할 수 있다면, 인테리어 공사를 할 수 있다면 얼마나 많은 일이 수월해지겠는지. 스무 곳의 소문난 가게를 돌아다니고 사진을 찍는다면 당신은 가게 인테리어 디자인을 위해 들어갈 수백만 원의 디자인 비용을 버는 셈이다. 그리고 당신이 찍은 잘나가는 가게 사진들 중에서 마음에 드는 사진들만을 프린트해 당신 가게의 한 벽면을 장식할 수도 있다. 당신이 잘나가는 유명한 가게들 사진들을 걸어 놓는 것만으로도 고객들은 당신이 베스트를 지향하는 사람임을 느끼고 당신에 대한 신뢰도는 높아질 것이다.

공간 사진을 콘텐츠로 활용하는 방법
(베이커리, 주점, 전문음식점 등)

카페 창업을 목적에 두지 않는 일반인들도 인테리어가 잘 되어 있거나 독특한 분위기의 카페나 유명 맛집에 가면 스마트폰을 꺼내 사진을 찍는다. (DSLR 카메라를 들고 다니는 이들도 많다.) 그리고 인스타그램이나 페이스북, 블르그 등에 올리기도 한다. 요즘은 SNS에 올리는 것이 목적인 경우가 대부분이다. 각 분야의 맛집 탐방은 일부 인플루언서들의 행위가 아닌 일반 대중들에게도 너무나 당연한 유행이 되어 버렸다.

하지만 창업하려는 당신은 촬영 목적이 일반인들과 다르다. 무엇을 어떻게 촬영해야 할지를 좀 더 구체적으로 정해야 나중에 자료로서의 활용 가치가 높다. 일반인들은 당장 눈에 보이는 예쁜 것을 찍고, 흔히 말하는 인증샷을 찍고, 커피 잔과 크레마, 라떼아트를 음식 접시의 플레이팅을 찍는다. 그들은 그 순간이 즐겁고 추억을 기록했으니 만족스럽고 그것으로 그만이다.

맛집이나 카페 블로그를 운영하는 블로거라면 사진 촬영의 패턴이 있는데 그들의 블로그를 잘 분석하면 이 또한 많은 도움이 된다.

아무튼 당신은 벤치마킹을 위한 산업스파이로 현지답사 중이다. 정확한 정보나 자료가 될 만한 사진만 찍는 것이 현명하다. 사진 촬영은 아래에 나열한 것들을 상세하게 다 찍으면 성공이다.

대부분의 맛집들은 사진촬영을 거부하지 않지만 일부는 세부적인 촬영을 꺼리는 경우가 있다. 그럴 때는 무리하지 말고 아래의 세 가지만 촬영해도 일단은 성공이다. 플래시를 터뜨리지 않고 촬영한 사진이 훨씬 분위기 있게 잘 나올 때가 많다. 기존 실내조명의 느낌이 그대로 살아나기 때문이다.

또 하나, 디지털 카메라가 보급이 되면서 사람들은 카메라 셔터 소리에는 큰 반응을 보이지 않는다. 그러나 플래시가 터지면 분위기가 달라진다. 카페 주인장 역시 분위기를 깨는 섬광에는 민감한 반응을 보인다. 촬영 전에 플래시 잠금 기능은 꼭 확인하기 바란다.

〈촬영 순서〉 카페나 베이커리를 예로 듦

1 외부 전경 사진을 찍는다. 간판, 창, 출입구 등 전경이 나오도록 찍고 포인트가 될 만한 곳이 있다면 클로즈업해서 찍는다.

2 문을 열고 들어가 내부 전경을 찍는다. 문 앞에서 내부 전경이 잡히지 않을 때는 주방과 메뉴판을 정면으로 하고 가장 거리가 먼 곳(작은 가게는 한쪽 구석이 되는 경우가 많다)에서 촬영을 한다.

③ 반대로 출입구 쪽을 바라보고 전경을 찍는다.

④ 거의 모든 실내는 6면체다. 전후좌우 4면과 천장과 바닥이 있다. 6장의 사진을 찍는다.

⑤ 메뉴판을 외곽 틀까지 보이도록 찍는다.

⑥ 바 테이블 및 작업대(대부분 에스프레소 머신과 포스, 베이커리 쇼케이스 등이 올라가 있다)
를 찍는다.

⑦ 붙박이 의자나 테이블, 책장, 장식장, 진열장, 선반, 조명 등을 개별적으로 찍는다.

⑧ 당신이 보기에 특이하거나 마음에 드는 것이 있으면 추가로 찍는다. 도저히 답사 여행
을 할 시간이 없다면 인스타그램이나, 핀터레스트에서 위의 사항에 준한 사진을 모은
다. 물론 백문이 불여일견이다.

도저히 답사 여행을 할 시간이 없다면 인스타그램이나 핀터레스트에서 위의 사
항에 준한 사진을 모은다. 물론 백문이 불여일견이다.

인테리어 콘셉트 설정의 기준

당신이 찾아간 베이커리 카페(주점, 라멘집, 다른 업종 포함)에서 사진을 찍는데 그 카페의 주인장이 우호적인 관심을 갖는다면, 당신은 이날 일당을 확실히 뽑았다고 생각하면 된다. 카페 주인장의 사진(작업하는 모습이면 좋고)도 찍을 수 있으면 좋다.

그리고 그가 해주는 이야기는 금과옥조 같은 것이므로 수첩을 꺼내 메모한다. 메모를 할 때는 카페 이름과 주인장 성함, 그리고 꼭 날짜를 기입하는 습관을 들인다. 그날의 날씨까지 기록하면 훗날 기억하는 데 많은 도움이 된다. 상대방의 이야기에 당신의 생각을 덧붙여 적어 두면 일당만 챙기는 것이 아니라 보너스까지 챙기는 것이다. 이런 행위가 반복될 때마다 당신의 창업이라는 퍼즐은 보이지 않는 곳에서 한 조각 한 조각 맞춰지고 있는 것이다.

10곳 정도의 카페를 방문하여 촬영을 하고 주인장과 대화를 나누다 보면 카페의 인테리어 디자인에 대한 윤곽이 잡히기 시작한다. 반면 카페 주인 다섯 명 이상과 진지한 대화를 나눴다면 당신이 카페를 하는 것이 옳은 것인지, 과연 해낼 수 있는 것인지 딜레마에 빠질 수도 있다. 이때쯤 카페를 한다는 것, 자영업을 한다는 것, 요식업을 한다는 것이 얼마나 고된 일인지 느끼기 시작했을 것이기 때문이다.

필자가 아는 카페 주인들은 대부분 오픈하고 3개월 이내에 허리 벨트의 길이가 2~3cm는 줄었다. 일부는 수차례 입술이 부르텄다. 오픈한 지 6개월도 되지 않았는데 카페를 팔고 싶다고 말하는 사람도 있었다. 생각만큼 돈벌이가 되지 않았고, 생각했던 것보다 노동의 강도는 세기 때문이다. 베이커리 카페는 노동의 강도가 더 심하다.

손님들 또한 생각만큼 우아하고 교양 있는 손님들만 오는 것이 아니었다. 진상, 죽돌이, 주정꾼, 얌체, 양아치 등등 별별 괴팍하고 망칙한 손님들이 등장한다고 한다. 그래도 아직 좋은 카페 하나 만들어 보겠다는 마음이 있다면 소문난 카페 순례를 계속한다.

개인적으로 생각할 때는 본인이 계획하는 규모의 카페 20곳 정도는 순례를 해야 어느 정도 확실한 윤곽이 잡힐 것이라고 생각한다. 물론 사진도 찍어야 한다. 20곳 정도의 카페를 순례했다고 치면, 당신에게 20개의 카페 인테리어와 관련된 사진 자료가 있다. 그리고 그보다 적은 수의 카페 주인장 인터뷰 자료가 있다. 물론 위에서 말한 대로 메모를 했다면. 또 메뉴판 사진을 찍었다면 잘나가는 카페 20곳에서 판매하는 메뉴가 당신 손 안에 있다.

우선은 20곳의 카페 사진을 면밀히 분석해 보고 당신의 맘에 드는 스타일의 카페 10곳을 선정한다. 그리고 가장 가까운 친구에게 20개의 카페 사진을 보여주며 특성을 설명해 주고 10곳을 선정하도록 한다.

당신이 뽑은 10곳 중에서 다시 5곳으로 좁힌다. 당신의 친구에게도 그렇게 하게 한다. 그렇게 하고 나면 당신이 선택한 5곳과 친구가 선택한 5곳이 남는다. 두 번째 선택에서 선택되지 않은 카페 중에 당신과 친구가 동시에 선택한 카페는 패자 부활시킨다.

이렇게 되면 당신이 선택한 다섯 곳 중에 친구가 선택한 곳이 있을 수 있기 때문에 최종 남는 곳은 7~8곳 정도가 된다. 8곳이라고 치고 여기서 서로 각각 절반인 4곳만 고른다. 그리고 둘이 서로 같이 선택한 곳을 정리하면 3곳 정도로 간추려지게 된다. 이 정도까지 정리가 되었다면 당신의 카페 인테리어 콘셉트는 정해진 셈이 된다.

계약과 업체 선정에도 전략이 필요하다

앞에서 카페를 하려면 2년 전부터 준비하라고 이야기했지만, 지금 이 책을 들고 있는 당신은 과연 2년이란 시간적 여유가 있는 걸까? 아마 아니라고 답하는 분이 대다수일 것이다. 그작 해야 6개월 내지는 3개월이고 어쩌면 어떤 당신은 이미 가게 계약을 해놓고 부랴부랴 자료를 찾고 있는 중인지도 모른다.

가게를 계약한 상태라면 선택의 폭이 넓지 않은 것이 사실이지만 그렇다고 아무런 대책이 없는 것도 아니다. 대부분의 상가 계약은 계약을 하고 나서 인테리어 공사를 시작하기 바로 전 잔금을 치르는 형태로 진행이 된다. 따라서 카페 인테리어를 어떻게 할까 고민하다 이 책을 손에 잡았다면 당신은 아직 잔금을 치르지 않았을 확률이 매우 높다.

그리고 잔금을 치르지 않았다면 당신은 아직 건물 주인과 협상을 할 기회와 시간이 있다. 계약 전과 비교하면 당신의 입지는 상당히 좁혀졌음이 틀림없지만 당신의 노력 여하에 따라서 얼마든지 극복할 수 있다.

상가의 경우 월세의 발생 시점을 인테리어 공사 시작하는 날 또는 영업 개시일로 잡는다. 물론 상권이 좋아 임차인이 줄을 선 상태라면 상황은 달라질 수 있겠다. 그런 경우는 계약일부터 냉정하게 월세가 카운트되기도 한다.

그렇지 않은 경우에는 대부분 영업 개시일을 월세 발생 기준일로 잡거나 조금 야박한 건물주의 경우가 인테리어 공사 시작일로 잡는다. 따라서 아직 잔금을 치르지 않았다면 부동산 중개인을 통해 잔금 지불 날짜를 가능한 뒤로 미루어(월세 지불 시점도 미뤄진다) 여유시간을 확보해야 한다. 만약 잔금을 치른 상태라 하더라도 건물주에게 부탁해 공사 시점을 늦추어 월세 발생 시점을 최대한으로 뒤로 연기시켜 여유 시간을 확보한다.

그리고 남들이 3개월 또는 6개월 동안 준비한 것들을 2주 또는 3주 사이에 해치워야 한다. 시간이 걸리는 수집과 같은 일은 힘들겠지만 당신이 원하는 업종의 모델이 될 만한 카페 10곳이나 20곳을 찾아다니고 사진 찍는 일은 가능하다.

그런데 이 시기에 당신이 해야 할 중요한 과제가 하나 더 있다.

당신이 급히 방문하는 가게들도 오픈 전에 인테리어 공사를 했다. 다시 말하면 가게 주인장들로부터 인테리어 공사를 어떻게 했는지 물어보고 인테리어 업체를 소개받는 일이다.

인테리어 공사를 직접 할 자신이 없는 당신에게 꼭 필요한 일이다. 소개받은 인테리어 업체 중 세 곳 정도로 압축시켜 연락을 한 후, 가능하면 같은 날 만나는 시간대만 달리하여 현장에서 만나 상담을 하고 실측을 하게 한다. 상담을 할 때는 그동안 모아서 선별한 사진자료를 보여주며 당신의 생각을 얘기한다.

대부분은 하루나 이틀이면 평면도와 입면도를 그려내고 2~3일 이내에 세부 견적을 뽑을 수 있다. 견적서를 작성할 때는 면적과 자재의 물량을 꼭 기재해 줄 것을 부탁한다. 업체 간의 견적서를 비교하기 위해서 꼭 필요한 내용이기 때문이다. 그리고 공사가 끝난 후 정산을 할 때도 상세 견적서가 있다면 더 했니 덜 했니 하는 시비 없이 깔끔한 정산을 볼 수 있다.

여기까지 살펴본 대로 가게를 계약하고 인테리어 공사를 하는 데 있어서 사전에 해야 할 일들이 어떤 것인지, 어떻게 해야 하는 것인지 대략 윤곽이 잡힐 것이다. 이 정도만 해도 인테리어 공사를 하면서 허둥대다 돈 날리고 마음 상하는 일을 막을 수 있고, 오픈 준비 또한 좀 더 차분하게 할 수 있다.

첫 단추를 잘못 끼우면 전부가 틀어지고 바로 잡기 위해서는 모든 단추를 다시 다 풀어야 한다. 처음부터 어그러지기 시작하면 오픈 후로도 짧게는 3개월 길게는 1년 가까이 허둥대며 보내게 되는데, 그런 경우 대부분 가게를 포기하고 싶다는 생각을 하게 된다. 따라서 빨리 오픈하고 싶다는 조급함을 버려야 한다. 1주일이나 2주일 늦게 오픈한다고 문제가 생기는 것은 없다. 하루나 이틀 빨리 오픈하려다 문제가 생기는 경우는 허다하다.

2025년 8월 초, 9월 말 오픈 예정이라며 공사를 의뢰받았는데 필자의 눈에는 불가능한 것으로 보였다. 그래서 급하다는 일부 작업만 해 줬다. 그런데 그들은 2026년 2월 28일인 아직까지도 오픈하지 못하고 있다. 때문에 지역도, 업종도 공개하지 못한다.

서두르다 실수한다는 것을 잘 알면서도 사람들은 서두른다. 생각해 보라. 이제 당신은 평생 카페와 함께할 것이다. 며칠이나 몇 개월이 아닌 평생의 일인데 서두르다 낭패보고 허둥대는 꼴을 보일 것인가. 아니면 첫 단추를 잘 꿸 것인가.

당신이 10곳 또는 20곳의 카페를 순례하고 그중 카페 주인장 몇 명이라도 만났다면 분명 들었을 이야기가 "정말 힘든 일인데 왜 하시려고?"와 "서두르지 마세요"일 것이다.

아이들을 위한 방과 후 공간
방배동 사이로의 〈작업실 박박〉

방배동에 사이로라는 골목길이 있다. 그 곳에 아이들을 위한 방과 후 공간 〈작업실 박박〉이 있다.

같은 숫자가 두 개 이상 겹치면 재수가 좋은 날이다. 그런 날인 4월 4일, 방배동의 사이로에 있는 〈카페 사이로〉에서 엉뚱한· 노트 한 권을 만났다. "그러니까 키즈 카페 같은데 음료나 간식을 팔지는 않아요. 목공예 같은 걸 하기도 하는데 가르치지는 않아요." "나뭇조각, 천 조각, 가죽 조각, 각종 종이류, 책, 노트 등을 비치할 거고요, 망치와 톱과 가위와 칼과 색연필과 물감 등을 놓아 둘 거예요."

웃으며 물었다. "사업(돈)이 될까요?" 〈노트님〉이 답했다. "그걸 모르겠어요."

"재미있네요, 계약은 하셨고요?"

〈노트님〉과 카페 사이로에서 세 번을 더 만나 협의를 하고 서른 페이지쯤 되는 PPT 파일이 만들어졌다.

4월 29일, 잔금을 치르고 다음 날부터 작업에 들어갔다. 공간을 구상하는 일은 인테리어의 가장 앞의 일인데 무엇을 어떻게 할 것인가에 대한 고민이 그것의 시작이다. 여기 공개하는 노트에 그 고민이 그려져 있고 그에 따른 인테리어의 구상도 함께 담겨있다. 그리고 사업의 기획안이 되기도 한다. 지나치듯 보면 별거 아닌 낙서장이지만 자세히 살펴보면 주옥같은 메모장이다. 이 아홉 장의 기록만으로도 기록자의 생각과 의도와 계획을 충분히 엿볼 수 있었고 공간을 재구성하는 작업은 진행될 수 있었다. 예비 창업자라면 참고하면 좋을 것이다.

기존의 공간은 10년 전에 인테리어를 한 가죽 공방이었다. 기존 테이블과 선반과 수납장은 송판과 집성목과 집성 합판을 사용해 만들어졌다. 그대로 두고 사용할 수 있는 것은 맨 안쪽에 있는 선반과 뒤 창틀 아래 있는 재료를 수납하는 벌집장. 나머지는 모두 해체하여 재활용하는 것으로 방향을 잡았다.

뜯어내야 하는 것들 대부분을 재활용할 것이기 때문에 철거하면서 용도별로 분류하고 다듬어 바로 목공 작업에 들어갈 수 있도록 하였다. 철거를 끝내고 못과 핀을 제거한 후 바로 목공 작업에 들어갔다.

〈작업실 박박〉의 작업이 시작되었는데 그때까지만 해도 〈노트님〉이나 노가다여행자나 임대료와 재료비와 공과금이 나가는 공간에서 유지비는 건질 수 있을지 짐작도 하지 못했으나 묘하게도 적자에 대해 우려는 하지 않았다. 비슷하게 운영되었거나 운영되는 공간이 있다고 하는데 비영리단체에서 운영하는 곳이거나 사설로 운영되었던 곳은 검색 정보가 오래된 것들이었다. 그런데도 묘하게 적자에 대해 걱정을 하지 않았다.

학교와 학원이 아닌, 공부와 수업이 아닌, 점수와 실력이 아닌 그런 공간에 대한 인테리어 작업은 시작되었고 철거한 목재를 분류해 가면서 노트님이 제시한 붙박이 테이블과 책장과 책상을 만들어 갔다. 녹이 슬어 잘 작동되지 않는 전동 대패를 현장에서 기름칠해가며 수리했다. 아마 최근 몇 년 동안 한 대패질 중 이번이 가장 많은 대패 작업을 한 듯하다. 사포질 역시 마찬가지였다. 10년 전게 노출 콘크리트 시공한 벽과 천장은 도배지를 그대로 두고 한 부분이 누룽지처럼 일어나 떨어지는 곳이 많아 모두 긁어내고 새롭게 퍼티를 했다. 기존의 조명을 그대로 두고 어떻게 변화를 줄 것인지 여전히 고민하면서 벽에 붙어있는 주차장 등은 그대로 두었으면 좋겠다는 의견을 내놓았다. 퍼즐 맞추기 하는 듯한 작업이다. 자재의 길이 와 폭이 제각각이고 심지어는 두께도 다양해서 깎고 다듬어 적재적소에 적용하는 일로 이미 〈작업실 곽박〉은 어른들의 놀이터가 된 느낌이다.

정면 윈도에 오픈 준비 중 펄침막을 붙이고 비로 삭아버린 뒤편 창틀 보수에 관한 고민과 처마의 설계 잘못으로 인한 심각한 누수 현상을 어떻게 해결할 것인지 장고에 들어갔다. 여기서 장고를 한다는 것은 비용을 최소화하기 위한 것이다.

노트님은 이미 다양한 종류의 다양한 크기의 자재 보관함을 만들어 줄 수 있냐는 질문을 허 왔고 샘플을 달라 했더니 설계도를 캡처해서 날려 주었다. 샘플 도면의 수치는 무시하고 주어진 공간의 크기에 맞게 현장 설계를 했는데 설계도를 보면 적힌 숫자가 150, 300, 600, 900 등의 배수로 되어있는데 이는 1200×2400으로 제작되어 나오는 합판을 재단할 때 버려지는 것을 최소화할 수 있는 수치다. 1200이나 2400이 넘게 되면 새 합판을 절단해서 이어 붙여야 하게 되고 그보다 작으면 남는 자투리가 생기게 되고 이는 버려질 가능성이 크다.

파사드의 세부적인 컬러를 결정하는데 많은 의견이 있었으나 간판 바탕과 양쪽 기둥은 파랑으로 결정하고 간판 로고는 노랑을, 창틀과 철재 데크는 회색으로 결정했다. 다용도 재료 수납함은 정말 다양한 합판 조각들의 집합체다. 새로 산 자재는 코어 합판 18mm 한 장과 MDF 반 장이 전부이고 이동이 쉽도록 아래 부착한 바퀴 네 개까지 모두 재활용이다.

누더기처럼 보이지만 사포질하고 칠을 하면 개과천선하게 된다. 우측 벽은 칠판 페인트를 칠하기로

해서 올 퍼티를 한 후 샌딩을 하여 바탕을 미려하게 정리했다. 방부목으로 되어있던 계단식 데크를 철거하고 체크무늬 철판을 절단·절곡을 해서 단이 없이 재설치했다. 벽과 천장이 화이트로 칠해지자 조명을 켜지 않았는데도 실내가 훤하게 밝다. 작업을 돕겠다는 〈노트님〉께 격자가 많은 창틀 도색을 위해 테이핑만 해 달라고 부탁했는데 결국 도색까지 하는 아름다운 상황이 연출되었다. 〈노트님〉이 자투리가 남으면 만들어 달라고 했던 책상 위에 놓을 연필통(도구상자)도 만들었다.

기존의 공간에 놓여있던 대부분의 구조물을 걷어내니 넓고 훤한 공간이 나왔다. 그리고 다시 여러 기물들을 제작해 공간에 펼쳐 놓았지만 아이들의 허리 높이 이상 되는 것들은 가능한 설계하지 않았다. 벽에 붙는 것들조차도 뒤쪽에 있는 기존의 선반 몇 개를 제외하고는 돌출을 최소화하고자 노력했다.

그리고 노트님의 아이디어로 아이들의 손바닥만 한 작은 공간이 두세 개 들어있는 도구 상자를 몇 개 만들어 테이블 위에 놓았다.

수많은 카페라는, 베이커리라는, 갤러리라는 공간을 조성해 주면서 항상 가장 깊숙이 염두에 두는 것이 그 공간에 누가 가장 오래 머물 것이며 그 공간에서 누가 가장 행복해야 하는지에 대한 것이다. 결국 둘은 같고 그렇다면 공간에 대한 지향점을 누구에게 맞춰야 하는지가 뚜렷해진다. 물론 공간의 공유성을 기본 바탕에 깔고서. 그래서 아무리 작은 공간이라도 이를 구성하는 일은 쉽게 생각할 수 없다.

타공판 원장을 구입해 재단을 한 후 벽에서 18mm 정도 띄워서 고정을 하고 테두리를 따라 몰딩을 둘렀다. 타공 철판의 모서리가 날카로워서 다칠 우려도 해소하고 정리된 느낌도 들도록 하였다. 천장의 전등용 레일과 에어컨 배관, 이들을 고정해 주는 전산 볼트까지 모두 화이트로 도색을 하고 나니 어수선했던 분위기가 한결 정리된 느낌으로 자리 잡혔다. 뒤쪽 격자 창틀은 부식철 마감이던 것을 회색으로 마무리해서 좀 더 깔끔해졌다.

10년 전에 시공되었다는 에폭시 바닥은 군데군데 일어나 떨어져 나간 곳이 많다. 에폭시 퍼티로 깨진 곳, 떨어져 나간 곳을 바로잡고 프라이머를 도포한 후에 중도 라이닝에 금분을 혼합해 도포했다. 우측 벽에 칠판 페인트를 칠했다. 에폭시 작업을 끝내고 문을 닫고 외부 데크 철판 도색을 하고 주황색 테이프로 금줄을 쳤다.

〈작업실 박박〉의 간판 디자인은 노트님과 노트님 전 가족이 참여한 작품이다. 작명과 로고 디자인, 간판의 컬러와 로고의 컬러, 도장의 디자인까지 모두 두 자녀와 남편이 합세해 이뤄낸 작품이다. 노트님과 남편은 두 분 다 성이 박씨다. 따라서 아이 둘도 박씨다. 〈박박〉이라는 상호의 유래가 되시겠다.

5월 11일 작업이 끝났다. 예정했던 대로 딱 9일이 걸렸다. 에폭시 시공을 위해 움직이는 가구들은 모두 붙박이 위에 올리고 작업을 했다.

5월 14일 다시 가보니 예상치 못했던 풍경이 펼쳐졌다. 가구들을 배치하고 테이블 위에는 온갖 잡동사니들이 뒹굴고 아이들은 오리고 자르고 붙이고… 노트님이 소망했던 공간을 완성한 것이다.

5월 18일, 아침부터 비가 내렸고 뒤쪽 창문 위에서 빗물이 샌다는 연락을 받고 〈작업실 박박〉을 다시 찾아갔다. 학교가 수업 중인 시간의 〈작업실 박박〉은 노트님 혼자만의 공간이다. 방과 후에는 아이들만의 시간이고 아이들을 위한 공간이 된다.

커피만 팔아서는 승산이 없다
오금동 카페 〈케인다〉

멀리 경남 창원에 사시는 분으로부터 연락이 왔다. 카페를 하려는 사람이 있는데 인테리어 때문에 고민하고 있어서 전화번호를 줬으니 연락이 갈 거라고. 그리고 며칠 후 송파구 오금동이라며 카페를 준비한다는 청년으로부터 연락이 왔다. 주소 검색을 해 보니 2014년, 여름의 끝자락에서 초가을로 가는 길목에 작업을 했던 송내천 길가의 〈홍팥집〉 옆 골목이다. 주인장은 180cm가 넘는 키에 아이돌 스타 같은 외모의 젊은 청년. 너댓 차례 만나 디자인을 협의하고 작업비를 조율한 끝에 인테리어 작업에 들어갔다.

카페 겸 칵테일바 〈케인다〉의 인테리어 디자인은 지난해 말 작업했던 마포 대흥동의 칵테일바 〈포루〉와 매우 흡사하다. 하지만 세부적인 구조에서는 훨씬 간결한 편이다. 〈케인다〉의 젊은 주인장의 요구이기도 했지만 주변의 경쟁업체들과 차별화시키면서 비용 면에서 효율적인 방향을 선택한 것이다. 그러다 보니 작업이 매우 빠르게 진행되었다. 불과 3일 만에 대부분의 골격이 완성되었다.

오래된 통창과 강화유리 문, 통유리창에는 뿌연 안개 무늬 필름이 부착되어 있었고 이를 제거하고 청소하는 데 젊은 주인장의 일주일가량의 노력이 필요했다. 찌그러지고 때에 찌든 스테인리스 섀시는 12mm 합판으로 감싸고 두 개의 출입문 중 하나는 손잡이를 떼어내고 고정을 했다. 주차장으로 나있던 출입문을 고정하고 그곳에 간접등이 들어간 술 진열장을 설치하고 주인장이 오랫동안 선택하지 못하고 있던 바 테이블 위의 조명을 자투리 합판으로 등 박스를 만들어 진열장 조명과 같은 것으로 이미지를 통합시켰다. 전체적인 디자인에서 조명으로 잡는 포인트는 이 정도까지만 하자고 협의했다.

화장실 앞의 파우더룸 같은 공간을 만들면서 위트 있는 디자인을 구상했다. 칸막이 안쪽에 거울을 부

착하고 거울 아래 선반을 설치하면서 그동안 해왔던 것처럼 거울 위에 조명을 설치하는 방식에서 탈피해 거울 아라 설치하는 선반에 조명을 매입하였다. 거울의 하단 일부 또한 선반 안쪽으로 들어가게 해 선반에 매입된 조명이 거울 하단을 통해 빛이 반사되어 나오도록 한 것이다. 이런 거울 앞에 서면 어떤 분위기인지 보여주기 위해 평생 하지 않던 셀카를 찍었다. 창고와 화장실 앞의 칸막이 벽은 모두 연한 청회색(화이트에 가깝다)을 칠하니 바 테이블과 찬장, 진열장 등의 주방 가구가 정리정돈이 잘된 단아한 느낌을 준다.

외부 파사드의 월넛 루바는 건물주가 건물을 리뉴얼하면서 설치한 것인데 우리는 창틀을 12mm 합판으로 감싸고 월넛 컬러의 스테인으로 마감하면서 파사드의 루바와 통일감을 주었다. 그렇게 되자 마

치 월넛 루바의 파사드도 우리가 디자인하고 설치한 것처럼 보인다.

도끼다시(일본어: 자갈이 들어간 콘크리트를 갈아낸 바닥)를 노출하는 것은 유행이 시작된 지 조금 되었다. 촌스럽다며 데코타일이나 세라믹 타일로 덮어 버렸던 도끼다시 바닥. 하지만 요즘은 철거를 하다가 도끼다시가 나오면 다들 환호하는 추세다. 이곳도 데코타일이 붙어있던 것을 철거하니 깔끔한 상태의 도끼다시 바닥이 나왔다. 그래서 우리는 에폭시 프라이머를 바르고 금분을 최소한 혼합한 라이닝으로 마감을 했다. 데폭시 라이닝을 도포한 이튿날 오후에 살펴보니 양생은 잘 되어있었다.

하지만 바닥의 높낮이 편차가 심해서 라이닝이 낮은 곳으로 흘러내려 깊은 곳은 두껍게 높은 곳은 얇게 도포되었다. 특히 금분을 혼합했더니 라이닝의 흐름 현상이 마치 강바닥에 발생하는 물살의 흐름이 고운 모래나 뻘에 나타나듯 그런 무늬가 나타났다. 도끼다시 작업을 하면서 신주 막대를 노출시키기 위해 막대가 있는 부분은 깊이 갈고 사각 안쪽은 얇게 갈아서 중심이 마치 봉분같이 높고 신주가 있는 부분은 깊어서 그 부분을 따라서 흐름 현상이 발생했고 이로 인해 강바닥이나 갯벌에서 볼 수 있는 무늬가 그려졌다.

주인장이 원하는 간판 조명을 구하지 못해 고민하다가 가장 일반적인 투광등을 선택했지만 설치하고 보니 만족스럽다. 간판의 조명을 설치하고 나니 주방팀이 몰려왔다. 각자 맡은 파트가 있어서 일사불란하게 움직이는데 에스프레소 머신의 배수 배관 문제에 관해서 약간의 견해 차이가 있기는 했지만 짧은 시간 안에 정리, 설치되었다. 큰 장비들이 각각의 위치와 공간으로 들어가 설치되자 부산함은 모두 사라지고 주어진 조명 아래서 최소한의 장비들만 반짝거린다. 지금의 인테리어는 멀티 디자인의 시기인 듯하다. 미니멀과 레트로와 맥시멀리즘이 인더스트리얼과, 모더니즘과, 내추럴이, 앤틱과 빈티지가 같이 추구된다.

디자이너가 디자인을 하는 것이 아니라 소비자가 디자인하는 시대이기 때문에 이런 현상이 일어나지 않나 싶다. 정보와 전문 자료를 전문가들이 독점하던 시대에서 대영도서관보다 더 많은 자료가 허공에 전파로 떠 있고 이를 소비자들이 손쉽게 찾아볼 수 있는 세상이 되었기 때문이다.

2년 후에는 바뀔 상권, 대책을 세우다
미사리 카페 〈시나몬 가든 1호점〉

하남 미사지구 유테크밸리에 있는 카페 〈시나몬 가든〉. 질 좋은 음료와 서비스로 자리 잡아가는 카페에서 연락이 왔다. 가거를 확장하면서 인테리어를 새롭게 하고 싶다고 한다.

좌우 폭은 4m이고 안쪽으로 깊이가 7.6m로 직사각형이라 공간 활용도가 떨어진다. 그런데 문제는 주방 공간을 불필요하게 넓게 잡았다는 점이다. 주방으로 들어가는 통로는 1.2m가 넘어 테이블을 하나 놓고도 출입구의 폭은 지나치게 넓다. 뿐만 아니라 디근자형 바 안쪽의 공간 또한 1.6m가 넘어 시럽 병이 있는 벽 쪽 작업대에서 음료를 만들어 포스 쪽 테이블의 손님에게 전달하려면 두 걸음을 옮겨야 하는 매우 불편한 구조다.

벽 쪽 작업대에서 오더 테이블로 음료를 옮기는 데는 몸만 회전하면 되도록 해야 작업자의 피로도를 줄일 수 있다. 그리고 주방의 작업자가 한순간도 숨을 곳이 없다. 하품을 하거나 기지개를 켤 만한 가림막이 있다면 작업자의 피로도는 현격히 줄일 수 있다. 그래서 지나치게 넓은 출입구와 주방 안쪽 통로를 좁히고 줄이면서 창고 겸 휴식공간을 만들기로 했다.

조명은 바 테이블 위의 갓등 네 개가 인테리어 조명으로서의 소명을 다하고 있고 천장에 매입등을 설치해 조도를 잡았는데 천장 색을 바꾸고 조명 라인도 전면 수정하기로 했다. 카페 안쪽으로 상가 통로가 있고 이 통로 쪽 문을 통해 들어오는 손님도 제법 많았다. 통창 하단에 시트지를 붙였고 중간에는 블라인드를 달고 상부 창은 유리 그대로 두었다.

주방 안쪽에 창고를 짓고 나면 내부 통로 쪽 창도 컬러를 통일한 필름 작업을 해서 정리하기로 했다. 상가와 상가의 중간 칸막이 벽은 150mm 두께의 ALC 블록으로 쌓았는데 4.5m 넓이의 천장 속 슬래

브까지 올려져 있다. 천장 속 부분은 그대로 두고 천장 하부만 아치형으로 철거하는 게 어떻겠냐는 카페 측 의견이 있었지만, 옹벽이 아닌 블록을 쌓아 올린 벽은 하부만 철거할 경우 붕괴를 막기 위한 보강을 해야 하는데 그 비용이 더 들고 공간의 확장성도 떨어질 것 같아서 계획했던 대로 전면 철거를 했다.

길이 7.6m, 높이 4.5m를 철거하니 1톤 차 세 대분의 폐기물이 나왔다. 포스, 오더 테이블의 인조대리석 상판을 뜯고 수납장으로 짜인 하부장을 철거했다. 주방 내부 동선 폭을 좁혀야 하고 창고를 만들어야 하고 포스 테이블 하단으로 테이블 냉장고가 하나 더 들어가야 하기 때문에 하부장을 새로 만들어야 한다.

목공 작업은 주방에 집중된다. 오더 테이블의 인조대리석 상판을 뜯고 하부장을 모두 철거했다. 에스프레소 머신이 놓여 있던 테이블 아래로 제빙기가 들어가야 하기 때문에 역시 철거했다. 18mm 코어 합판으로 다시 하부장을 제작해 기존의 장과 연결하고 기존의 마감판을 재단해 다시 붙이고 인조대리석도 재단을 해서 다시 올렸다.

주방 안쪽에서 보면 왼쪽에는 냉장고가 오른쪽에는 제빙기가 들어가게 되고 제빙기와 냉장고가 만나는 사각진 곳에는 비밀스러운 수납공간으로 꾸며진다. 창고는 3단의 선반으로 구성했는데 맨 아랫단은 책상으로 활용할 수 있도록 좀 더 넓게 만들었다. 창고의 상부와 기존 싱크대의 상부를 연결하여 역시 수납 선반으로 사용할 수 있도록 하면서 싱크대 공간과 고객을 응대하는 주방이 분리되는 느낌이 들도록 했고 싱크대에서 작업을 하다가 창고 쪽으로 살짝 스며들면 고객의 시선을 피해 쉴 수 있는 공간이 되도록 했다.

주방 쪽 벽에는 2m가 넘는 30cm 두께의 기둥이 돌출되어 있다. 창 측 옹벽과는 70cm 정도 공간이고 바 테이블과는 120cm 정도 공간이 되는데 공간 처리가 어정쩡해서 화분을 놨던 곳이다. 두 곳에 수납장을 만들어 하부장에는 문짝을 달고 상부에는 조명을 달아 장식장 느낌이 들게 했다. 그리고 음료 작업대 위 벽에는 찬장을 설치하고 모두 문짝을 달아 정연한 모습이 되게 했으며 오븐이 놓이는 곳 상부에는 목재로 후드를 만들어 열기 배출이 원활하게 했다.

기존 〈시나몬 가든〉의 로고 컬러가 오렌지색이다. 그래서 외부 파사드 이미지 컬러와 내부의 한쪽 벽에 강렬한 이미지를 심자-고 설득했다. 벽 한 면 전체를 칠하고 보니 역시 강렬하다. 천장에 진한 올리브그린 또는 청회색 느낌이 감도는 도배지를 바르자 주인장이 의견을 냈다. 장시간 쳐다보고 있으면 피로감이 쌓일 것 같다는 것이다. 외부에서 충분히 컬러를 표현할 것이니 내부에서는 좀 더 차분하게 가자는 것이었다. 3일간을 고민하다가 낸 의견이라 받아들이기로 하고 백색에 가까운 연회색으로 다시 칠했다.

제작한 수납장과 선반의 노출되는 모서리 부분은 모두 원목을 켜서 덧대어 주었다. 수납장의 몸체

는 코어 합판이기 때문에 모서리가 약하고 패턴도 예쁘지 않기 때문에이다. 문짝은 모두 나왕 합판 18mm로 제작했다. 카페 〈시나몬 가든〉의 주인장이 사진을 보여주며 부탁한 것 중 하나가 바 테이블 상단에 설치할 등 박스였다. 사진은 아크릴과 합판으로 만들어 조화로 장식된 직사각 등 박스였는데 비슷하게 만들어 줄 수 있냐는 것이다. 그래서 뚝딱뚝딱, 드르륵드르륵… 하고 사포질하고 스테인하고 다시 사포질해서 마감했다.

홀 중앙에 원목 장 테이블을 놓았으면 좋겠다고 의견을 내고 구입 하시라고 했으나 쉽게 구하지 못하고 있는 표정을 여러 날 보다가 또 제안했다. 애쉬 우드 집성 판과 일반 합판을 이용해 길이 2m 40cm에 넓이 75cm짜리 장 테이블을 만들면 어떻겠냐고. 사실 남는 자재를 활용하자는 것이었고 완성 후

만족도는 120%였다. 스테인 착색 후 바니시로 마감했다.

창고와 합판으로 만든 후드의 외벽을 흰색으로 칠하고 나니 의도했던 대로 바 테이블의 테두리를 두른 애쉬 우드와 수납장의 나무 질감이 포인트 컬러로 살아났다. 당초 화이트 & 화이트의 밋밋함에 이케아 선반이 주는 어수선함이 모두 사라졌다.

바닥의 데코타일 시공과 조명 설치를 가장 마지막으로 잡았다. 데코타일은 흔한 우드 타일이지만 헤링본 시공으로 분위기를 달리했다. 조명은 주방 바 테이블 위에 달렸던 기존 갓등 네 개는 레일 타입으로 소켓을 개조한 후에 벽 쪽으로 옮겨 달고 나머지는 존재감이 작은 깡통에 에디슨 전구를 끼우고 작업대와 액자에는 스폿을 설치해서 조도를 잡아 주었다.

1층 상가 전체가 중앙 냉난방 시스템으로 운영이 된다. 이른 아침 시간과 늦은 저녁시간 그리고 일요일에는 냉난방 공급이 되지 않는 문제가 있었다. 천장형 냉난방기 1대를 설치했는데 실외기 설치 장소가 적당치 않아 상부 창 측 천장에 실외기 단열 룸을 만들고 유리창을 떼어낸 곳에는 갤러리 문짝을 만들어 설치했다. 갤러리 문짝에는 〈시나몬〉의 파사드 컬러인 오렌지색으로 도색을 했다.

카페 〈시나몬 가든〉은 하남시 미사지구의 유테크밸리에 있다. 카페 〈시나몬 가든〉이 입주한 건물도 최근 신축한 것으로 상가 대부분이 아직 비어 있고 주변에 여러 채의 대형 빌딩이 신축 중이다. 카페 〈시나몬 가든〉은 지난해 1년 전에 오픈을 하고 비교적 매출이 좋은 편이었지만 주변의 빈 상가들의 입주가 시작되면 카페의 경쟁이 심해질 것으로 판단하고 확장과 함께 새롭게 인테리어를 하게 되었다. 〈시나몬 가든〉의 기존 인테리어는 주방을 만들고 테이블을 몇 개 배치한 것 정도였다. 거기에 화분 몇 개와 이케아 선반 몇 개. 이번 인테리어 작업은 조만간 닥칠 치열한 경쟁에서 우위를 점하기 위한 과감한 투자인 셈이다.

하지만 이 곳 상권은 2~3년이라는 아주 짧은 운명을 가지고 있었다. 손님의 90% 가량이 남성이었고, 인근 공사현장의 작업자들이었다. 이에 대해서는 <시나몬가든 2호점>에서 이어진다.

감성적인 카페 같은 미용실
광흥창〈노을 헤어드리밍〉

광흥창역 4번 출구 인근 낡은 건물 2층에 미용실을 만들었다. 건물은 오래되었으나 내외브 모두 리모델링을 해서 비교적 깔끔한 편이다. 장소는 2층으로 화장실과 다용도실이 있는 원룸 형태의 공간이다.

주거 공간으로 사용하던 것을 리모델링하면서 상가로 개조되었다. 바닥난방이 되어있고 강화마루, 장판과 데코타일 등 3겹으로 깔려있다. 화장실 위생도기는 전면 철거하여 디자인이 다른 것으로 재설치하고 기존 보일러는 가벽을 만들어 숨기기로 했다. 지나치게 큰 다용도실은 철거하고 공간을 좁혀 작은 창고를 만들고 출입구 측 벽에는 간접 조명이 들어간 원형 거울을 설치할 예정이다.

카운터 겸 고객 휴식용 테이블은 MDF로 제작하고 필름을 래핑했다. 헤어 커트용 의자는 한 세트만 설치할 예정이라 천장 조명은 단 한 개의 의자를 위해 설치했다. 물론 카운터와 대기석, 출입구와 다른 곳의 확산조명은 별도로 설치된다. 한쪽 벽엔 작은 선반이 필요하다고 해서 벽을 뜯어보니 석고보드 가벽 안으로 7cm가량의 공간이 있어서 매입 선반을 설치하고 테두리를 두른 후에 조명을 설치했다. 작은 향수병이나 화장품을 진열할 예정이라고 한다.

섀시와 벽과 천장, 바닥이 화이트이고 가구는 연한 그레이다. 대부분 컬러는 주인장의 취향을 따라간다. 도로 쪽으로 있는 통유리 창 중 한 곳은 MDF로 막고 선반을 설치했다. 개방감도 좋지만, 출입구에서 들어오면서 시선이 쿤산되는 것을 막고 맞은편 원형거울 속에 잡다한 배경이 잡히는 것도 예방하자는 차원이었다.

방화문이었던 출입문도 강화유리도어로 교체하고 다용도실은 철거하고 화장실 옆에 작은 창고를 만들고 커튼을 달았다. 화장실 문 앞에는 낮은 수납장을 설치해서 시선을 가림과 동시에 수납공간을 확

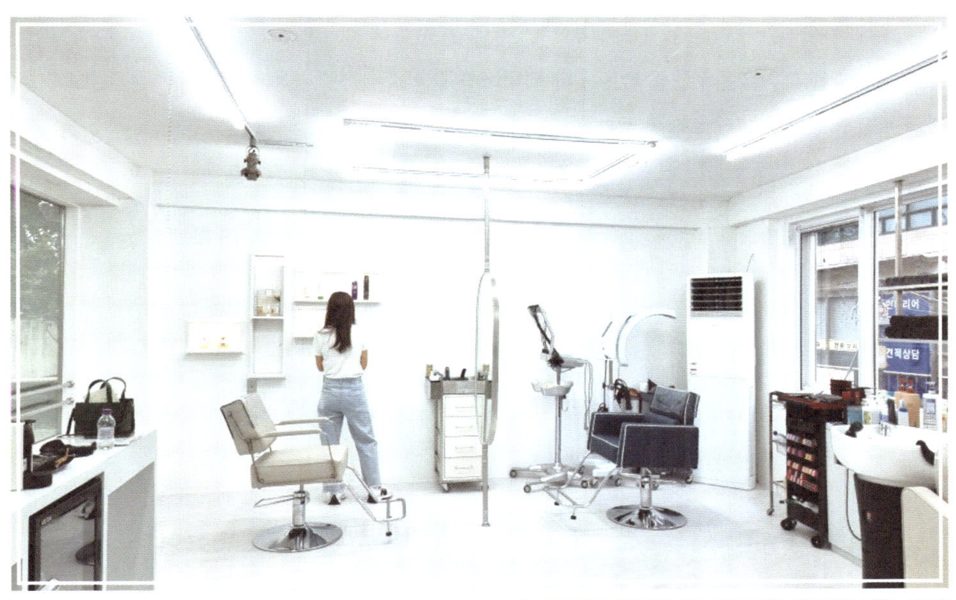

보하고 창 측으로는 키 큰 붙박이장을 설치해서 라커로 활용할 수 있도록 했다.

창 측에 설치된 테이블은 기둥이 있는 곳에 커피머신을 놓고 우측은 원장님 자리, 좌측은 고객 대기석으로 창틀이 붙박이 의자 역할을 하도록 설치했다. 테이블 가운데 기둥이 있는 곳에는 냉장고가 들어갔다. 중앙에 세운 양면 거울과 의자 두 개가 한 세트다.

화장실 벽은 타일을 덧붙였고 스테인리스 개수대와 수전은 전 가게에서 철거해 온 것을 재활용했다.

쇼윈도우가 있는 갤러리
동부이촌동 〈이촌화랑〉

이번 갤러리 인터 리어 작업은 《우리 집 미술관》의 저자가 운영할 곳이다. 건물은 50년 전에 지어졌고 직전에 이 자리에 있었던 부동산은 20년을 이 자리를 지켰다고 한다. 공간은 두 개로 나눠져 있는데 안쪽에 내실 겸 창고가 있다. 천장을 들여다보니 수많은 전선과 통신선이 엉켜 있는데 70%는 사용되지 않는 것들로 여겨졌다.

벽이나 천장이나 50년 동안 덧방에 덧방이라 엄청난 양의 폐기물이 예상되었지만 모두 뜯어내기로 결정했다. 어떤 곳은 벽 속에 25cm의 공간이 있다. 이런 곳은 매입 수납공간으로 만들면 효율적이다. 일반적으로 가벽을 칠 때는 석고보드를 이용하지만 갤러리는 전시회를 할 때 마다 매번 액자를 거는 위치가 바뀌어야 하므로 벽에 못이나 피스를 박을 수 있도록 두꺼운 합판으로 가벽을 친다. 지난번 〈가온갤러리〉 작업 때는 9mm 합판에 6mm MDF로 마감을 했지만 이번에는 9mm 합판으로만 마감하기로 했다.

사흘째 되는 날 이른 아침에 첫눈이 내렸다. 이날 냉난방기를 설치했는데 일반적으로 천장형 냉난방기를 설치할 때는 4way를 설치하는데, 갤러리 예비 관장님은 좌우 측 벽에 걸릴 액자에 열기가 가면 그림에 영향을 즐 수 있다며 공간의 긴 방향으로만 바람이 나가도록 2way를 주문하셨다. 카페나 베이커리 같은 공간을 작업할 때는 생각도 하지 못했던 일이다.

가벽을 치는 동안 천장의 노란색과 파란색 테이프로 감겨진 사용하지 않는 파이프 세 개를 철거했다. 남은 한 줄의 주철관도 사용되고 있지는 않을 것으로 보였지만 관리실에서도 사용 여부를 알지 못해 그대로 두어야 했다. 기존의 세 겹이던 가벽을 철거하고 합판으로 다시 가벽을 설치했는데 공간은 대

략 150mm 정도 확장된 듯하다. 천장은 500mm 정도 높아졌다. 합판은 석고보드와는 갈리 습도에 따라서 수축을 한다. 때문에 퍼티를 하고 도색을 한 후에도 합판과 합판 사이에 잔금이 생기게 되는데 이를 최대한 방지하기 위해서는 망 테이프를 붙인 후에 아크릴 퍼티로 줄퍼티를 하고 건조된 후에 핸디코트로 퍼티를 한다.

이렇게 해도 온도와 습도 차이가 심할 때는 갈라짐 현상이 발생한다. 특히 액자를 걸기 위해 벽에 못을 박고 빼고 하는 일이 반복되는 갤러리의 경우에는 못 자국과 함께 갈라진 곳도 수시로 보수를 해줘야 한다. 지난번 <가온갤러리>에서 가벽 작업을 할 때는 무심코 핸디코트로만 퍼티를 했다가 갈라짐 현상이 발생해서 뒤늦게 아크릴 실리콘으로 보수해야만 했다.

전기 계량기와 분전반 위 천장 속에 있는 상수도 계량기와 밸브가 있다. 이런 설계는 위험천만한 것이다. 상수도가 터지면 물이 전기 분전반을 덮치게 되고 그렇게 되면 큰 사고로 이어지게 된다. 아이러니한 것은 천장에서 철거한 목재가 불에 심하게 탄 숯이 되어있었다는 점. 과거 화재의 흔적이다.

작업 중인 상가 건물은 50년 전에 건축되었고 20년 동안 운영되었던 부동산이 들어오기 전에는 미장원이었다고 한다. 어딘가에 상하수도 배관이 있을 것이라고 추정하고 찾던 끝에 상수도는 상가 맨 안쪽 오른쪽 천장 속에서 찾았고 하수도는 그 아래 가벽 속의 두툼하게 덮여있던 콘크리트를 깨니 나왔다. 하지만 상수도의 계량기가 깨져있고 밸브를 열었으나 물이 나오지 않아 관리실에 문의했더니 아는 분이 아무도 없다. 관리소장님도 오신 지 5년밖에 되지 않아서 건물의 설비에 관해서는 전혀 모르시는 눈치였다. 이럴 대는 건물 인근의 설비업자를 찾는 것이 요령이다.

천장을 회색으로 할지 백색으로 할지 고민에 고민을 했다. 어두운 색으로 할 경우에는 도색 작업이 많이 편해지고 갤러리 벽에 걸릴 작품에 대한 시선 집중도는 높아질 것이다. 하지만 조명을 밝게 한다고 해도 전반적으로 실내 분위기는 무겁고 어두운 느낌이 될 것이다. 밝은 색으로 칠을 할 경우에는 작업의 난이도가 두 배로 늘어나고 천장의 작은 자국까지도 눈에 보이게 된다. 반면 갤러리의 전체 분위기는 밝고 환한 느낌을 즐 것이다.

모두 장단점이 있기 때문에 어떤 것을 선택할 것인가는 그 공간에 가장 많은 시간 머무를 사람의 취향에 맞추는 것이 옳다고 생각해 왔다. 결국 벽과 천장, 파사드까지 화이트로 가기로 했다. 구석구석 칠하고 또 칠해도 작은 구덩 하나하나가 나 여기 있소 하고 존재감을 드러낸다. 천장은 초벌 칠을 했고 벽은 줄퍼티 후에 올 퍼티를 한 상태인데도 천장이 검은색일 때와 같은 채광 상태에서도 실내의 밝기가 전혀 달라졌다. 대신 보이지 않던 파이프와 전선 박스, 콘크리트의 곰보자국들이 여실히 드러난다.

가벽과 선반과 책장과 수납장이 완성되었고 어수선하던 분전반 주변도 합판으로 박스를 짜서 정리하고 문을 달았다. 전기 조명 작업과 함께 도색 작업이 진행되었고 외부에서는 파사드 작업이 진행되었다.

조명을 달고 나면 조명의 힘은 참으로 대단하다는 것을 새삼 느끼고는 한다. 대부분의 갤러리는 액자를 비춰주는 스폿 조명을 선택하는데 〈이촌화랑〉 관장님은 확산형 라인 조명을 선택하셨다. 7일째 되는 날 데코타일을 시공하고 벽과 천장, 가구와 파사드의 페인트를 마무리했다. 빠르면 7일에서 늦어지면 10일을 잡았던 일정에 어긋나지 않은 순조로운 항해였다.

100년 된 동양척식회사 문서고가 있는
나주 브런치 카페 〈영산나루 다이닝룸〉

나주 영산포에 있는 가드닝 브런치 카페, 가드닝 카페는 원래 이탈리안 레스토랑으로 출발했다. 펜션과 전통찻집을 같이 운영하는 여행자 플랫폼을 갖추었는데 아쉽게도 레스토랑은 지역적 한계를 벗어나지 못하고 지속적인 적자를 기록해 왔다.

첫 번째 문제는 요리를 담당할 전문 직원 영입의 어려움.(직원 숙소까지 제공해야 했다.) 두 번째는 나주시에서도 영산포라는 경치는 좋지만 다소 외진 지역적 위치. 세 번째는 처음 정원과 공간이 조성될 때 가족들의 휴식 공간으로 꾸며지다 보니 아름다운 정원과 건물이 노출되지 않는 공간의 폐쇄성.

그 외에도 홍보와 마케팅, 운영의 묘 모든 것을 직원에게 의지하다 보니 구심점이 잡히지 않았다는 점도 7년의 적자의 원인이 되었던 것으로 보인다.

때문에 오픈 7년만에 레스토랑 사업을 접고 브런치 카페 〈영산나루〉로 운영이 되고 있으며 23평 정도 되는 레스토랑 주방과 2층의 60평 정도 되는 홀과 제2 주방의 리뉴얼 작업을 진행했다. 1층의 23평 주방은 그동안 싱크대, 냉장고, 가스조리대, 냉동고, 각종 오븐, 튀김기 등으로 빈틈이 없었으며 직원들이 떠난 주방에는 기름때와 썩어가는 식재료 등으로 폭격 맞은 전쟁터 같았다.

브런치 카페 〈영산나루〉의 대표님과는 생면부지였으며 단지 페이스북 친구였다. 메시지는 간단했다. 브런치 카페를 운영 중인데 도배나 페인트 할 사람을 찾고 있다는 것이다. 마침 작업 중이던 구례의 게스트하우스 일이 사흘 후부터 한 달가량 쉬기로 되어있어서 고향 집 함평으로 갈 계획이었다. 그렇게 나주시 영산포 브런치 카페, 가드닝 카페 〈영산나루〉와 인연이 맺어졌다.

리뉴얼 작업이 들어간 레스토랑 주방은 건물 전면에서 보면 1층의 우측이다. 2층은 갤러리 겸 복합 문화공간으로 조성될 예정이다. 작업 첫날은 기존 카페 주방의 바 테이블 개조 작업을 했다. 홀 쪽으로 나있던 테이블 선반 출구를 막고 주방 안쪽에서 수납이 되도록 하고 에스프레소 머신의 무게를 견디도록 바 테이블을 보강하는 작업을 했다. 단순한 일이지만 주방에서 일하는 직원의 피로감을 상당히 줄여 주는 동선 재배치 작업에 해당한다. 추가 작업으로 머신과 주변기기들의 전선과 상하수도 배관의 정리와 매입 작업을 해서 오더 테이블과 음료 작업대 주변을 깨끗하게 정리했다.

리뉴얼 작업은 비우는 것으로부터 시작된다. 그동안 사용하지 않고 폐쇄되었던 주방에서 1톤 트럭으로 9대분의 짐과 폐기물이 나갔다.

피자 오븐 하나만을 남기고 완전히 비워진 레스토랑 주방의 배수로에 7년 동안 침전된 오물을 제거하고 모르타르로 배수로 대부분을 메웠다. 다이닝룸이자 이벤트홀이 될 이 공간에는 관리하기 힘들고 악취가 심하게 나는 배수 트렌치가 필요 없기 때문이다. 작업이 장기화되는 것으로 계획이 짜였고 가벽을 치고 새로운 배수로를 파고 주방의 창고였던 곳을 다이닝룸의 작은 주방으로 만들면서 드나들기 위한 두 곳의 출입구를 정비하고 배관 작업을 한다.

가드닝 카페 〈영산나루〉는 드넓은 정원과 100년이 넘은 근대문화유산 건축물을 보유하고 있다. 하지만 외부로 알려지지 않았다. 그리고 주변에는 역사와 전통의 맥이 흐르는 전라도의 물류의 중심이었던 영산강이 흐르고 영산포의 황포돛배와 100년이 넘은 국내 유일의 내륙에 있는 등대, 홍어의 거리 등이있다. 필자가 할 일은 이것들을 어떻게 유기적으로 결합시켜서 가드닝 카페 〈영산나루〉가 중심이 되게 할 것인가이다.

주방이었던 공간을 탈바꿈시키기 위해서는 큰 변화가 필요하고 그만큼 비용도 많이 든다. 모든 벽에 석고보드를 덧댄 후에 올 퍼티를 하고 페인트를 했다. 기존 매입 형광등은 모두 철거하고 배선을 한 후에 보수하고 페인트를 했다. 지저분했던 트렌치 배수로도 모두 메우고 수평 모르타르로 바닥을 고르게 정리했다. 그렇게 완전히 다른 공간이 되었다. 배수가 잘 되지 않고 악취가 심해 확인해 보니 유수분리조의 청소가 전혀 이뤄지지 않았다. 거름망을 모두 꺼내고 침전물을 퍼냈는데 엄청난 양이 나

왔다.

주방이 될 공간은 홀보다 깊어 레미탈을 20포쯤 혼자서 깔았다. 다음 날 수평 모르타르 작업이 예정되어 있었기 때문에 밤늦게까지 작업을 했다. 이 부분 때문에 에폭시 작업을 위한 양생 기간을 일주일 이상 잡았다.

수평 모르타르 작업을 마치고 양생이 되는 동안 서울로 올라와 양재동에서 젤라토 전문점 작업을 했다. 작업을 끝내고 10일 만에 영산포 가드닝 카페 〈영산나루〉로 돌아가니 기대에 미치지 못하는 상황이 연출되어 있었다. 모르타르 반죽을 할 때 물이 좀 많은 것 같다고 했더니 숙련공으로 알려진 작업자가 적당한 비율이라고 했고 작업자가 소속된 회사의 대표님도 감리를 보러 오셨을 때 별말씀이 없

으셔서 잘 될 것이라 생각했는데 처음 우려했던 대로 물의 비율이 높았다. 수평 모르타르를 칠 때 물의 비율이 높으면 모르타르가 고르게 흐르지 못하고 물만 흘러 낮은 곳을 채우는 현상이 나타난다. 그곳에는 하얀 석화 현상이 일어난다. 물에 녹아있던 석회가 하얗게 응결된 것이다. 이 상태에서도 에폭시 작업을 하면 나중에 누룽지처럼 일어나는 들뜸 현상이 발생한다. 그래서 쪼그리고 앉아 모두 긁어내야 했다.

가드닝 카페 〈영산나루〉의 본관 2층은 이탈리안 레스토랑으로 운영되던 곳이다. 처음 계획은 이곳을 갤러리로 재탄생시켜서 지역 작가들의 활동 무대가 되게 한다는 것이었다. 하지만 갤러리 운영 계획을 세우지 못한 문제와 기존 공간 변형에 대한 콘셉트를 결정짓지 못하고 있는 상황이어서 작업을 진행하는 것은 무리가 있다고 판단해 당분간은 카페의 제2 공간으로 활용하기로 하고 연회석 같은 느낌이 드는 테이블의 배치만 바꾸기로 했다. 거의 모든 가구가 올드한데다 넓은 레스토랑 테이블과 의자라서 아무리 재배치를 해도 카페 느낌을 잡을 수가 없었다.

2층 북쪽 끝에 10평 정도 되는 루프탑이 있는데 여기서는 영산강이 보이고 오래된 살구나무가 감싸고 있다. 낡은 테이블을 재배치하고 정리를 했더니 최고의 자리가 되었다.

3월 말부터 4월 중순까지 가드닝 카페 〈영산나루〉의 시그니처는 자목련이었다. 날이 화창한 날 여객기 한 대가 자목련 우듬지 위로 날아갔다. 저 비행기 이코노미석에 앉아 기내식을 먹는 상상을 하며 에폭시 작업을 했다. 바닥의 콘셉트는 노출 콘크리트지만 에폭시 중도(라이너)에 금분을 혼합해서 반투명 상태를 연출하려 했다. 처음 혼합한 금분은 노랑이 강해서 조금 더 무거운 색을 선택 혼합했다. 프라이머를 흠뻑 바르고 하루를 양생한 후에 중도 작업을 했다. 에폭시 작업을 할 때는 프라이머(하도)든 라이너(중도)든 경화제를 믹스하는 과정이 매우 중요하다. 일반인들이 셀프 시공을 할 때 막대 같은 것으로 저은 후에 시공을 하는 경우가 있는데 셀프 시공 후기를 보면 2~3일이 지나도 마르지 않고 끈적인다고 하소연하는 경우가 많다. 이는 경화제와 주제를 충분히 섞어 주지 못한 데서 오는 현상이다. 따라서 전동 믹서기가 없는 경우에는 주방에서 사용하는 저렴한 밀가루 반죽기를 사용하고 에폭시 전용 시너를 3%정도 섞어 주면 좋은 효과를 볼 수 있다. 보는 방향에 따라서 색이 조금씩 달리 보이는데 조명을 켜면 매우 환상적인 분위기를 자아낸다.

금칠한다고 뭐가 다를까마는 하기 전에 비하면 확실히 다르다. 나주 영산포의 가드닝 카페 〈영산나루〉의 본관은 분위기가 조금씩 다른 여러 개의 공간으로 나뉘어 있다. 이번에 에폭시 작업한 곳은 패밀리 레스토랑으로 운영될 때 주방이었던 곳이다. 〈영산나루〉의 시설 전체가 유럽 스타일의 전원적이면서도 레트로한 분위기인 데 반해 강렬한 컬러를 반영하여 이벤트 효과를 극대화시키려 했다. 이 공간은 창도 작고 폐쇄적인 공간이라 반전 효과를 노려 화려함을 지향한 것이다.

가드닝 카페 〈영산나루〉에는 총 네 개의 건물과 다섯 개의 가건물이 있다. 그중 하나가 1916년에 지어진 동양척식회사 문서고인데 이 건물은 일반에 공개되지 않은 채 주변은 온갖 잡다한 시설물과 쓰레기 등으로 가려져있어서 건물을 찾아보기 힘들었다. 〈영산나루〉를 첫 방문했을 때부터 주장했던 동양척식회사 건물의 존재감을 높이는 작업을 시작했다.

먼저 장독대가 있는 쪽의 방치되어 폐허 같은 느낌의 어린이 놀이시설인 정글짐을 없애고 둔중한 느낌의 그네를 심플하게 개조해 옮겨 설치했다. 장독대 주변을 정리하고 쓰레기(와인병만 2∼3박스쯤)를 치워 척식회사 건물을 드러내고 커다란 감나무 그늘과 장독대 옆의 오래된 살구나무 그늘에 테이블과 의자를 놓았다. 치우고 비우는 일이 가장 어렵지만 하고 나면 공간에 깃든 여유로 가려진 것들이 새롭게 보이기 시작한다. 하지만 관리하지 않으면 오래되지 않아 또 예전처럼 될 우려가 있다. 테이블과 의자도 임시로 가져다 놓은 것이기 때문에 적당한 것을 마련해 배치해야 한다.

나주 가드닝 카페 리뉴얼 작업 중 가장 보람 있었던 것 중 하나가 철 조각가인 정일 작가의 합류와 둘이 같이 한 간판 작업이다. 카페 〈영산나루〉는 세 곳의 출입구가 있지만 처음 오는 사람들은 출입구를 찾지 못해 당황해했다. 때문에 고객의 차량과 고객의 출입 동선을 잡아 줘야 하는데 대표님과 의견에 차이가 있어서 한동안 고민을 해야 했다. 결국 주방 뒤쪽으로 영산강 산책로와 연결되는 동선을 만들고 강 쪽에서 주차장으로 들어오는 곳과 주차장에서 정원으로 들어오는 두 곳에 간판을 설치하고 주차장 안에도 주차장 안내판을 설치하기로 했다. 그런데 문제는 간판 제작 설치 비용이 만만치 않다는 것. 이 문제를 정일 작가가 합류함으로써 말끔하게 해소해 버렸다.

간판 제작비용을 줄이기 위해 광주의 쇠 파이프 벤딩 집을 직접 찾아가 벤딩 집 대표님과 같이 작업을 하고 레이저 타공 집에도 직접 찾아가 의뢰를 했다. 두 곳 다 3~4일 후에 찾으러 오라고 했지만 작업을 도와드리면서 당일 제작이 가능하도록 했다. 아침에 광주의 레이저 집과 벤딩 집에 제작 의뢰를 하고 아크릴까지 구입해서 오후 네시경에 조립 작업에 착수했다. 조립해 놓고 보니 100kg이 넘어 대문의 기둥 위에 올려 간판을 세우고 정일 작가의 심벌과 같은 봉황 한 마리를 자투리 철근으로 만들어 간판 위에 올렸다.

주방 뒤편에서 오랜 세월 흉물로 자리하고 있던 강철로 된 커다란 철재 박스를 꺼내서 그것도 주차장 입구의 입간판으로 제작을 했다. 페인트를 칠하고 조명까지 넣으니 고물이 천만 불짜리가 되었다. 골목 담장에도 저렴한 플렉스 간판을 추가했다. 산책하는 사람들이 출입하기 편하도록 골목에 오더 테이블과 연결되는 출입구도 새로 만들었다. 창고 뒤에 처박혀 있던 철판으로 만들어진 물건이 있어서 주차장 안내판으로 제작했다. 글씨는 정일 작가가 용접기로 써 내려갔다.

공간을 꾸미고 정리하는 데 있어서 가장 중요한 것은 동선이다. 동선은 자연의 이치에서는 물과 바람의 흐름을 말하며 도시와 시설물에서는 이동 수단과 사람의 흐름을 말한다. 건축물에서는 물(상하수도), 바람(공조, 냉난방), 전기, 이동수단, 사람(고객, 종업원)의 동선 등을 말한다. 이것들이 원활하게

작동하지 않을 때 사고가 생기거나 비효율적이거나 불편하거나 혼란스럽게 된다. 이를 효율적으로 관리하는 데 필요한 보조 수단 중 하나가 사인물(간판, 안내판) 등이다.

가드닝 카페 〈영산나루〉는 고객에게 제공하려는 것들로 가득 찬 느낌이다. 시설물도, 조경도 마찬가지. 그래서 일부 시설물을 철거하고 빼냈지만 여전히 빼곡한 느낌이다. 정원의 식물들 또한 너무 많았다. 그다음으로 지적되는 것이 전반적으로 어둡다는 점이었다. 주차장 진입로, 주차장, 정원의 조명이 어두워서 야간에는 불편할 뿐만 아니라 무섭기까지 하다는 반응이 있었다. 게다가 강 건너편뿐만 아니라 바로 옆 산책로에서조차도 카페가 영업을 하는 곳인지 분간을 하기 어렵다.

그런 문제점을 간판을 새로 설치해 극복하고 더불어 야외 조명을 설치했다. 차분히 가라앉은 고급스러운 유럽풍 가드닝 카페의 분위기는 손님들에게 위화감을 준다는 의견을 제법 많이 들었다. 공간이 고급스러운 것은 좋으나 그로 인해 접근하기 어렵게 느껴진다면 대중성을 잃게 된다. 이를 극복하기 위해서 먼저 외부에서 봤을 때 훤하고 밝은 이미지를 줄 수 있도록 조명을 설치했다. 새로운 간판을 설치하면서 입구와 주차장 주변 산책로와 강 건너에서 보이는 건물의 외벽에도 알전구를 알알이 박았다. 산책로에서 주차장으로 들어오는 정문을 통해서 카페의 오더 테이블까지 오는 데는 300m가량 걸어야 한다. 터 이크아웃을 하기 위해서는 결코 만만한 거리가 아니다. 그래서 산책로에서 최단거리로 오더 테이블까지 오는 동선을 잡아 출입구를 만들었다. 직원들만 이용하던 주방 뒤쪽의 방화문과 철대문이 있는데 여기에 이미지 월을 만들고 간판과 조명을 설치해서 또 다른 하나의 카페가 있는 듯한 분위기를 연출했다.

건물 주변은 관리를 하지 않으면 잡풀과 덩굴로 엉망이 되어버린다. 쓰레기 더미와 잡풀로 엉망이던 공간을 창고 주변에 널려있던 각 파이프와 불필요한 구조물을 철거하면서 나온 방부목으로 데크를 만들고 폴리카보네이트 몇 장 구입해서 벽과 지붕을 얹어 창고를 만들었다. 그리고 주변에 널려있던 것들을 집어 넣어 버렸다. 2개월이 넘는 작업 기간 내내 가드닝 카페 〈영산나루〉는 영업을 계속해 왔다. 그러다 공간과 사람들과 정이 들어버렸는데 지금은 너무 멀리 있어 아쉽다.

셀프 인테리어에 도전한 꿈 많은 청년
이탈리안 아이스크림 젤라토 전문점 〈오탈레〉

젊은 친구로부터 처음 연락이 온 것은 1월 중순이었고 몇 차례 통화가 있었다. 1월 27일 구례에 있는 내게로 인테리어와 사업계획서가 PPT 파일로 왔다. 젤라토 전문점. 아직 대중적이지 않은 이탈리아 아이스크림 전문점을 준비한다고 했고 31일 가게 계약 잔금을 치렀다고 연락이 왔다.

마침 서울 다녀갈 일이 있어서 양재의 현장을 방문했는데 40여 년 된 건물인데도 천장고가 높고 폭도 넓어서 마음에 들었다. 하지만 젊은 창업자가 혼자서 철거하기에는 역부족이라는 판단이 섰다. 벽이 네 겹이고 천장도 세 겹이고 바닥도 네 겹쯤 되는데 높낮이도 달랐다. 철거하고 나면 공간이 많이 넓어질 것으로 예상되니 배치에 관해서는 그 후에 다시 검토하기로 했다. 필자는 다시 구례의 농가주택 게스트하우스 만들기 현장으로 갔다. 구례 일을 마치고 2월 16일 다시 찾은 양재의 현장은 철거 후 그대로의 모습이다.

젤라토 전문점을 준비하는 젊은 사장은 인터넷을 통해 나를 알게 되었고 《작은 가게 인테리어 싸게하기》라는 책을 구입해 읽으면서 홍팥집 2~3호점 인테리어 작업을 필자가 했다는 것도 알게 되었다. 그래서 홍팥집 4호점이 있는 건물 옆 빈 상가를 보고 임대 전에 내게 연락을 했다고 한다.

기존의 화장실은 소변기가 있고 칸막이 안에 좌변기가 있는 남녀 구분이 없는 구조였으나 좌변기를 철거하고 그곳에 세면대와 거울을 달고 세면대가 있던 미묘한 모양의 공간은 칸막이를 해서 문을 달아 창고로 만들었다. 화장실에서 주차장으로 나있는 문을 고정하고 합판으로 막아 새로 만든 창고 벽과 함께 목재 느낌을 살렸더니 어수선하던 화장실이 아늑한 공간으로 변신했다.

40여 년의 역사가 기록되어 있는 주방의 한쪽 벽은 깔끔한 느낌이 드는 타일을 붙여 위생적인 공간임

을 강조하면서 포인트 벽이 되도록 했다. 카운터와 오더 테이블, 젤라토 냉동고를 감싼 박스는 저렴한 코어 합판으로 만들고 노출되는 곳에는 수성 스테인으로 채색을 한 후에 락카 페인트 투명으로 마감을 했다.

홀의 카운터 오른쪽의 노출된 H빔은 서점인 옆 가게와 연결되는 통로였다. 원래 이 공간도 서점으로 운영하기 위해 벽을 헐면서 H빔으로 보강한 것인데 H빔 자체가 주는 느낌이 좋아 그대로 노출을 하고 그 안에 장식장을 짜 넣었다.

벽은 아주 거친 부분만 긁어내고 퍼티를 하거나 실링을 하고 도색을 했다. 화장실 소변기가 있던 자리에 합판으로 간단하게 하부장을 만들고 작은 세면대 하나를 올려놓았다. 그리고 목재 테두리의 원형

거울과 펜던트 조명으로 마무리했다. 윈도 앞의 목재 조명은 자투리 합판으로 만들었다. 바닥은 프라이머를 도포한 후에 수평 모르타르 작업을 했다. 높낮이가 다른 곳은 깨내거나 레미탈로 채우고 그 위에 수평 몰탈을 도포해서 깔끔한 노출 콘크리트. 외부의 작은 데크는 흉측한 버려진 한 평 반 정도 되는 방부목 데크는 기존 철재 골조도 멀쩡하고 방부목도 잘라 보니 겉만 삭았지 속살은 그대로였다. 각 파이프로 난간을 만들고 외부로 노출된 콘크리트 부분만 방부목으로 감쌌더니 또 하나의 공간이 탄생했다.

에폭시 작업은 젊은 주인장이 직접 하기로 하고 요령을 알려 주고 필자는 또다시 나주의 영산포로 갔다. 에폭시 시공은 요령만 알면 매우 쉽다.

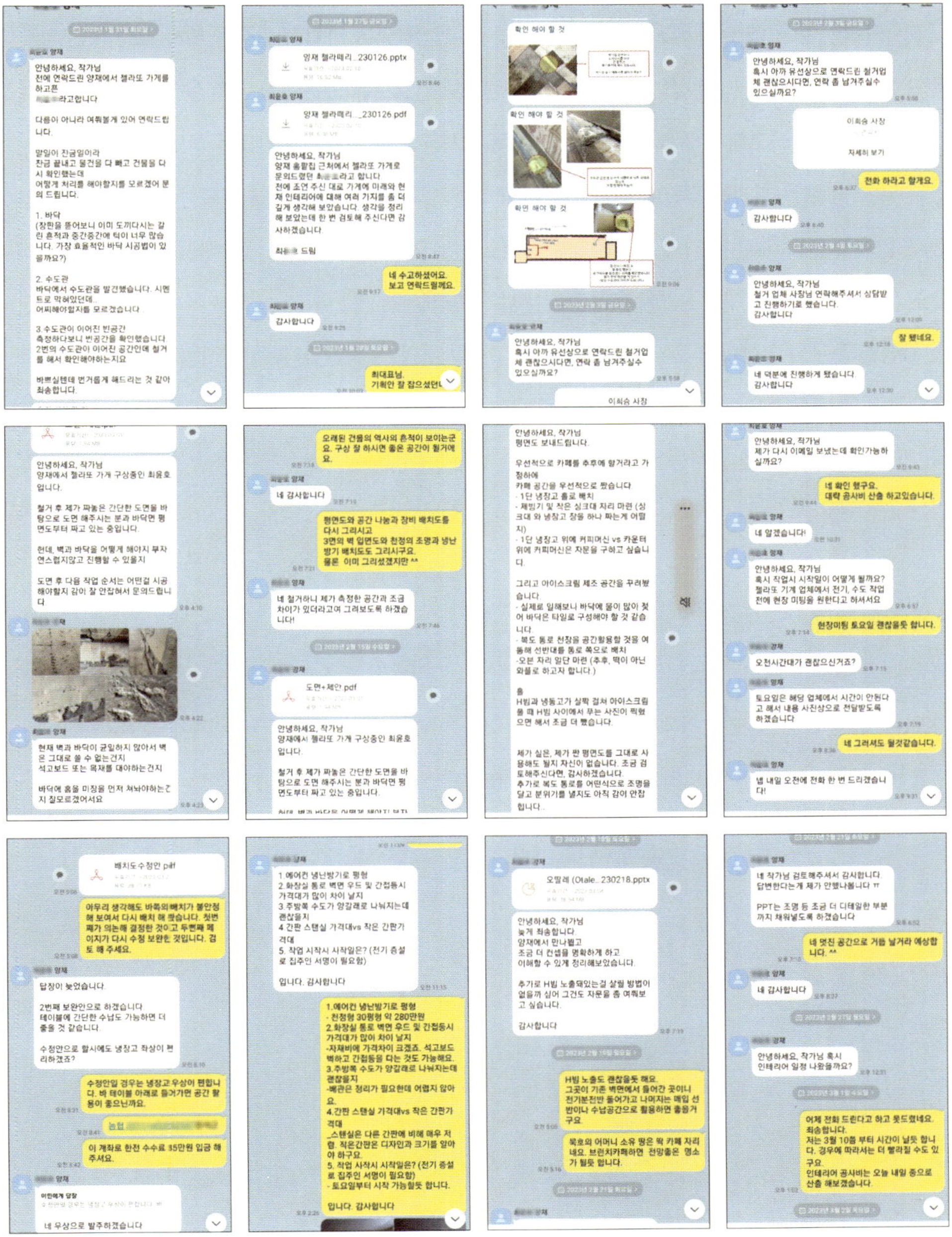

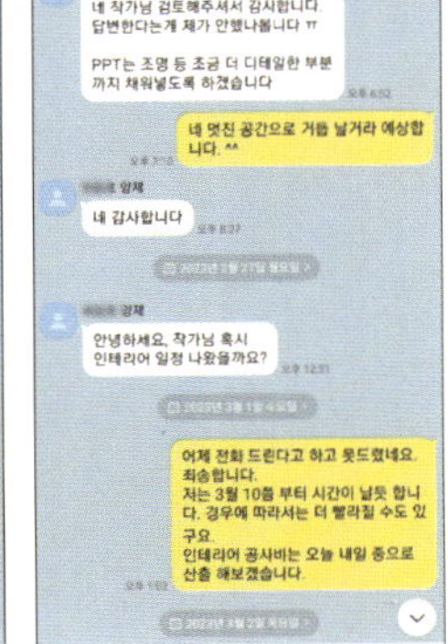

나주시의 영산포 맛집 브런치 카페 〈영산나루〉의 리뉴얼 작업을 마치고 귀경을 해서 영업 중인 양재동의 젤라토 전문점을 다시 찾아갔다. 간판의 스텐실도 셀프로 찍었는데 느낌이 잘 살아났다. 그런데 조명을 달지 못했다고해서 해서 달아 주었다. 에폭시 시공도 잘 되었고 공간의 동선도 만족해 했다.

그럼 된 거지 했는데 점심 무렵이 되자 손님이 몰려들기 시작했고 순식간에 행복한 아수라장으로 변했다. 양재동 맛집 팥 전문 카페 홍팥집과 은광여고 정문 앞의 소문난 분식집 작은공간이 있는 건물에 새로 들어선 이탈리아 아이스크림 젤라토 전문점 〈오탈레〉.

첫 창업인 젊은 주인장과의 4개월의 대화와 작업은 한 편의 소설 같았다. 이번 작업은 창업 준비에서 인테리어 및 오픈까지 서로 의견을 주고 받았으며 인테리어 작업의 경우는 반 셀프 형태로 진행되었다. 진행하는 기간 동안 필자는 1월부터 2월 중순까지는 전남 구례에서 게스트하우스 작업을 하고 있었고 2월 중순부터 4월 초까지는 나주시 영산포에 있는 브런치 카페 〈영산나루〉의 리뉴얼 작업을 했다. 때문에 많은 대화가 원격으로 이루어졌고 철거 및 전기 승압 등은 필자가 현장에 없는 상황에서 모두 진행되었다. 그 내용들의 일부가 카톡에 담겨있다.

카톡 내용을 읽어 보면 전 과정이 어떻게 진행되었는지, 비슷한 업종의 가게를 하려면 어떻게 준비해야 하는지 대략적으로라도 감을 잡을 수 있을 것이다. 카페나, 베이커리, 디저트 가게, 주점, 칵테일바 등을 준비하시는 분들은 필독하시고 참고하시기 바란다.

미국 체인점의 수 천만원 날릴 뻔했던

동탄 〈카페 이플〉

카톡으로 사진 몇 장이 날아왔다. 동탄의 호수공원 옆 상가 동탄 레이크 코모에 상가를 계약했다며 인테리어를 부탁해왔던 분이다. 그날로부터 3개월 만에 가슴 아픈 사연을 이겨내고 다른 장소에 카페를 오픈한 소식을 알려 왔으니 그 사이에 말 못 할 사연이 무수했다.

미국 기업인 베이커리 카페 앤**의 가맹점 계약을 하기로 하고 동탄의 핫플레이스인 레이크 코모 상가를 계약했고 한 달 후 잔금을 치렀다. 그런데 상가 잔금을 치른 날까지 가맹점 계약은 해주지 않고 있다가 처음 얘기했던 인테리어 비용과 주방기기 및 장비 비용이 두 배로 뛰었다. 본사의 담당 차장은 전화도 잘 받지 않는 등 고압적인 자세를 취했다. 그래서 이미 오픈한 다른 가맹점주들에게 연락했더니 대부분이 처음 상담할 때 예상했던 비용보다 두배 이상의 비용이 들었다면 불만을 토로했다. 결론은 임대차 계약 해지(다행히 계약금 전액 반환)하고 제2의 장소를 물색했고(이미 봐 둔 곳이 있었다), 10일 후 본격적인 인테리어 작업에 돌입했고 공사는 11일 만에 끝났다. 그리고 다시 한 달 후 오픈했다는 연락이 온 것이다.

레이크 코모 입점을 포기하고 미국 베이커리 앤**과의 계약을 포기하고 주인장이 사는 아파트 상가에 있는 카페를 인수하기로 했다. 레이크 코모에 입점을 준비하면서 중고 주방기기를 물색하다가 알게 된 〈카페 채우다〉의 중고 주방기기를 일괄 구매할 경우 1,500만 원에 팔겠다고 했는데 카페를 인수할 경우 권리금이 1,500만 원. 그러니까 1,500만 원에 집기 그대로의 카페를 인수하는 것이다.

기존 사장님은 아이가 어려서 도저히 가게를 운영할 수 없다는 판단으로 염가에 넘긴다고 하셨다. 자리는 대박은 어려워도 출퇴근이 편하고 인근 아파트의 세대수가 많고 특히나 아이가 하나나 둘이 있

는 젊은 부부가 주로 산다는 장점을 살리면 기본은 할 수 있을 것이라는 판단이 들었다.

〈카페 채우다〉의 인테리어 설계는 너무 수평적이고 고객 편의는 상당히 배제된 듯했다. 내부와 파사드에 많은 돈을 들였지만 주방과 창고의 작업 동선이 너무 길고 각 작업대와의 동선도 길고 꼬이는 느낌이 들어서 전면 철거 후 공간을 재배치하고 철거하면서 나오는 자재는 최대한 재활용하기로 했다. 그리고 삭막한 야외를 쓸만한 공간으로 창조하기로 했다.

철 조각가인 정 작가가 합류하면서 작업의 폭이 넓어졌다. 〈카페 이플〉의 넓은 야외 공간에 방부목 데크를 설치하는 대신에 펜스 역할을 겸한 벤치를 만들어 설치하기로 했다. 작업은 목공 작업과 철 작업이 동시에 병행되었다. 카페 앞에 넓은 공간이 있기에 가능한 일이다.

상하수도의 위치 때문에 싱크대가 출입구에서 가장 가까운 쪽에 설치되었던 것을 철거하고 그 때문에 불필요하게 길게 설치된 작업대와 바 테이블도 일정 구간을 잘라냈다. 작업대가 넓고 길다고 꼭 편한 것은 아니다. 작업 동선이 길어져 쉬 피로해지고 넓은 작업대에는 불필요한 도구들이 널려있게 되어 어수선해지기도 한다.

결국 모든 공간은 수직과 수평의 짜임새가 중요하다고 본다. 〈카페 채우다〉를 〈카페 이플〉로 바꾸는 일은 수평과 수직의 효율적인 짜임새를 갖추는 일이었다. 그리고 넓은 외부공간을 효율적이면서도 〈이플〉만의 독특한 공간으로 재구성하는 일이다. 홀의 맨 안쪽은 과감하게 칸막이를 해서 너무 길어 불편해 보이던 공간에 안정감을 주고, 작업대와 바 테이블에 널려있던 장비와 도구들을 창고 안쪽 작

업실에 재배치해서 정리·정돈된 느낌을 주고자 했다.

상하수도 위치가 전면 윈도 쪽에 있는 것을 창고 안쪽으로 6m가량 노출 배관을 해서 안에 싱크대를 설치하고, 노출된 배관이 있는 벽면에 붙박이 의자를 설치하고 의자 아래는 수납공간으로 활용할 수 있도록 미닫이문을 달았다. 정 작가님은 이틀 만에 야외 펜스와 벤치의 구조물을 완성하고 각파이프 남은 자투리로 새 모양의 조형물을 만들어 출입구에 세웠다. 그리고 전선을 연결하고 조명을 달아줬다. 키오스크가 들어있던 붙박이 함을 뜯어내고 붙박이 의자를 그곳까지 연장하기로 했다. 키오스크는 스탠드를 구입해 세우기로 했는데 스탠드 제작이 중단된 모델이라고 해 건너편 가벽을 파내고 매입시켰다. 기존 키오스크가 있던 자리에는 두 사람이 앉을 공간이 생겼다.

구조물들이 자리를 잡고 나면 조명이 설치되고 컬러가 입혀진다. 화이트 & 화이트 분위기에 자연의 색을 끌어다 채워 생기를 불어넣었다. 철제 벤치는 흰색을 칠해 파사드 컬러와 통일하면서 번잡스러움을 줄이고 존재감을 낮췄다. 파사드 상부는 아파트 1층의 정원에 해당되고 파사드 상부는 화강석 두겁석이 덮고 있는데 그 위에 철판을 넓게 덮어 파사드를 고정했다. 그런데 그 부분의 경사가 앞쪽으로 기울어 비가 오면 빗물이 줄줄 흘러내려 지저분한 흔적을 만들었다. 그래서 페인트를 하기 전에 각파이프로 물끊음 선을 만들어 붙였다. 간판은 가독성이 전혀 없던 이전 〈카페 채우다〉의 활자를 떼어내고 바탕에 페인트를 한 번 더 칠한 후에 스텐실 작업을 했다. 이제 길 건너편에서도 이곳이 뭘 하는 공간인지 알 수 있게 되었다.

이삿짐센터에 맡겼던 가구와 장비들이 들어오자 부산스럽지만 하나하나 자리를 잡아가면서 여기가 10여 일 전의 그곳이 맞나 하는 생각이 든다. 상가 주인이 찾아와서 자신의 가게가 이렇게 넓은 줄 몰랐다며 명함을 청했다. 그런데 아쉽게도 〈카페 이플〉은 2년 만에 고3이 되는 아들을 보살피기 위해 아쉬운 고별을 했다.

part 4
결국, 손으로 만드는 일

실전의 경험이 결과를 만든다

자, 이제 이런저런 과정과 준비와 절차를 다 거쳤다 치자.

이제는 정말 인테리어 공사를 시작해야 할 때가 닥쳤다. 실수하지 않기 위해서 또는 비용을 줄이기 위해서 그리고 성공하기 위해서 당신은 오랫동안 철저한 준비를 해 왔다. 하지만 당장 공사를 시작하려고 하면 막상 당신은 또 막연해진다.

자금이 넉넉하다면, 모두 전문가에게 맡겨 버리고 당신은 뒷짐 지고 헛기침하면서 구경만 하면 된다. 그러나 아쉽게도 우린 처음부터 빠듯한 예산을 세웠고 그 예산에서도 절약해 남기고 싶다. 그러하므로 당신은 이 눈치 저 눈치 봐가며 바쁠 수밖에 없다.

당신이 이 책을 읽고 일부라도 실천해 왔다면 당신은 당신 가게의 인테리어 공사 현장 소장 역할을 어느 정도 소화해 낼 수 있을 것이다. 평면도와 입면도를 그릴 수 있게 되었으며, 자재에 따라서 물량이 어느 정도 필요한지도 산출할 수 있게 되었다. 따라서 인테리어 공사를 시작하는 데 있어서 두려워할 필요가 없다.

필자는 이 글에서 전문적인 실내 건축학개론을 펼치려는 것이 아니다. 여기서 필자가 이야기하는 인테리어 공사를 하는 데 필요한 방법론은 실전을 통해 터득한 것들이다. 이론적으로는 다소 허황되게 느껴지는 것들도 있을 수 있다. 하지만 분명한 것은 필자가 인테리어 공사를 할 때 실제 적용했던 방법들이며, 여기서 나열하는 것들은 모두 긍정적인 결과를 얻었던 것들이라는 점이다.

물론 공사 현장의 조건이나 입지에 따라서 이야기가 맞지 않을 수도 있다. 그렇다 하더라도 인테리어 공사 경험이 없으며 실내건축을 배운 적이 없는 카페 주인장이 되고 싶은 여러분에게는 분명 도움이 될 것이다. 교본에서 배운 전투보다는 실전에서 터득한 전투가 훨씬 실용적이라는 것은 상식적인 일이다.

다음에 펼쳐지는 내용들은 바로 실전을 통해 필자가 터득한 것들을 정리한 것이다. 이 책의 인테리어 공사 사례들의 에피소드에서 보았듯이 현장에서 기술자들로부터 듣고 보고 하면서 체득한 것들을 정리한 것이다. 따라서 실전에서 활용했을 때 매우 유용한 방법들이었다.

여기에는 실측하는 법, 입면도와 평면도를 손쉽게 그리는 방법, 견적서를 작성하기 위해서 꼭 필요한 물량 산출법이 있다. 부피 환산법, 면적 환산법 등도 대단한 수학적 지식이 필요할 것 같지만 알고 보면 매우 간단하고 단순하다.

뭐든 그렇지 않던가. 콜럼버스의 달걀처럼 알고 보면 간단하다. 그동안의 글들이 서론이거나 사족이었다면 지금부터는 실전이라고 생각하면 된다.

자, 이제부터 같이 콜럼버스의 달걀을 깨트려 보자.

도면은 반드시 직접 이해하라

평면도와 입면도만 제도로 그려도 인테리어 공사 반은 한 셈이다.

1 실측하기

임대계약서를 작성하고 가장 먼저 해야 할 일이다. 계약 전에 할 수 있다면 더욱 좋다. 당신이 임대한 공간의 넓이에 대해서 계약서에 명기된 면적이 있다. 그리고 계약을 할 때, 건물주에게 요구하면 당신이 임대한 해당 층의 평면도를 받을 수 있다. 하지만 당신이 임대한 공간을 직접 인테리어 공사를 하기 위해서는 그 공간을 별도로 실측해 평면도를 그려야 한다.

실측하는 데 필요한 도구는 무선 노트 한 권과 5~7.5m짜리 줄자 1개가 필요하다. 연습장은 2~3천 원, 줄자는 1만 원 안팎이다. 물론 지우개와 연필도 필요하다. 먼저 바닥을 실측하는데 네 벽면의 넓이를 잰 후에 연습장에 그려 넣고 수치를 기록한다. 서로 마주 보는 벽면의 폭이 같다면 정사각형이거나 직사각형의 구조로 일은 쉬워진다. 하지만 4개의 변의 길이가 서로 다르다면 일은 어려워지고 공간 활용도도 떨어질 우려가 있다. 이런 내용은 계약 전에 알게 된다면 계약 조건을 유리하게 끌고 갈 수도 있으니 참고한다.

실측을 할 때는 바닥에서 천장까지 수직으로 돌출된 기둥이나 설비 배관의 좌우 측을 측량해 기록하고 돌출된 수치와 폭도 기록한다. 출입문의 넓이와 위치 또한 좌우측 벽에서 얼마나 떨어졌는지 측량한 후에 정확히 그려 넣는다. 만약 바닥에 돌출된 배관이 있거나 철거할 수 없는 구조물이 있거나 높낮이가 다른 곳이 있다면 이 역시 정확한 위치를 측정해 그려 넣고 전후좌우의 벽과의 거리를 표시해 준다.

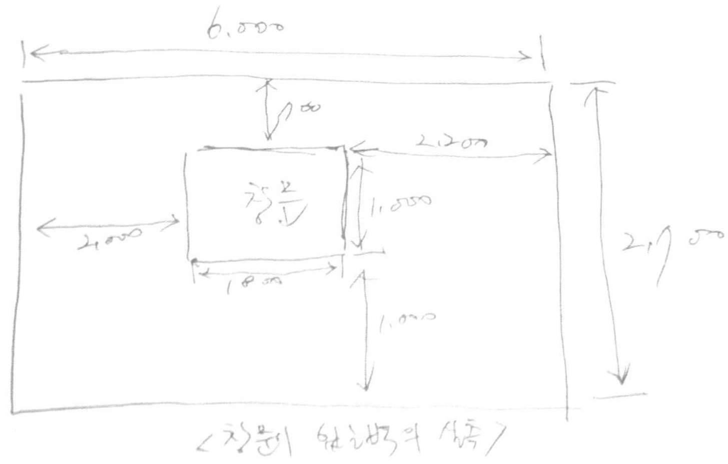

<창문이 있는 벽의 실측>

바닥을 실측했다면 천장 도면을 그린다. 천장은 바닥 평면도와 같다. 따라서 바닥을 실측한 그림을 복사해 그 위에 소방 설비나, 전기 설비, 보의 위치를 측량에 표시한다.

평면도가 좀 더 완벽해지려면 건물의 실재 면적과 도면의 면적이 축척 상태에서 비례해야 한다. 실측을 할 때는 오차 범위가 1cm 이하가 되도록 하고 수치를 기록할 때도 1cm 단위까지 상세하게 측정해 기록하도록 한다.

줄자로 실측을 하다 보면 줄자가 꺾이거나 휘어지면서 오차가 발생할 수 있는데 5m 이상 되는 긴 구간을 측량하다 보면 3~4cm 정도의 오차가 발생할 우려가 있다. 따라서 줄자는 항상 곧게 편 상태에서 측량해야 하며 가능하면 주변 사람의 도움을 받아 줄자를 양쪽에서 잡고 실측하는 것이 오차를 줄일 수 있다. 실측할 때는 돌출된 기둥과 출입문, 분전반, 전기 및 가스계량기, 가스배관, 창문, 상수도, 하수도 등의 위치를 정확하게 기록해야 한다.

실측하는 요령은 분전반을 예로 들어 본다. 분전반의 높이와 폭을 재서 그려 넣고 좌측 벽 코너에서 분전반까지의 거리와 우측 벽 코너에서 분전반까지의 거리를 재고, 다시 바닥에서 분전반까지의 높이와 천장에서 분전반까지의 높이를 잰다. 잰 것들을 부지런히 하나도 빠트리지 말고 노트에 그려 넣는다. 다른 돌출물도 같은 요령으로 하면 된다. 현장 실측 도면은 바닥과 천장의 평면도 2장과 4개의 벽면 입면도가 나와야 정상이다. 총 6장의 실측 도면을 가지고 인테리어 설계를 시작하게 된다.

② 평면도 그리기

　평면도에는 2가지가 있다. 인테리어 공사를 하기 전의 빈 공간과 움직일 수 없는 구조물만을 표시한 평면도(실측 도면)와 필자가 구상하는 인테리어를 구현할 시공 후의 모습을 설계한 평면도(설계도)가 그것이다. 시공 전의 평면도는 실측을 하면서 그렸던 것을 비례에 맞게 정리해 그리면 되는데 인테리어 디자인과 설계에 필요한 기본 바탕이 되는 것으로 매우 중요하다. 대부분의 전문가들은 설계도를 오토캐드라는 프로그램을 활용해 그리는데, 이곳 주인이 될 당신은 그냥 30cm 자를 대고 연필로 그리면 된다. 만약 파워포인트나 액셀을 활용할 줄 안다면 좀 더 편하게 그릴 수도 있을 것이다.

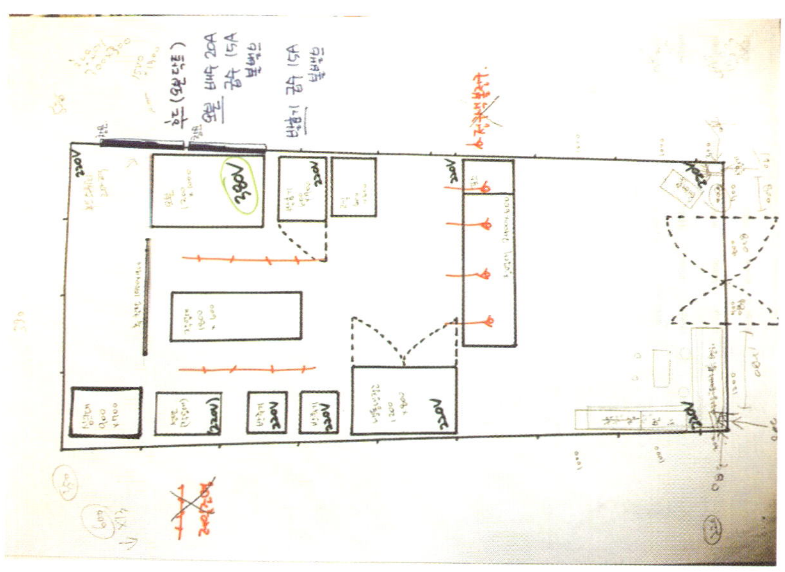

요령은 간단하다. 현실의 1m를 도면에서는 1cm로 축소해 그려 넣으면 된다. 100cm가 1cm로 표현되는 것이니 길이로 따지면 1/100이지만 면적으로 따지면 1/1,000 축척이 되는 셈이다. 이렇게 해서 빈 공간의 평면도가 완성이 되었다면 20장 정도 프린트를 한다. 그 공간에 그리고 지우고 하는 작업을 수없이 반복해야 하기 때문이다. 천장 평면도도 별도로 준비한다.

③ 입면도 그리기

평면도는 공간을 분할하는 데 매우 중요한 역할을 하는 반면, 입면도는 치장을 하는 데 중요한 역할을 한다. 평면도가 천장과 바닥 2장이 필요한 반면 입면도는 최소한 4장이 필요하다. 전후좌우의 네 벽을 그려야 하기 때문이다. 경우에 따라서는 간판이 부착될 가게 전면의 입면도도 그리게 되는데 그렇게 되면 입면도는 5장이 된다.

입면도에 있어서 가장 중요한 것은 문과 창의 위치와 크기를 정확하게 그려 넣는 것이다. 그다음으로 기둥의 폭과 높이, 배전반의 위치와 크기 등을 정확히 그려 넣는다. 평면도와 마찬가지로 100cm를 1cm로 축소해서 그린다. 이렇게 4개의 입면도를 각각 10장씩 프린트해서 철을 한다. 역시 그리고 지우는 작업을 반복해야 하기 때문이다.

그런데 여기서 중요한 것 중 하나가 기존에는 없으나 당신이 구상하는 인테리어 디자인에서 실내 공간을 분할할 칸막이가 있다면 향후 디자인 설계도의 입면도는 1장이나 2장이 늘어나게 될 것이다.

물량 산출에서 자재 선택까지

물량 산출이란 인테리어 자재에 돈이 얼마나 들어갈 것인가를 측정하는 가장 기초적인 잣대이다. 인테리어 공사에 사용될 자재의 양을 알게 되면 자재 구입에 들어갈 비용을 뽑을 수 있게 되고 시공에 필요한 시간과 인건비를 산출할 수 있기 때문이다. 물론 물량을 안다고 이곳의 주인공인 당신이 자재의 가격과 시공 시간과 인건비를 산출해 내는 것은 쉬운 일이 아니다. 그러나 최소한 자재비가 얼마나 들어가는지는 어림잡아 알 수가 있다.

가령 인터넷에서 '실크벽지 가격'이라고 조회하면 수십 개의 블로그와 수십 개의 가격비교 사이트와 수십 개의 쇼핑몰과 수십 개의 카페가 뜨면서 친절하게 알려 준다. 경우에 따라서는 시공 시간과 인건비까지도 친절히 안내해 주기도 한다. 하지만 인터넷도 물량 산출은 해 주지 못함으로 그것은 당신의 역할이다.

그렇다 하더라드 겁먹을 필요는 없다. 물량 산출이라는 말이 대단히 전문적인

용어 같지만 알고 보면 별것 아니기 때문이다. 어찌 보면 당신이 한 잔의 카페라테를 만들기 위해서 계산하는 원두의 양과 우유의 양, 물의 양 등을 계산하는 것보다 간단할 수도 있다.

물량을 산출하는 데는 세 가지가 기준이 된다. 첫째는 길이, 둘째는 넓이, 셋째는 두께(또는 높이)다. 만약 당신이 실측을 제대로 했다면 기준이 되는 세 가지 데이터는 확보한 셈이 된다. 물량 산출을 위해서는 먼저 면적과 부피를 환산할 줄 알아야 한다.

면적은 가로와 세로를 곱한 값이다. 가령 1m×1m=1㎡이고 10m×5m=50㎡이다. ㎡는 읽기를 제곱미터라 읽는데 대부분 현장에서는 '훼베'라고 말한다. 3.3㎡(훼베)가 1평이 해당한다. 당신이 계약한 가게가 가로가 7m이고 세로가 8.5m라면 7×8.5=59.5㎡가 되고 평으로 환산하면 59.5÷3.3=18 즉, 18평이 된다.

이 정도면 당신은 이제 당신이 그려 놓은 평면도에 바닥과 각 벽면의 면적을 환산해 적어 넣을 수 있다. 그런데 당신의 머릿속에 그려 놓은 각 벽면에 대한 인테리어 디자인 아이템이 각각 다르고 같은 벽면이라 하더라고 특별한 포인트를 주기 위해 면적을 분할해 마감을 하고 싶다면 마감재가 다른 각각의 면적을 환산해 도면에 표시한다.

1 부피 환산법

인테리어 공사에 있어서 부피로 환산해야 할 자재는 많지 않다. 타일 공사나 배관 공사를 하기 위해 모래와 시멘트 정도가 필요할 때가 있는데 그 양을 계산하는 방법은 앞에서 환산한 면적에 두께 또는 높이를 곱하면 된다.

가령 바닥에 타일을 깔아야 하는 데 모래와 시멘트의 두께가 3cm 정도 필요하다고 치면, 앞에서 예로 든 7×8.5=59.5㎡에 0.03을 곱하면 된다. 이를 계산하면 59.5×0.03=0.54㎥ 정도 나온다. ㎥는 3제곱미터라고 읽는데 현장에서는 '루베'라고도 읽는다. 1루베는 각각의 변이 1m인 정육면체의 네모난 상자를 가득 채운 부피를 말한다.

3 자재별 물량 산출하기

시중에 판매되는 모든 건축 자재는 일정한 크기와 부피로 제작이 되고 판매된다. 따라서 자재의 제원을 알면 내게 필요한 물량을 쉽게 산출할 수 있다.

인테리어를 할 때 가장 많이 쓰이는 자재인 합판의 경우를 보면 4×8 사이즈와 3×6 사이즈 두 종류로 유통이 되고 있다. 4×8 사이즈의 경우는 가로와 세로가 120cm×240cm이고 3×6의 경우는 90cm×180cm이다. 따라서 4×8 사이즈의 경우 1.2m×2.4m를 하면 합판 1장의 면적인 2.88㎡가 나온다.

그런데 합판의 경우 단순한 벽면을 시공하는 경우라면 물량 산출이 간단하지만 가구나 선반 등을 제작해야 하는 경우에는 일반인으로서 물량 산출을 하기가 쉽지가 않다. 이럴 경우에는 목수에게 물량을 산출해 달라고 의존할 수밖에 없다. 하지만 당신이 꼼꼼한 사람이라면 제작할 집기나 선반의 위치를 알고 있을 것이고 어느 정도의 크기로 제작할 것인지 염두에 두고 있을 것이다. 따라서 제작해야 할 선반과 집기 설계(길이 넓이 높이 등을 결정하고)를 직접 해 본다. 그러면 합판이 몇 장 들어가야 하는지 감이 잡힌다.

　자재의 로스를 최소한으로 줄이기 위해서는 자재의 제원을 염두에 두고 제작할 집기의 크기를 결정하는 것이 좋다. 예를 들어 합판의 길이가 240cm인데 집기의 최대 길이를 220cm로 하면 20cm가 버려지게 되고 반대로 260cm로 하면 다른 원장 합판에서 20cm를 잘라 이어 붙여야 한다.

　바닥에 까는 타일의 경우에는 일부 포인트 타일을 제외하고는 1박스에 1.5㎡ 단위로 포장을 해서 판매하기 때문에 계산이 편하다. 그런데 여기에도 함정이 하나 있다. 바닥재인 타일 종류는 1박스가 1.5㎡인데 2박스를 1평으로 치기 때문에 시공비 계산을 할 때 주의해야 할 필요가 있다. 1평은 3.3㎡인데 타일 2박스는 3㎡밖에 되지 않는다. 0.3㎡가 허공에 뜨는 것이다. 데코 타일의 경우에는 1박스에 1평(3.3㎡)이 들어 있기 때문에 걱정할 필요가 없다.

　타일공들의 인건비는 일당으로 계산하는 방식과 물량으로 계산하는 방식 두 가지가 있는데 물량으로 계산을 할 때 '1평당'이라고 말한다. 그런데 그들이 말하는 1평은 타일 2박스인 3㎡만을 이야기하는 것이다. 따라서 실재 타일을 부착해야 하는 면적과 인건비 산정 기준의 면적이 다르다는 것을 모르면 나중에 분쟁거리가 되기도 한다.

　예를 들어 바닥 면적이 10평이라고 하면 제곱미터로 환산하면 33㎡가 되는데 타일공들은 2박스(3㎡)를 1평으로 치기 때문에 그들의 10평은 30㎡가 되는 것이다. 10평을 시공할 경우 시공 평수 1평(3㎡)의 시공비가 실측 평수보다 더 들어가게 된다. 그리고 자투리로 버려진 타일까지도 시공면적으로 계산하기 때문에 그만큼 더 늘어난다. 홀의 바닥을 비롯해 남, 여 별도의 화장실(화장실은 벽면도 타일을 붙인다. 따라서 면적이 많이 늘어나게 된다)에 타일 시공을 해야 한다면 오차의 범위는 더 커진다. 따라서 세심하게 계산할 필요가 있다.

한편 액체 상태인 페인트의 경우는 필요한 물량을 계산하기가 매우 난해하다. 칠을 해야 하는 바탕의 소재에 따라서 필요한 페인트의 종류와 양은 달라진다. 페인트 시공을 할 때 하도와 중도 상도로 구분되어 시공해야 하는 경우도 있고 면적이 거친 경우에는 핸디코트와 같은 하도로 거친 면을 바로잡고 샌드페이퍼로 표면 고르기 작업을 하기도 한다. 따라서 어떤 재료와 부위에 어느 정도의 면적에 칠할 것인지를 정확히 기록해 페인트 가게에 가서 상담을 한 후에 구입을 하는 것이 현명하다.

가구나 집기를 앤티크한 분위기를 내기 위한 페인팅을 하고 싶다면 이는 별도로 주문을 해야 할 경우가 생긴다. 그러나 만약 퀄리티가 좀 떨어지더라도 시간적 여유가 있다면 직접 배워서 시공해 보는 것도 좋은 방법이다.

모든 자재는 5~10% 정도의 로스율을 감안해 구입하는 것이 원칙이다. 정확한 물량 산출을 한 후라 하더라도 최소한 3%에서 많게는 10%까지 더 많은 자재가 소모됨을 알고 있어야 한다. 만약 로스율을 생각하지 않으면 시공자들과 의견 충돌이 발생할 수도 있다.

④ 마감 자재 선택

마감 자재라는 것은 모든 공사가 끝난 후에 우리 눈에 보이고 만져지는 것을 의미한다. 가령 바닥의 경우는 콘크리트, 세라믹 타일, 데코 타일, 장판, 마루 등과 같은 것이다. 벽의 경우는 콘크리트 노출, 페인트, 도배지, 타일, 합판, 원목, 패브릭(천), 인테리어 필름 등 다양한 소재가 있다. 진열장이나 장식장, 테이블 등의 경우도 마감재는 각종 페인트와 인테리어 필름, 가죽이나 레자, 인조대리석, 유리, 아크릴 등 매우 다양하다.

⑤ 시장조사 및 자재 단가 조사

상가를 오픈하기까지 5~6개월 이상 여유가 있다면 앞에서 언급했듯 목재소와 친해지라고 권하고 싶다. 거의 모든 건축자재의 단가는 인터넷에 공개가 되고 있다. 하지만 목재의 경우는 부피가 크고 길다. 공사가 진행되는 중에도 사용량의 변동이 가장 많이 발생한다. 따라서 인터넷 구매보다는 가까운 곳의 목재소를 섭외해 구매하는 것이 경제적이다.

필자는 단골로 다니는 곳이 있기는 하지만 가능한 현장 가까운 곳을 섭외하고 전체 공사 규모를 설명하고 현금 구매를 원칙으로 해서 단가 조절을 한다. 그리고 공사가 끝나고 남은 훼손되지 않은 자재의 경우는 반품을 받아 줄 것을 조건으로 한다. 반품이 되는 물건과 되지 않는 물건이 있기 때문에 이는 구입할 때 미리 확인해 둔다. 그리고 페인트도 현장에서 가장 가까운 곳에서 조달하는데 공사 전에 섭외해 두고 작업자 소개까지 부탁하면 좀 저렴하게 해준다.

데코 타일의 경우는 인터넷 구매를 해도 되는데 10평 미만의 경우는 재고만을 전문적으로 판매하는 사이트를 찾으면 아주 저렴하게 구할 수 있다. 대형 공사현장에서는 자재 물량을 산출할 때 통상적으로 실재 면적에서 5~10%의 로스율을 두는데 300평을 시공한다면 5%만 잡아도 15평의 로스 자재가 생긴다. 이런 경우 공사가 끝나면 10평 분량 이상의 자재가 남고 이런 자재만을 모아서 판매하는 사이트가 있다.

조명기구는 인터넷에서 디자인을 확인한 후 프린트해서 을지로나 원효로의 조명 상가에 나가 직접 실물을 확인하고 인터넷 가격과 매장 가격을 비교한 다음 구입하도록 한다. 인터넷이 조금 싸다고 할 수는 있는데 제품의 질이 떨어지는 경우가 가끔 있고 교환이나 반품이 원활하지 않아 공사에 차질을 빚을 수가 있다. 을지로나 원효로의 조명가게에 가서 인테리어 업자 연기를(쇼맨십이 필요하다) 하면 인터넷보다 싼 가격에 구입할 수도 있다. 역시 발품을 부지런히 파는 것이 가장 효과적이다.

견적서 작성하기(공종별 상세 내역)

견적서를 작성하기 위해서는 어떤 공사를 얼마만큼 할지가 결정되어야 한다. 바닥과 벽면, 천장의 면적은 결정되어 있는 것이라 마감을 뭐로 할 것인가만 결정이 되면 재료비와 인건비가 나온다. 그러나 테이블, 의자, 바 테이블과 메뉴판, 작업대, 싱크대, 찬장, 장식장, 선반, 책장 등과 같은 경우에는 크기와 자재의 선택에 따라서 비용의 차이가 천차만별이다. 따라서 견적서를 작성하려면 집기의 설계도가 나와야 한다. 물론 이때 설계한 도면대로 100% 똑같이 시공이 되지 않는 경우가 대부분이다. 하지만 자재의 변경과 크기 형태가 변형되는 정도로 끝난다. 그러니 좀 더 시공이 편하라면 어설픈 설계라도 꼭 해야 한다.

최선을 다한 최상의 설계도가 완성되었다면 공사의 종류별로 어떤 일들이 벌어지고 비용이 얼마나 발생할 것인지 나열을 해 본다. 공사비 산출의 기본 근거는 자재비 + 인건비 + 경비이다.

공종별로 어떤 일은 어떻게 진행되고 비용은 어떻게 발생하는지 구체적으로 알아보면 감을 잡는 데 도움이 될 것이다.

1 철거 공사 비용 산출

당신이 임대한 가게가 아무것도 없는 빈 공간 같아도 원하는 디자인을 하기 위해서는 벽이나 천장, 선반이나 진열장 등 뜯어내야 할 것들이 만만치가 않다. 보기에는 별것 아닌 것처럼 보이지만 뜯어서 쌓아 놓고 보면 양이 부풀어져 엄청 많아진다. 따라서 아무것도 없다고 생각해도 막상 인테리어를 하기 위해 정리하고 치우다 보면 철거 공사에만 최소한으로 잡아도 2명의 인건비(40~50만 원)와 30~40만 원 상당의 폐기물 처리 비용이 발생한다. 강조하지만 최소한으로 잡아도 그렇다는 것이다.

만약 이 비용도 아끼고 싶다면 시간이 걸리더라도 철거 공사를 직접 하고 철거로 발생한 폐기물이나 쓰레기 중에서 자잘한 것은 대형 쓰레기 봉투를 사서 처리한다. 부피가 큰 것은 빈 공간에 잘 정리해 쌓아 두었다가 공사가 끝나고 공사 잔여물 폐기 처리를 할 때 같이 버리도록 한다. 그러면 인건비의 일부와 운반비 정도를 줄일 수 있다. 참고로 통상적으로 1평당 10만 원 정도의 철거 비용이 발생을 하며, 콘크리트 바닥이나 콘크리트 벽체를 철거할 경우에는 더 많은 비용이 들어가게 된다.

2 목공사 비용 산출

인테리어 공사어서 가장 많은 공사 비용이 발생하는 공종이다. 칸막이, 진열장,

책장, 천장, 싱크대, 테이블, 선반, 붙박이 의자, 붙박이 테이블 제작 등의 대부분이 목수들의 영역이기 때문이다. 경우에 따라서는 창과 문을 제작하고 설치하기도 한다. 면적이 10평 이내의 경우라고 하더라도 목수 2명이 짧게는 7일에서 10일 정도는 작업을 해야 한다. 2021년 12월을 기준으로 목수 반장의 인건비가 장비 사용료를 포함하면 30~35만 원 선이고 일반 목공이 25만 원 선이다. 따라서 1일 평균 인건비가 60만 원에 식대 및 간식비가 별도로 들어간다.

목공일에 필요한 모든 연장과 공구를 반장이 준비하지만 공구 임대료를 별도로 청구하는 경우도 있다. 소모품인 타카핀, 목공 본드, 피스, 실리콘 등과 같은 소모자재는 구입해 줘야 하는 데 소모품을 목공 반장이 준비하는 경우도 있다. 소모품은 목공 반장에게 필요한 수량을 알려 달라고 해 목재를 구입할 때 같이 구입하면 된다. 10여만 원 정도면 충분하다.

❸ 전기 공사 비용 산출

전기 공사는 철거할 때 시작해서 모든 공사가 완료되는 시점까지 이어진다. 등기구용 전선 배관, 콘센트용 전선 배관, 냉난방기용 배선 배관, 간판 및 외부 간판 및 조명용 배선 배관, 주방 설비용 배선 배관 등이 주요 작업이 된다.

전기 기사는 인테리어 공사를 하기 전 기존의 인테리어 시설물 철거를 할 때 먼저 기존 전선의 철거 및 작업용 전선과 작업용 조명등 설치를 해 주게 되고, 철거가 끝나고 나면 기본 배관 및 배선 작업을 하게 된다. 그리고 모든 공사가 끝난 후에 조명을 달고 스위치를 올림으로서 인테리어 공사 완료 확인을 하게 된다. 따라서 전기 공사는 최소한 3회에서 4회에 걸쳐 진행되게 된다.

카페에서는 전력 소비량이 가장 많은 것은 에스프레소 머신과 냉난방기이다. 따라서 이 두 장비는 별도의 동력선을 배선을 해야 한다. 전기 공사를 해 주는 사람이 카페 공사 경험이 없다면 주방에서 사용하는 모든 기기의 전력 소비량을 적어서 알려주고 전기 오븐이나, 튀김기, 대형 반죽기, 에스프레소 머신 등은 소비 전력량을 알려 줘 개별 배선을 하게 한다. 그리고 냉장고, 냉동고, 제빙기, 빙삭기, 그라인더, 포스, 쇼케이스 등 전기를 사용하는 모든 장비들의 위치도를 그려 주고 적절한 곳에 콘센트를 배분해 설치할 수 있도록 한다. 또한, 전기 공사를 할 때는 가능한 멀티탭은 사용하지 않겠다는 생각으로 콘센트의 위치를 정하고 충분한 수량을 설치하도록 한다.

인테리어 공사에 있어서 전기 기사의 인건비는 일당 개념으로 산정하기가 매우 어렵다. 1평당 10만 원에서 15만 원 정도의 시공비를 요구하는데 여기에는 배선과 배관 자재 및 스위치와 콘센트 등의 자재비가 포함되어 있다. 반면 값이 비싼 등기구(조명) 가격은 별도이며, 가게 주인이 구입해 주어야 한다. 앞에서 언급한 전력량의 증설 비용도 별도이다. 자재를 모두 사줄 경우의 인건비는 1일 25만 원에서 30만 원 정도다.

증설 비용은 1kw당 20만 원 정도가 들어가는데 한전에 납입하는 불입금이 10만 원에서 12만 원 정도 되고, 시공 회사가 증설 공사비 및 수수료로 5~15만 원을 챙긴다. 여기서 당신이 기억해야 할 것은 공사비 및 수수료에 에누리가 있을 수 있다는 점이다. 증설량이 많을 경우 말만 잘하면 수수료는 낮출 수 있다.

④ 도장 공사 비용 산출

페인트는 벽과 천장에 칠하는 경우와 테이블이나 장식장, 선반과 같은 제작하는 집기에 칠하는 경우 두 가지가 있다. 따라서 시공해야 하는 페인트도 두 종류 이상이 되게 된다. 페인트는 크게 수성 페인트와 유성 페인트로 나뉘는데 수성은 주로 콘크리트 벽면을 칠할 때 사용하며 가장 저렴하다. 철이나 목재에는 칠할 수 없다.

유성 페인트에는 매우 다양한 종류가 있는데 목재용과 철재용으로 구분할 수 있다. 인테리어를 할 때 가장 많이 쓰이는 페인트는 목재용으로 래커 페인트와 바니시, 오일스텐 등이 있다. 목재용 페인트 중에서 가장 많이 사용되는 것은 래커 페인트로 유광, 반광, 무광으로 구분하여 투명에서 시작해 총천연색을 구현할 수 있다. 반면 바니시는 목재의 무늬와 질감을 살릴 수 있는 투명한 페인트이다.

철재에는 에나멜 페인트를 주로 칠하며, 래커 페인트 시공도 가능하다. 오일스텐은 방부목 시공을 할 때 주로 많이 사용하며, 다른 페인트가 표면에 도막을 형성하는 반면 오일스텐은 목재에 스며들어서 색상을 냄과 동시에 목재의 부식을 막아주는 역할을 한다. 색상은 다양하게 표출할 수 있으며 시공 후에도 목재의 질감이 그대로 드러난다. 벽과 천장은 기존 콘크리트 면에 수성 페인트가 칠해져 있는 경우가 대부분이기 때문에 수성 페인트를 칠하게 되고 집기는 원목이나 합판으로 제작되기 때문에 목재용 페인트인 래커 페인트나 바니시 페인트를 사용하게 된다.

10평 미만의 작은 가게의 경우 페인트 기술자는 한 명이면 충분하다. 다만 벽면이나 천장을 칠할 때와 목재를 칠할 때 등 3회나 4회에 걸쳐 작업을 해야 한다. 우선 벽면이나 천장의 경우는 못이나 불필요하게 돌출된 것을 제거하고 핸디코트를 사용, 갈라진 곳이나 홈을 메우는 퍼티 작업을 해준다. 면을 아주 고르고 매끄럽게 하고 싶다면 샌드페이퍼로 샌딩 작업을 해준다. 그런 후에 원하는 컬러로 전체적으로 1차 도색을 한다. 도료가 건조되고 나서 원하는 색감이 나왔다면 그것으로 마감하면 되지만 그렇지 않다면 2차로 덧칠하기를 한다.

목수가 제작한 각종 집기들을 도색하는 일도 만만치 않다. 제작된 집기는 먼저 샌드페이퍼로 모서리와 각진 곳, 거친 면을 갈아 준 다음 샌딩이라는 1차 도료를 바르고 양생 후에 다시 샌드페이퍼 작업을 하고 2차 샌딩 도료를 바른다. 2차 샌딩 도료가 양생되면 다시 샌드페이퍼로 표면을 문질러 주고 마감재인 래커 페인트를 희석재인 래커 시너와 적정한 비율로 혼합해 칠한다. 페인트는 얇게 여러 겹 칠하는 것이 좋다.

페인트 기술자의 인건비는 20~25만 원 정도이며 10평 기준으로 위에서 설명한 내벽과 천장, 집기류 등만 도색한다면 4일 정도면 작업이 가능하고 5일이면 넉넉하다. 페인트 기술자는 근처 페인트 가게에서 소개를 받아도 되고 목수 반장에게 소개해 달라고 해도 된다. 목수 반장은 거의 모든 공종의 기술자들과 인맥이 통한다. 페인트와 빈 통, 시너, 마스킹 테이프와 커버링 테이프, 각종 붓과 로라 등은 구입해 줘야 한다. 페인트의 양은 페인트를 칠할 면적과 집기를 보고 페인트 작업자에게 물어보는 것이 편하다.

5 상하수도 위생 설비 공사 비용 산출

설비 공사는 주방 싱크대의 상하수도와 화장실의 세면대에서 시작해 정화조까지라고 생각하면 된다. 카페 인테리어에서는 싱크대의 상하수도, 에스프레소 머신, 정수기, 저빙기 등의 수도 배관과 드레인 배관 및 온수기 설치 정도이다. 근처 철물점이나 설비 가게에 이야기하면 전체적으로 기본 배관을 하는 데 얼마 하는 형식으로 작업해 준다.

임대한 공간이 카페나 음식점을 하던 곳이라면 큰 문제가 없겠지만 그렇지 않다면 상하수도 배관이 임대한 공간까지 설치되어 있지 않을 수도 있다. 이런 경우에는 예상치 않은 비용이 많이 든다. 이미 앞에서 언급한 것처럼 임대할 때 살펴봐야 한다.

6 바닥 공사

타일에는 석유화합물로 만든 데코 타일과 흙으로 만든 세라믹 타일이 있다. 카페에는 가급적 시공이 편하고 자재비가 저렴하면서도 디자인 선택의 폭이 넓은 데코 타일을 추천하는 편이다. 데코 타일은 커터칼 하나만 있으면 절단 재단이 가능하고 조금만 요령을 터득하면 직접 시공도 가능하기 때문이다. 또 시공 후에 바로 밟고 다녀도 아무런 지장이 없다. 자재비와 인건비도 저렴하다. 하지만 화장실과 같은 물청소를 해야 하는 곳의 경우는 데코 타일 시공이 불가능하다.

반면 세라믹 타일은 자재의 절단 가공이 번거롭고 시공할 때 먼지가 많이 나고 복잡하며 시공 후 2일 정도의 양생 기간이 필요하다. 물론 자재 값도 비싸고 인건비도 데코 타일에 비하면 3배 정도 더 들어간다.

데코 타일 기술자 일당은 25만 원 정도이며 시공하는 시간은 10평 기준으로 혼자서 한나절이면 시공이 가능하다. 반면 세라믹 타일은 기술자 인건비가 20만 원에서 35만 원까지 하고 장비를 보유한 반장은 더 요구하기도 한다. 시공 시간도 기술자 한 명과 보조자 한 명이 같이 작업해서 하루가 꼬박 걸린다.

바닥 마감은 타일 종류 말고도 마루를 까는 방법이 있고 콘크리트를 노출하고 투명 에폭시나 우레탄을 바르는 방법이 있다. 하지만 역시 시간과 비용 면에서는 데코 타일이 가장 뛰어나다. 바닥 미장이 잘 되어있는 경우는 에폭시 하도만 한 번 마감해서 빈티지 노출을 하여 비용 절감을 하기도 한다.

☑ 창호 철물 공사 비용 산출

창과 문을 만들고 설치하는 작업이다. 창호 공사는 보통 잡철 공사를 같이 한다. 주 출입구가 건물 외부로 나 있는데 캐노피(처마)가 없는 경우 비가 들치는 것을 방지하기 위해 캐노피 공사를 하거나 어닝을 설치해야 한다. 캐노피의 설치는 철재 각 파이프와 철판으로 하는 경우가 많다. 테라스의 난간 설치나 실내에 각 파이프와 같은 소재로 구조물을 만들 경우에 철물 공사를 하게 된다.

주 출입구는 강화 도어를 설치하거나 격자가 들어간 철재 유리문을 설치하기도 하며, 창의 경우는 폴딩도어를 설치하기도 한다. 높이가 3m 이내일 때 60~70cm 간격의 폴딩도어를 설치할 경우 한 틀에 약 35~45만 원 정도의 제작 및 설치비가 들어간다. 현장 여건에 따라서 차이가 많이 나기 때문에 최소한 세 군데 정도 업체를 선정해 견적을 받도록 한다.

8 공조 및 냉난방 공사 비용 산출

요즘은 대브분 냉난방 복합기 중 천장형을 주로 많이 선택한다. 기기의 성능은 대동소이하지만 가격은 브랜드별로 조금씩 차이가 난다. 설치비는 실외기를 얼마나 가까운데 설치하느냐에 따라서 많은 차이가 날 수 있다. 설치비가 배관 길이 1m에 약 3만 원가량 하기 때문에 실내기에서 최대한 가까운 곳에 실외기의 설치 공간을 확보한다. 보통 건축물 1개 층의 높이가 3.5m 정도 된다. 따라서 실외기를 부득이 옥상에 설치해야 한다면 5층 건물일 경우 외부에 노출된 배관 거리만 20m 이상 되는 것이다. 따라서 기본 설치 비 외에 추가되는 비용이 60만 원이다. 실외기를 사다리차로 올려야 한다면 30만 원가량 추가된다. 배보다 배꼽이 커졌다는 것을 느끼는 순간이다.

냉난방기를 고를 때는 재원에 표기된 열효율의 2배 이상 되는 것을 선택해야 한다. 실재 공간이 10평이면 20평형 이상인 냉난방기를 선택한다. 가게 면적이 10평 이내인 경우 설치비까지 해서 대략 200~250만 원 정도 들어간다. 하지만 역시 작업 여건이 좋지 않을 경우 사다리차나 크레인 등의 장비를 동원하게 되면 장비 임대료라는 것이 억울한 덤(?)으로 생긴다.

9 기타 공사

간판, 천막, 어닝, 커튼, 블라인드 등은 가까운 곳에 의뢰해 견적을 문의하고 설치하면 된다. 업체 간 가격 차이는 크지 않다. 직접 실측하고 디자인을 선택해서 인터넷을 통해 주문하는 방법도 있다. 대부분이 그렇듯 인터넷이 좀 저렴한 편이

다. 인터넷에서 주문을 할 경우 설치는 누가 할 것인지 미리 확정해야 한다. 커튼
과 블라인드 정도는 직접 해 볼 수 있지만 나머지는 전문가의 솜씨가 필요하다.

현장 실측과 공간 배치의 기본

앞에서 현장 실측 요령에 대해서 언급했지만 워낙 중요한 사항이라 일부 반복되는 내용이 있다. 복습하는 셈 치고 읽어 주었으면 한다.

인테리어 공사의 기본은 설계도와 디자인이다. 설계와 디자인을 위해서는 정확한 현장 실측이 필요하다. 출입문의 위치, 창문의 위치 돌출된 곳의 위치와 크기 등이 부정확하다면 외부에서 반입해 들여오는 집기 비품들을 배치하는데 어려움이 따르게 될 것이다. 그뿐만 아니라 기껏 디자인하고 설계한 것들이 시공을 하면서 모두 바꿔야 하는 경우도 생긴다. 따라서 현장 실측을 할 때는 절대로 움직일 수 없는 돌출 기둥과 같은 것이나 출입문, 창문 등의 위치를 정확하게 그려 넣어야 한다. 특히 기둥의 경우는 절대로 위치를 변경할 수 없음으로 유념한다.

그리고 현장 실측 다음으로 중요한 것이 매입해 들여와야 하는 집기 비품의 제원을 정확히 아는 것이다. 필수적으로 들어와야 하는 냉장고, 냉동고, 쇼케이스, 에스프레소 머신, 제빙기, 정수기, 테이블 냉장고 등의 높이×넓이×두께 등을 정확히 알아야 한다. 베이커리 카페라면 오븐과 발효기가 추가된다. 특히 데크 오븐의 경우는 작은 출입문은 통과하지 못하는 경우가 있다. 에스프레소 머신과 제빙기, 빙수기, 정수기, 오븐, 발효기 등은 급수와 배수 설비가 연결되어야 하기 때문에 현장을 실측할 때 이미 이들의 제원에 대해서 대략적으로라도 알고 있어야 한다.

다음으로 신중하게 고려해야 하는 것은 동선이다. 도면에 집기 비품을 배치해 그려 놓는 것은 쉽다. 하지만 막상 시공을 하다 보면 종업원과 고객의 동선이 문제가 되는 경우가 종종 발생한다. 주방 동선을 잡을 때는 주방기기의 위치가 가장 중요하다. 따라서 배치도를 그렸다면 현장에 나가서 마스킹 테이프 같은 것으로 바닥에 배치도를 직접 그리고 나머지 공간을 실측해 본다. 그리고 고객의 동선(출입문에서 주문하는 포스까지 다시 테이블까지)과 종업원의 동선(주방에서 포스, 서빙을 위한 테이블까지 테이블에서 다시 주방까지)을 다녀 본다. 고객과 종업원이 부딪치게 되는 지점이 최소화되도록 한다.

사람이 이동하는(동선) 공간의 폭은 허리 위로 집기 비품이 설치되지 않았을 때 최소 60cm가 필요하다고 한다. 허리까지는 최소 공간으로도 이동이 가능하지만 팔꿈치 위로는 좀 더 넓은 공간이 필요하다. 손을 들고 이동하는 것은 어렵지 않지만 물건을 들고 다녀야 한다는 것은 상당한 부담이 되기 때문이다. 가령 서빙을 위해 쟁반을 들었다고 가정을 해보면 이해하기 쉬울 것이다. 허리 부분까지는 동선의 폭이 좁아도 되지만 팔꿈치 위로는 훨씬 넓어져야 한다.

주방에서도 혼자 일할 때와 두 사람이 같이 일해야 할 때를 충분히 고려해야 하는데 두 사람이 동시 작업을 해야 할 때 공간이 겹치는 일이 없도록 배치한다. 주방에서는 상하수도의 위치에 따라서 동선이 결정되는 경우가 많고 주방 설비의 위치 또한 그에 따라 결정된다. 그런데 만약 상하수도의 위치가 적절하지 않다고 판단되면 추가 공사 비용이 들더라도 위치를 변경해 주는 것이 좋다. 하루에 12시간 이상 근무를 해야 하는 곳이기 때문에 최대한 근무자의 몸과 마음이 편하도록 설치하는 것이 중요하다. 몸과 마음이 불편한 곳에서 근무를 하는 사람이 과연 최상의 음료를 만들고 최상의 서비스를 할 수 있을지 생각하면서 실측하고 설계해야 한다는 것이다. 그러니 현장 실측은 설계와 디자인의 기본 바탕이 된다는 점을 명심해야 한다.

공정표 작성하기(공사의 순서 정리)

공정표 작성이란 일을 하기 전에 순서를 정하는 일이다.

별것 아닌 것처럼 느껴지지만 한 번도 해보지 않은 일에 대한 순서를 정한다는 것은 결코 만만한 일은 아니다. 사실 이 일만 잘해도 공사현장소장으로서의 기본 자격은 갖췄다고 코면 된다.

당신이 평면도와 입면도를 그리고 공사비 내역서를 뽑고, 이제 공정표까지 작성할 줄 알게 된다면, 당신의 가게 인테리어를 끝내고 나면, 다른 사람의 가게 인테리어 공사를 자문해 줄 정도의 실력이 되어 있을 것이다.

이제 공정표를 작성해 보자. 현장 실측을 하고 평면도를 그리고, 입면도를 그렸으며 동선을 잡고 집기 비품의 배치까지 경험을 했다면 공사의 순서에 대해서도 대략적인 윤곽이 그려진다. 자! 이제 공사를 시작해 보자.

❶ 철거와 청소가 먼저 이뤄져야 한다.

좋은 그림을 그리기 위해서는 하얀 캔버스가 필요하듯이 인테리어 공사를 하기 위해서는 필요한 것을 제외하고는 모든 것을 제거해야 한다. 철거에도 순서가 있는데 일단 흐르는 것(전기와 상수도, 가스, 냉난방)은 모두 잠근다. 전기는 작업용으로 임시 작업선과 작업등을 별도로 설치한다. 뜯고, 깨고, 부수고 할 것을 다 하고 나면 깨끗이 청소를 한다.

❷ 보수 및 보양 작업을 한다.

철거 작업이 끝나고 나면 벽이나 천장의 균열 등을 보수하는데 이때 상하수도의 위치 변경이 필요하다면 같이 한다. 상하수도의 위치를 변경할 때는 바닥을 깨거나 벽을 뚫는 일이 발생할 수 있기 때문에 보수를 하기 전에 선행되는 것이 좋다. 만약 철거할 때 병행할 수 있다면 더 좋은 방법이다.

출입문이나 창문 등을 바꿀 예정이라면 기존 것은 철거를 하게 되는데 이때는 새로 디자인한 창문이 설치될 때까지 비닐이나 천막으로 가려 놓고 작업할 때만 열어 놓는다. 철거 양이 많지 않다면 여기까지 같은 날 진행해 비용을 줄일 수 있다.

❸ 먹줄 작업과 자재 반입 및 기본 목공 작업

사실상 인테리어 공사를 시작하는 것이다. 먹매김이란 설계도에 있는 그림을

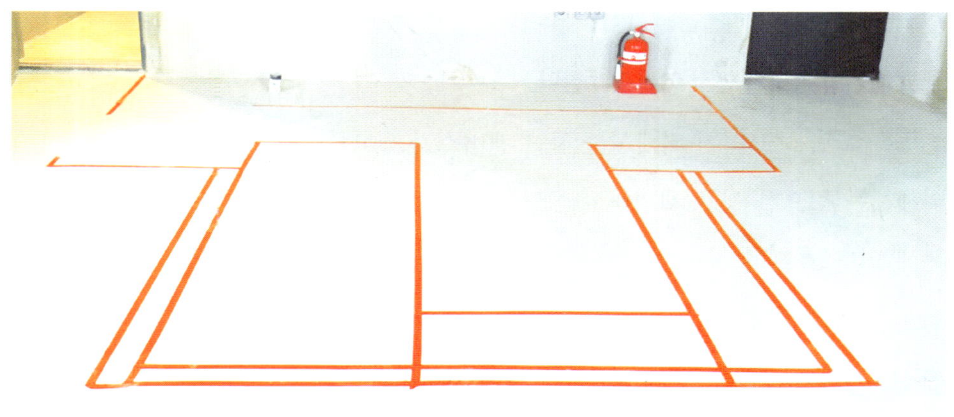

현장에 먹줄로 표시하는 것을 말한다. 공사 첫날 목수들은 모든 공사의 기본이 되는 '허리먹(수평 기준선)'을 빙 돌아가면 사면의 벽에 그린다. 사람의 허리 높이에 그린다고 해서 허리먹이라고 한다.

칸막이 및 붙박이 집기 설치를 위해서는 바닥에 선을 그린다. 일반적인 인테리어 공사에서 먹매김 작업은 생략되기도 하지만 작업의 편리상 또는 오차를 줄이기 위해서는 꼭 하는 것이 좋다. 서로 상의하면서 한다고 하더라도 30분에서 1시간이면 할 수 있는 간단한 작업이다.

먹매김 작업이 끝나면 도면의 그림과 대조하며 다시 확인하고 붙박이 의자나 테이블 등의 위치와 높이와 폭 때문에 다른 집기를 배치하는데 문제는 없는지 작업자들과 상의해 본다. 오븐이나 냉동, 냉장고와 같은 몸집이 큰 것들의 사이즈와 위치를 목수에게 알려 주고 시공 후 간섭이 생길지 아닐지에 대한 판단을 미리 내리도록 한다. 특히 테이블 냉동냉장고의 경우 바 테이블 아래 설치하는 경우가 많은데 바 테이블은 대부분 붙박이로 고정 설치한다.

테이블 냉장고와 같은 설비기기들은 공사가 끝난 후에 반입되는데 작은 카페들의 경우 바 테이블과 싱크대, 작업대 등을 설치해 놓고 나면 냉장고와 같은 대형 설비기기들이 들어갈 동선이 확보되지 않는 경우가 있다. 한 마디로 난감한 순간이다. 목수들을 다시 불러 바 테이블을 해체하고 냉장고를 밀어 넣고 다시 설치하는 상황이 벌어지게 된다. 따라서 먹매김을 하고 배치도를 놓고 작업자들과 의논하는 것은 상당히 중요한 일이다.

공사가 시작이 되면 최대한 빨리 끝내는 것이 좋다. 하지만 서둘러 하루 일찍 끝내는 것보다는 꼼꼼하게 처리하는 것이 더욱 중요하다. 특히 초반에 일의 방향(일머리)을 잘 잡으면 후반부에 가서 많은 시간을 절약할 수 있다. 따라서 공사 초반부에는 신중을 기해 설계도와 현장을 두세 번 비교 검토하고 목수 반장과 상의해서 추후에 다시 뜯어내고 다시 시공하는 일이 없도록 철저를 기한다.

필자도 공사 첫날의 오전은 자재 반입하고, 먹매김하고, 현장과 도면을 비교 확인하면서 목수들이나 다른 시공자들의 조언을 듣는 것으로 한나절을 보낸다. 시간이 촉박한 경우에는 전날 자재 반입하고 목수 반장과 사전 현장회의를 하기도 한다. 오후에는 공구 및 장비를 세팅하고 목재 가공 및 제단이 이루어진다.

④ 목공 작업과 전기 배선 배관 작업

천장이 있고 칸막이가 있는 경우에는 목수들의 작업이 진행되는 것과 비슷한 시기에 전기의 배관 및 배선 작업이 이뤄지게 된다. 천장이 없는 노출 천장이라면 목공 작업이 어느 정도 끝난 후에 배관 배선 작업을 해도 되니 전기 작업자와 일정을 상의한다. 전기의 배관 작업은 전선의 보호를 위한 전선관을 설치하는 것으로 전선을 그 안에 넣게 되는데 콘크리트 속에 묻혀 있어도 전선 교체가 가능하며 누전 차단에 뛰어난 효과가 있어 화재 예방에도 큰 도움이 된다.

냉난방기용, 주방 설비, 조명용, 간판 및 외부 조명용, 각 중요 위치별 콘센트 등을 목공사에 지장을 주지 않는 범위까지의 기본 배관 배선 작업을 하게 된다. 여기까지 전기 작업의 현장 일은 하루나 이틀이면 충분하고 목공 일과 병행되어도 큰 무리가 없다. 이때 전력량 증설이 필요하다면 서류를 준비해 한전에 증설 요청을 하고 내선의 교체가 필요한 경우 이를 반영해 공사를 진행한다.

작은 카페는 대부분 주방과 홀, 2개의 공간으로 나뉜다. 그리고 주방과 홀은 오더 테이블이자 계산대인 바 테이블로 구분된다. 목공 작업은 안쪽에서 바깥쪽으로 진행되는데 주방의 안쪽 벽면에 작업대와 싱크대가 들어간다면 가장 먼저 제작되고 설치될 구조물들이다. 바 테이블이 먼저 설치되면 싱크대나 찬장을 설치할 때 어려움이 생기기 때문이다.

싱크대는 간혹 기성제품을 구입해 설치하기도 하는데 현장에서 제작하는 비용과 큰 차이가 없기 때문에 현장 여건에 맞게 제작하는 것이 좋다. 그리고 싱크대의 스테인리스 물통(설거지통)은 미리 사두어야 하는 데 그래야 목수들이 그 크기에 맞춰 싱크대의 뼈대(몸통)를 제작을 할 수 있다. 싱크대 물통은 크기에 따라 8~15만 원 정도 하고 연결 호수와 음식물 찌꺼기 통과 같은 부속(통 아래쪽으로 붙는 것)이 포함된다. 식기 건조대, 수도꼭지(수전) 같은 통 위로 거치하는 것은 모두 별도로 판매한다.

가장 덩치가 큰 바 테이블은 미리 제작을 했다 하더라도 설치는 맨 마지막에 한다. 10평 이내의 공간에서 바 테이블이 차지하는 공간이 워낙 넓어 작업을 하는 데 어려움이 따르기 때문이다. 붙박이 테이블과 붙박이 의자를 만들고, 적재적소에 선반을 만들고 하는 동안 도색 작업이 병행되고 있다면 일은 무난히 진행되고 있는 것으로 볼 수 있다.

바 테이블을 세팅하기 전에 다시 한 번 냉장고와 같은 대형 집기가 들어갈 자리를 확인하고 바 테이블 세팅 후에도 반입이 가능한지 점검한다. 만약에 바 테이블이 세팅되고 난 후에 집기를 세팅하는데 문제가 생길 것 같으면 중간에라도 냉장고와 같은 덩치 큰 것은 미리 반입해 제자리에 앉혀 주는 것이 현명하다.

주방기기는 주문을 할 때 별도로 이야기를 하지 않으면 대부분 같은 날 한꺼번에 들어오게 스케줄이 잡힌다. 따라서 당초 계획을 세울 때 냉동 냉장고, 제빙기 등은 별도로 일정을 잡고 경우에 따라서 먼저 납품이 가능하도록 조치한다. 에스프레소 머신과 같은 작업대 위에 설치되는 기계들은 완공 후 설치하는 것으로 일정을 잡는 것이 좋다. 만약 이런 것들이 먼저 들어오게 되면 작업하는데 번거롭기도 하지만 자칫하면 파손될 우려가 있기 때문이다.

앞에서 언급했듯 테이블 냉장고가 들어가는 데 문제가 없다면, 바 테이블을 설치하고 바 상단(천장)에 수납장(상부장) 겸 메뉴판도 제작해 설치한다.

작은 카페서는 수납 공간이 부족해 곤란을 겪는 경우를 자주 보게 된다. 그래서 필자는 작업대 아래, 싱크대 주변, 찬장 등에 최대한 많은 수납 공간과 선반을 만들어 주려고 노력한다. 그런데 좁은 공간을 임대한 새내기 카페 주인들은 바 테이블 상부에 메뉴판이나 수납장을 설치하는 것을 꺼리는 경향이 있다. 이유를 물으면 가게가 좁기 때문에 상부 수납장을 설치할 경우 더 좁아 보이고 답답한 느낌을 줄 것이라고 생각하기 때문이라고 답한다. 틀린 얘기는 아니지만, 막상 테이크아웃 컵이나 냅킨 등 부피가 큰 소모품들이 들어오기 시작하면 생각이 달라진다. 초도 물량이 박스 단위로 들어오게 되는데 가게 한쪽에 쌓아놓고 어찌할 바를 모르게 된다. 그때가 되면 작은 창고 하나만 있었으면 하는 생각이 간절해진다.

라면 박스 세 배쯤 되는 크기의 박스는 3~4개만 쌓아 놓아도 홀의 절반이 사라진 느낌이 든다. 이때 바 테이블 위에 상부 수납장이 있다면 분위기는 많이 정리가 된다. 그리고 상부장의 홀 쪽 방향은 아기자기하고 예쁜 메뉴판으로 꾸미면 답답함이 들기보다는 다담하고 아늑한 공간으로 연출될 수도 있다.

꽉 막혀 보이는 답답한 벽도 연출하기에 따라서 광활한 초원 같은 느낌이 들게 할 수 있다. 메뉴판이란 단순히 식음료의 이름과 가격을 나열한 공간이 아니다. 고객들이 메뉴판을 보고 음료와 음식을 상상하고 맛을 느낄 수 있는 무한의 공간으로 꾸며야 한다. 그렇게 꾸며 놓으면 상부 수납장은 좁은 공간을 더 좁게 하는 골칫덩이가 아니라 좁은 카페에 새로운 공간을 펼쳐 주는 우주 같은 것이 된다.

5 도장 공사와 계속되는 목공 작업

　도장 공사는 벽과 천장의 도장을 해야 할 경우 가장 먼저 시작되어야 하기도 한다. 특히 천장에 페인트를 해야 할 경우에는 첫날 미리 작업을 시작하는 것이 좋다. 만약 목수들이 작업 공간으로 활용이 가능한 다른 공간(외부 통로나 주차장)이 있다면 상관이 없지만, 실내에서 동시에 같이 작업을 해야 한다면 천장 페인트 공사는 첫날 오전에 일찍 시작해야 목공 작업에 지장을 주지 않는다.

　페인트는 벽과 천장, 목재로 제작되는 붙박이 집기 등에 칠하게 된다. 따라서 첫날 천장을 칠해 놓고 벽면의 초벌 도색까지 한 후 철수했다가 목공 일이 어느 정도 마무리된 후에 다시 투입되도록 일정을 조절한다.

하지만 필자는 평소에 공사를 할 때 인건비가 좀 들더라도 페인트 기술자를 대기시켜 목수들이 집기를 제작한 후, 설치하기 전에 기초 도색 작업^(하도) 및 초벌 도색을 할 수 있도록 한다. 그렇게 하면 집기가 설치되었을 때 벽면에 붙어 도색을 할 수 없게 되는 면까지 도색이 가능하고, 사다리를 타지 않고 작업해도 되기 때문에 좀 더 꼼꼼하고 세밀하게 도색 작업을 할 수 있다. 한마디로 작업의 퀄리티가 높아진다.

합판과 같은 목재에 페인트 도색을 하기 위해서는 반복적인 샌딩 작업이 필요하다. 거친 표면에 페인팅을 하면 아무리 두텁게 반복 도색을 해도 거친 표면이 드러난다. 하지만 반복적인 샌딩 작업을 해주면 표면을 최대한 미려하게 마감을 할 수 있다. 페인트 기술자가 대기하고 있다면 사소하게 생각되어 마감 처리를 결정하지 못했던 것들도 그때그때 처리할 수도 있다. 페인트는 두껍게 도색하는 것보다는 골고루 잘 펴서 바르는 것이 중요하고 여러 겹 겹쳐서 도색하는 것이 면을 고르게 하는 데 훨씬 효과적이다. 페인트 작업이 진행되는 동안에도 목공사 역시 진행 중이며, 경우에 따라서 페인트 기술자는 목수 반장과 협의한 후에 2~3일 쉬어야 할 경우도 있다.

⑥ 바닥 시공 및 전기 마감 공사

공사를 시작 한 지 10일쯤 지나면 인테리어 공사의 전체적인 윤곽이 나오고, 바닥 공사를 할 시점이 온다. 바닥 마감재를 세라믹 타일로 잡았다면 다른 공정과 공사를 병행하는 것은 불가능하다. 하지만 데코 타일이나 강화마루 같은 재질이라면 전기 공사를 병행하는 것이 좋다. 전기 공사는 공사 초기에 이미 기본 배관 및 배선 공사를 해 놓았기 때문에 콘센트와 스위치를 달고 전등 기구를 취부하면 된다. 공사 중에 집기 비품의 위치가 변경되는 경우가 있고 그럴 때는 콘센트의 위치가 변경되었거나 증설이 요구되는 경우도 있다. 대부분의 전기 기술자는 그런 일을 반복적으로 해왔기 때문에 콘센트나 스위치 변경이나 증설 정도는 큰 불간 없이 해준다.

바닥 공사는 기존 바닥재의 디자인이나 마모 상태가 그다지 심하게 나쁘지 않다면 그냥 사용하는 것도 고려해 볼 만하다. 하지만 데코 타일의 경우는 비용이 그렇게 많이 들지 않음으로 새로 시공하는 것을 추천한다.

7 창호 공사와 냉난방 공사

창호 공사는 목공사를 하는 기간에도 병행이 가능하다. 폴딩도어나 강화 도어의 경우 주문 제작 방식으로 만들어 오기 때문에 주문을 하면 짧게는 3일에서 길게는 6일가량 시간이 걸리게 된다. 가능한 바닥 공사를 하기 전에 설치하는 것이 좋지만 부득이한 경우에는 바닥 공사 후에 해도 큰 무리는 없다. 하지만 집기 비품이 들어오기 전에 창호 공사가 완료되어야 도난 및 분실의 염려가 줄어들게 된다. 따라서 창호 공사가 먼저 이루어지고 난 후에 바닥 공사를 하는 것이 순서이다.

창호 공사를 하고 나면 값나가는 물건들이 세팅되어도 되는데 가장 크고 복잡한 공사가 냉난방 공사다. 창호 공사나 냉난방 공사는 하루 안에 모두 끝나게 되는데 동시에 진행이 되어도 큰 무리가 없다. 어차피 좁은 공간에서 하는 일이라 혼잡하기는 하겠지만 서로 양해하면서 작업을 진행하면 된다.

🔘 간판과 어닝(천막)의 설치

'잘만든 간판 하나는 말없는 세일즈맨'이라는 이야기가 있다. 간판은 가게의 얼굴이고, 간판 하나로 매출이 늘기도 하고 줄기도 한다. 그러니 간판을 만드는 일을 아주 중요하게 생각해야 한다. 푸른영토 출판사에서 출간된 〈간판 하나로 매상 쑥쑥 올리는 간판마케팅〉을 참고해 보면 많은 도움이 될것이다.

간판의 제작 및 설치하는 일과 어닝을 설치하는 일은 얼핏 비슷해 보이지만 전혀 다른 일이다. 어닝이나 천막을 설치할 때 상호를 프린트해서 간판 대신 사용하기도 하는데 이 때문에 사람들은 간판 업자와 어닝 업자가 같은 것으로 착각을 하지만 업종 자체가 전혀 다르다. 그러니 간판을 발주할 때 간판 업자에게 어닝도 같이 할 수 있는지 물어보고 같이 견적을 받는 것이 좋다. 간판 업자와 천막(어닝) 업자는 작업 위치가 비슷해 서로 협력관계에 있기 때문에 잘만 연결되면 두 개의 전혀 다른 작업이 동시에 진행되어 공사비를 조금이라도 줄일 수 있다.

🔘 주방기기 설치 및 가구 배치

주방에 들어올 물건 중 가장 덩치가 큰 것은 앞에서도 언급했듯 테이블 냉장고이다. 다음으로 음료용 냉장고, 제빙기, 쇼케이스, 에스프레소 머신 등의 순서가 될 것이다. 베이커리는 데크 오븐이 가장 덩치 큰 주방기기다. 덩치가 큰 것들이

제자리를 잡아야 다른 집기들의 자리를 잡아 줄 수가 있기 때문에 큰 것들의 자리 잡기가 중요하다. 그리고 상하수도 배관이 연결되어야 하는 정수기를 비롯한 제 빙기와 에스프레소 머신이 세팅되고 나면 주방 쪽은 90%가량 정리되었다고 보면 된다.

테이블과 의자를 배열하고 나면 카페 인테리어 공사라는 대장정은 일단락된다.

⑩ 디스플레이 및 메뉴판

인테리어 공사를 하다 보면 합판이나 각목 같은 나무 재료들의 자투리가 많이 나온다. 필자는 이런 나무 자투리(현장 용어로 기레빠시라고 한다)들을 가능한 한 버리지 않고 모아 두었다가 사각 상자(스툴)를 최대한 여러 개 만들어 둔다. 또 벽의 높은 곳이나 사각지대의 후미진 공간에 선반을 또한 최대한 여러 개 만들어 준다. 자투리 나무로 만든 박스는 자투리의 사이즈가 다양한 만큼 다양한 크기로 만들어지게 되는데 장식품을 진열하는 진열장으로도 쓰이고, 책꽂이로도 쓰이게 된다. 경우 따라서는 화분 받침대가 되기도 하고 간이 의자가 되기도 한다. 인테리어 작업이 한창 진행 중일 때 버려지기 전에 부지런히 정리하며 모아 두었다가 목수들의 일이 끝나기 전에 만들어 달라고 부탁하면 된다. 당연히 페인트까지 칠할 수 있다면 해야 한다. 그래야 때도 덜 타고 오래간다.

모든 공사가 끝나고 집기 비품이 세팅되었다면 이제 인테리어 소품들을 배치할 차례다. 주인장님이 뭘 준비했는지 필자는 알 수 없지만 액자 한두 개는 걸고 싶을 것이고, 책과 커피와 관련된 소품들도 진열하고 싶을 것이다. 이때 먼저 위에서 말한 자투리로 만든 나무상자를 적절한 위치에 놓고 소품들을 디스플레이하면 공간 활용도가 더 높아지게 된다. 요즘은 식물을 활용한 플랜테리어가 인기를 끌고 있으니 꽃과 나무에 관심이 있다면 인테리어 콘셉트를 그쪽으로 잡는 것도 좋은 생각이다.

메뉴판은 화룡점정과 같은 것이다. 메뉴판은 실사 출력해서 붙이는 방법과 손 글씨로 쓰는 방법 등 크게 두 가지로 나뉘는데 필자는 손 글씨로 쓰는 쪽을 권한다. 그리고 모니터나 노트북, 패드 등을 활용하는 방법이 있다.

작은 가게는 고객과 주인 간의 거리가 무척 가깝게 된다. 요즘은 작은 가게라고 하더라도 키오스크라는 주문 결제 시스템이 고객과의 스킨십을 최소한으로 줄여주고 있다. 그렇다 하더라도 주방이라고 해 봐야 염소 발톱만 하고 홀 또한 일본 원숭이 엉덩이보다 조금 넓은 수준이기 때문에 주인과 손님은 필연적으로 체취와 호흡을 공유하게 된다. 예전에는 손님들이 작은 카페를 찾는 이유 중 주인장과의 스킨십(대화)을 꼽는 이들이 많은데 이들은 또 인간적인 측면을 많이 따진다. 인간적인 측면을 중요하게 여긴다는 뜻이다.

이들은 또 대형 가맹점 카페를 싫어한다고 말하는데 이유는 획일화된 서비스와 음료, 획일화된 공간이 싫기 때문이라고 말한다. 한마디로 비인간적이라는 것이다. 그래도 대형 카페와 저가의 테이크아웃 전문점이 추세인 것은 부정할 수 없는 현실이기는 하다.

그런데 가뜩이나 좁은 카페에서 깔끔하게 인쇄된 간판 같은 사인보드의 역할에만 충실한 메뉴판은 자칫하면 고객과 주인장 사이에 경계를 주는 부정적인 역할을 할 우려가 있다. 홀이 넓은 경우에는 큰 문제가 되지 않지만 작고 좁은 카페에서는 메뉴판을 아무리 작게 줄여도 제법 큰 면적을 차지하게 되어있기 때문이다. 반면 손 글씨 메뉴판은 글씨가 조금 서툴더라도 정감이 가고, 언제든 메뉴의 수정이 가능하다는 장점이 있다.

그러나 뭐니 뭐니 해도 초등학교 6년, 중고등학교 6년, 대학 4년 등의 과정에서 칠판과 분필 글씨가 DNA에 각인된 사람들에게 칠판 위의 손 글씨는 피부처럼 되어버린 향긋한 추억 같은 것으로 사람들의 감성을 자극한다.

어떤 공간이든 공간은 감성을 지녀야 하고, 고객들의 감성을 자극해야 한다고 한다. "저 카페 또는 저 식당 분위기 좋다"라는 말은 고급스럽거나 호화스러운 것과는 다른 것이다. 고급스러운 것은 고급 호텔 카페의 몫이다.

메뉴판까지 만들어졌다면 인테리어 공사는 끝났다. 여기까지의 여정이 필자의 가게 인테리어 공사의 전 과정이다. 하지만 자영업, 사업이라는 당신의 여정은 이제 출발이다.

셀프 인테리어의 범위와 한계

셀프 인테리어의 종류에 대해서 다시 한 번 정리를 할 필요가 있을 것 같다.

사람들은 셀프 인테리어에 무슨 종류가 있을까? 셀프면 셀프고 아니면 아닌 것이지라고 의아심을 가질 것이다. 하지만 셀프 인테리어에도 종류가 있다.

우선 인테리어 작업을 할 공간과 업종이 확정되었다고 치고 인테리어의 진행 과정을 살펴볼 필요가 있다. 가장 편한 방법은 전문 인테리어 회사에 디자인과 설계 및 시공 등을 일괄 의뢰하면 되지만 그렇게 하자니 비용이 많이 들고 당신의 뜻대로 하기가 쉽지 않다는 문제점이 있다. 역시 부담스러운 것이 비용 문제다. 그래서 선택한 것이 셀프 인테리어다. 말 그대로 셀프 인테리어는 스스로가 인테리어를 하는 것을 말하는데, 여기서 스스로가 하는 일의 범주가 어디까지냐에 따라서 셀프 인테리어의 종류를 나눠 볼 수 있다는 것이다.

1 오너 셀프 인테리어 : 내가 인테리어 업자가 되는 방식

흔히 말하는 오야지가 되는 것이다. 설계하고 디자인하고 작업 계획을 세우고, 공정표 작성하고 자제 수급하고 인력 수급해서 작업 지시하는 것까지만 하는 방식이다. 실제로 공구나 연장을 들고 현장 작업은 하지 않지만 역할만 제대로 하면 큰 고생하지 않고 비용을 절감하면서 당신이 원하는 가게를 실속있게 만들 수 있다. 인테리어 회사에 지불해야 할 비용을 절감하는 것이다. 통상 인테리어 회사의 이익률이 30~50%가량 되기 때문에 결코 적은 금액이 아니다.

하지만 공종별 자제 수급 및 인력 수급이 원활하지 못하거나 정확한 감리를 보지 못하게 되면 의외의 지출이 발생할 수 있기 때문에 철저한 계획 수립이 요구된다.

2 풀 셀프 인테리어 : 내가 디자인 설계부터 모든 작업을 직접 하는

디자인 설계 및 모든 공정의 시공을 당신의 손으로 직접 하는 것이다. 비용을 절대적으로 줄일 수 있는 가장 경제적인 방식이며 진정한 셀프 인테리어라 할 수 있다. 인테리어 업자나 작업자들과의 마찰도 없을 것이고, 당신의 일정에 따라 당신이 생각하는 디자인을 원하는 자재로 마음껏 펼쳐 볼 수 있다.

하지만 그러기 위해서는 각종 공구와 장비가 갖춰져야 한다. 소소하게는 사다리, 안전발판부터 시작해 각종 수공구와 전동공구들이 필요하다. 손재주가 있거나 가게 오픈 후에도 직접 뭔가를 만들고 하는 일에 취미를 붙이고 싶다면 최소한의 장비들을 구입한 후에 직접 인테리어 작업을 하라고 권하고 싶다. 공사가 끝난 후의 만족도가 가장 높은 방식이기 때문이다.

그러나 이 방식은 향후 사용하지 않게 될 장비를 구입해야 할 수 있고 기간이 많이 걸리고 그러다 보면 지쳐서 정작 오픈을 할 때 집중을 하지 못할 수도 있다는 문제점이 있다. 참고로 일부 공구들은 임대해서 사용할 수 있기는 한데 보통 장비 1개당 1일 임대료가 2만 원쯤 한다.

❸ 세미 셀프 인테리어 : 내가 디자인 설계를 하고 일부 시공도 하면서 어려운 분야는 공종별로 기능공에게 맡기는 방식

디자인과 설계를 하고 큰 기술이나 비싼 장비 없이 할 수 있는 철거와 페인트, 데코 타일 작업은 당신의 손으로 직접 하는 방식이다.

이렇게 대략 세 가지 유형으로 분류해 볼 수 있다. 이 중에서 첫 번째 방식을 권한다. 직접 실측하고, 설계하고 디자인해서 공종별 시공자를 섭외하고 작업 지시를 하는 방식. 요즘은 인터넷 플랫폼을 통해서 시공자도 쉽게 찾을 수 있고, 심지어는 3D 도면을 매우 저렴하게 그려 주는 사이트도 있다. 검색하면 금방 찾을 수 있다. 이제는 AI도 있지 않은가 말이다.

9년의 인연
〈류기쁨 헬스클럽〉

9년 전 카페 창업을 준비 중이라며 수원 광교 카페거리 현장을 찾아왔던 소녀 같은 청년이 9년 만에 연락을 해왔다. 헬스클럽을 운영 중인데 확장을 하려 한다며 인테리어 작업을 의뢰하고 싶다고. 그동안 블로그를 통해 인테리어 작업 과정들을 쭉 지켜봐 왔다며 이번에는 꼭 같이 작업을 했으면 좋겠다고 했다. 그렇게 기흥 삼성전자 앞 〈류기쁨 헬스클럽〉 리뉴얼 작업을 시작했다.

옆 건설회사 사무실이던 공간을 추가 임대했고 30평이던 기존 공간이 60평으로 늘어나는 작업이다. 칸막이 벽과 천장을 모두 뜯고 기존 헬스클럽 공간도 전면적으로 재구성하는 것이라 모두 철거해야 했다. 폐기물이 1톤 트럭으로 다섯 대가량 나왔고 고철이 별도로 한 트럭이 나왔다.

헬스클럽은 카페나 베이커리와 달리 남녀가 구분된 샤워장이 필요하고 피팅룸과 마사지룸은 바닥 온돌 난방이 필요하다. 이와 관련된 설비 공사 비중이 상당히 큰 편이다. 1천 장 이상의 벽돌과 80포가량의 레미탈이 비벼졌고 300장 이상의 석고보드가 들어갔다.

〈류기쁨 헬스클럽〉 작업의 막바지에서 설비업자가 적지 않은 공사비를 착복하고 사라지고, 도중에 핸드폰을 분실하는 사건까지 터지면서 작업 과정을 촬영했던 사진도 일부도 사라졌다. 거액의 돈도 사라지고 자료 사진도 사라지고 분노와 슬픔만이 남았던 시간이었다.

덕분에 작업도 예정 기간을 일주일이나 넘겨 완료했고 오픈도 그만큼 늦어졌다. 그럼에도 불구하고 류기쁨 관장님은 어려움 속에서도 인테리어 작업을 잘 마무리해 줘서 감사하다는 인사말을 보내왔고, 더불어 회원들이 인테리어 예쁘게 잘 되었다고 칭찬한다는 말까지 전해줬다. 젊은 관장님의 마음의 깊이와 넓이에 감동하는 순간이었다.

〈류기쁨 헬스클럽〉 인테리어 작업을 끝낸 지 한 달 반쯤 지난 후에 다시 찾아갔는데 관장님은 휴식시간이라 자리를 비웠고, 소소한 A/S를 해드리고 돌아오는동안 품고 있던 무거웠던 마음이 해소되는 듯했다.

상권의 변화에 대한 대책으로 2호점을 열다
고덕역 4번 출구, 디저트 카페 〈시나몬 가든〉 2호점

카페 〈시나몬 가든〉 1호점은 하남시 미사지구에 있다. 1호점을 리뉴얼 작업해 주고 1년이 지난 시점에 〈시나몬 가든〉 대표님으로부터 2호점 계획을 들었다.

〈시나몬 가든〉 1호점의 손님은 80%가량이 남자였고 직업군은 대부분 건설현장의 엔지니어들이었다. 주변에는 세 군데의 고층 지식센터 건설현장이 있었다. 반경 100m 안에 함바집이라고 하는 한식 뷔페 식당도 네 군데나 있었다. 당시는 모두 문전성시였었다. 하지만 지식센터 신축공사는 대략 2년 후면 완료될 예정이었다. 그 후가 되면 상권은 바뀔 것이며 이에 대한 대비를 해야 한다는 조언을 했었다.

2호점을 준비하는 곳은 유동인구가 많았다. 옆에 이마트가 있고 전철역이 가깝고 같은 건물의 같은 라인에 소문난 맛집도 세 집 정도 자리 잡고 있으니 상권은 좋다고 말할 수 있는 곳이다. 그런데 상가는 안쪽으로 깊게 11m나 되고 좌우로는 좁게 4m가 되지 않는다. 천장 높이는 4.5m로 2m 높이의 중층을 짓고도 남을 만큼 높다. 하지만 중층은 만들지 않기로 했다. 덕분에 조명 작업과 에어컨 설치 작업은 작지 않은 애로사항이 있었다.

에어컨 실외기를 설치할 공간이 없어서 전면 창 측에 중층 같은 선반을 만들고 실외기를 설치한 후, 단열재와 합판으로 실되기 격실을 만들었다. 외부로는 알루미늄 갤러리를 만들어 부착하고 A/S가 가능하도록 점검구도 만들어 달았다. 주방 안쪽의 싱크대와 창고 겸 작업 공간은 예상했던 것보다 더 큰 반죽기가 들어오면서 딜부 작업대는 수정되었다. 주방의 찬장 아래 간접등을 달아 분위기도 잡고 주방 작업 공간의 조도도 확보했다. 카페 〈시나몬 가든〉 2호점의 간접등을 제외한 모든 조명은 주인장

이 선택하고 구매를 했다.

이번 〈시나몬 가든〉 2호점 작업은 〈류기쁨 헬스클럽〉 작업을 마무리를 하면서 바로 이어진 것이라 시간의 여유가 없었고 폰의 분실과 더불어 사진도 일부 사라졌다.

카페 〈시나몬 가든〉 2호점을 작업하던 무더운 여름날들은 땀에 흠뻑 젖었지만 멋진 날들이었다. 비용을 최소화할 수 있는 방법을 찾고, 길고 불편해 보이던 공간을 효율적인 공간으로 분할하여 장비와 가구를 세팅하고 조명을 달았다. 주방 벽에 타일을 붙이는 일 정도는 우리 멤버들이라면 누구나 할 수 있는 가벼운 일이다. 어떤 곳에서는 카페의 주인장도 몇 장 붙이고 기분 좋아하기도 한다.

카페 〈시나몬 가든〉 2호점의 인테리어는 저렴한 일반 합판으로 만든 바 테이블과 작업대 그리고 벽에 고정한 상부장이 전부인 듯하다. 그리고 포인트는 벽에 부착한 조명이다. 벽 조명을 위한 전선 작업은

이번 일 중 가장 어려웠던 작업이었다. 기존 벽인 석고보드 안에 방음, 단열재인 그라스울이 들어있어 천장에서 조명의 부착 위치까지 전선을 빼는 일이 만만치 않았었다. 작업대의 상판은 모두 스테인리스로 덮었다. 인조대리석에 비하면 가성비도 좋고 관리도 편리하다는 장점이 있다. 바닥은 테라조 패턴의 데코타일을 붙였다.

남는 건 역시 사진뿐인데 대부분의 사진을 도둑맞아서 아쉬움이 크다. 경찰의 수사로 도둑맞은 스마트폰은 일주일 만에 찾았다. 하지만 범인이 스마트폰을 초기화해버려서 폰에 저장된 모든 정보가 지워졌다. 전문가의 도움을 받아 구글에 백업된 자료를 일부 다운로드하기는 했지만 복구된 것은 대략 70%쯤 되는 듯하다.

아무튼 1년 전 카페 〈시나몬 가든〉 1호점 인테리어 작업을 해 주고 불과 1년 만에 2호점 작업을 할 수 있었던 것은 내게는 크나큰 행운이었다. 폰 분실 사건 정도는 해프닝에 불과하다.

가게를 정하기 위해 4개월 연락을 주고 받은

대전 한식 주점 〈사람 냄새〉

대전의 젊은 청년으로부터 첫 연락이 온 것은 한창 진달래가 꽃망울을 피우던 이른 봄이었다. 작은 한식 주점을 준비하고 있는데 어떤 가게를 얻어야(임대) 할지 모든 것이 어렵기만 하다고 한다. 이후로 대전 모처의 주소와 건물의 사진과 동영상이 수시로 내게 날아왔고 같이 입지를 분석하고 검토하였다. 드디어 마음에 드는 장소 두 곳을 발견했다는 연락이 왔고 바로 다음 날 대전으로 갔다. 두 곳 중 2순위를 내게 먼저 보여 줬고 1순위를 다음에 보여 줬다. 두 곳의 장단점이 각각 있기는 하나 첫 번째가 50점이라면 두 번째가 80점 수준으로 차이가 컸다. 대전 롯데백화점 한 블록 뒷길에 위치한 두 번째 건물은 2년째 비어 있었고 계약만 하면 당장이라도 인테리어 작업이 가능했다. 두 시간 정도 상담을 진행한 후에 건물주에게 연락해 가계약을 체결하게 하고 상경했다. 우리는 두 번의 디자인 및 공사비 협의 미팅을 하고 작업 일정을 잡았다.

예비 창업자는 두 번째 만남에서 제법 두툼한 노트를 내밀었다. 노트에는 준비해야 할 기기, 장비, 가구들의 리스트가 있고 나름 잘 그린 배치도까지 그려져 있었다.

상가는 비어 있었다. 천장이 낮아 H빔을 감싸고 있는 두꺼운 합판들도 모두 뜯어내었다. 합판과 불필요한 가벽을 모두 뜯어냈더니 음료 냉장고 두 개쯤 들어갈 공간이 확보되었다. 조명을 떼어내고, 전선 정리를 한 후에 천장 철거에 들어갔다. H빔을 감싸고 있는 합판과 가벽을 해체하면서 재활용이 가능한 자재를 분류하도록 했다. 천장에서 뜯어낸 석고보드 중 일부도 곰팡이 핀 벽의 보수를 위해 남겨 두었다.

습식 주방을 만들기 위한 사전작업으로 벽돌쌓기를 하는데 그 벽돌이 바 테이블에 앉는 손님들의 발

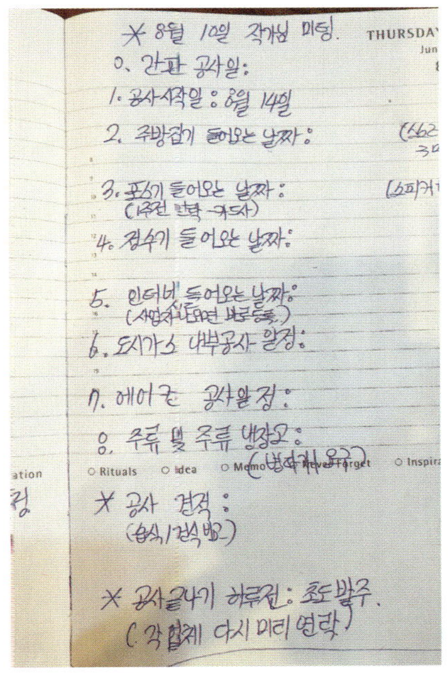

판이 되었으면 좋겠다는 아이디어가 있었다. 마침 주변에 그에 딱 적합한 시멘트 블록이 건축폐기물 쓰레기와 함께 방치되어 있었다. 바닥에 먹줄을 치고 블록을 놓는데 블록은 우리가 필요한 양에서 딱 한 개가 남았다.

상하수도 설비에 대한 설계를 대략 해 주고 필요한 자재 물량을 산출했다. 블록을 놓고 주방 출입구 부분은 벽돌을 쌓아 방수 턱을 만들고 모르타르 작업을 했다. 천장의 석고보드 철거를 시작했을 때 처음에 노출되는 것은 붉은색의 데크플레이트였다. 석고보드 철거가 1/3쯤 진행이 되자 천장 일부는 노란 우레탄폼이 존재감을 드러냈다. 조금은 당황스러웠으나 20~30년 전 유행했던 동굴 효과를 위한 우레탄폼 작업이 유행했던 것이 떠올랐다. 주인장에게 연락해 천장을 보여주고 동굴 효과를 얘기했더니 쉽게 공감해 줬다. 직접적으로 보이는 화장실 출입문이 거슬려 칸막이를 해서 파우더 룸을 만들기로 했다. 파우더 룸에 거울을 붙이고 작은 조명 하나를 달면 깜찍한 공간이 연출 되었다.

바 테이블과 주방 작업대는 기역자로 만들어지는데 기본 프레임은 철재로 제작을 하고 마감과 내부 선반 등의 구성은 목공 작업으로 이루어졌다. 화장실 입구 파우더룸 상부와 화장실 측면 빈 공간에 세워진 수납장은 물청소가 가능하도록 공중부양시켜 벽에 고정했다.

주점 중앙에 놓을 장테이블을 제작했다. 높이는 일반 테이블보다 15센티쯤 높고 주방 쪽 바 테이블보다는 15센티쯤 낮다. 따라서 의자는 높낮이 조절이 가능한 바 의자를 권했다. 밝은 색 합판에 앤티크 컬러의 스테인을 착색하고 바니시로 마감한다. 진한 회색을 뿌리자 노랗게 이상해 보이던 천장이 특

수 효과를 노린 듯한 연출된 천장으로 변하고 있다. 이런 것이 바로 도랑치고 가재 잡는다(?) 이런 동굴효과를 내기 위해서 우레탄폼 작업을 별도로 한다면 200만 원 정도 견적이 나올 듯하다.

공사비용이 많이 나올까 봐 예비 주인장은 주방의 후드 설치를 얘기하지 않았다. 그런데 도시가스를 사용하면서 튀기고 볶고 끓이고 졸이는 주점에 배기 후드가 없다면 오픈을 하고 난 후에 난감한 일이 벌어질 것이다. 함석집에 후드 제작비용을 알아보고 설치는 우리 팀이 직접 하면 되니 후드 제작비용과 시로코팬 구입 비용만 부담게 하고 설치해서 모두의 예견된 고민을 해결했다. 식기세척기가 있는 곳은 벽 상부에 배기 팬 하나를 추가로 설치했다.

벽면은 회색이지만 미세한 온기를 위해서 노랑색 조색제를 혼합했다. 이 미세한 차이가 공간을 차갑

게 하기도 하고 온화하게 느끼게 하기도 한다. 모든 목재는 진한 앤티크. 오직 조명만이 빛이 있을 뿐이다. 바 테이블 위에 걷는 자의 자유만의 시그니처 합판 박스 조명을 만들어 달았다. 나머지 깡통 조명은 대전시의 한 조명가게에서 재고를 땡처리로 구입했다.

모든 H빔 사이에도 수납장을 설치했다. 그냥 두면 먼지 쌓이고 관리하기 불편한 공간이 되지만 자투리로 버려질 합판을 모아서 끼워 넣으면 훌륭한 수납공간이나 장식장이 된다.

대전의 한식 주점 〈사람 냄새〉 인테리어 작업을 시작한 것은 한여름 폭염이 지속되던 8월 중순이다. 작업은 10여 일 진행되었고 모든 것은 순조로웠다. 젊은 예비 창업자와는 봄부터 가게 입지 선정 및 임대차 계약까지 꼼꼼하게 상담을 진행한 끝에 가계약을 하고 인테리어 공사 일정을 잡은 후에 본 계약을 했다. 건물주와 협의해서 렌트 프리도 넉넉히 확보했다.

에어컨 설치 팀이 오고 주방기구와 테이블과 의자 등 집기 비품이 몰려오기 시작했다. 이렇듯 장비와 집기가 들어오기 시작하면 인테리어 작업팀의 작업은 끝났다는 것을 의미한다.

주방의 바 테이블 위의 긴 박스 조명은 현장에서 사용하고 남은 합판으로 제작한 것이다. 재료비가 4만 원 정도 들어갔다. 주방기구들이 설치되고 홀에서는 의자와 테이블이 조립되어 공간을 차지해 간다. 그럼 우리는 서서히 짐을 쌓고 떠날 채비를 한다.

주방의 장비들 설치하는 일을 돕고 각 위치에 상하수도 및 전기의 배선에 문제가 없는 것을 확인한 후 철수를 했다 1주일 후, 오픈 준비 중인 한식 주점 〈사람 냄새〉를 다시 찾았다. 젊은 사장님이 워낙 꼼꼼한 분이라 오픈에 대한 준비는 완벽해 보였다.

준비하는 사람은 성공한다. 아직 20대인 〈사람 냄새〉 주인장은 짧은 문자 하나를 내게 보낼 때도 꼭 "작가님 바쁘실 텐데 죄송합니다." "궁금한 게 있어서요" 이렇게 시작했고 톡으로 주고받던 대화는 통화로 이어지고 통화는 짧을 때는 몇 분, 길 때는 20~30분을 넘기기도 했다. 바쁠 때는 조금 귀찮을 때도 있었지만 그보다 앞서 대단한 친구라는 생각이 필자의 마음을 지배했다. 그래서 통화를 하고 나면 기분 좋은 느낌이 남고는 했다.

대전의 롯데백화점 뒷골목에 동굴 같은 한식주점. 대전광역시 괴정동 롯데백화점 뒷골목에 이미 소문난 맛집이 되어버린 한식 주점 〈사람 냄새〉의 리뷰는 인터넷에 무수하게 올라와 있다. 여름 무덥던 나날들을 땀 흘리며 보낸 보람이다.

타투이스트 부부가 하는 수원 엘피바
음악 듣는 맥줏집 〈채널 1995〉

레트로 바를 준비하는 부부는 타투이스트이고 화가다. 20년 가까이 타투이스트로 활동을 하다가 오랫동안 꿈꾸어 왔던 엘피 바를 수원시 권선구 금곡동 또는 호매실동에 열기로 했다.

30평 가까이 되는 넓은 공간을 임대한 후 〈걷는 자의 자유〉를 초대했다. 서너 번의 미팅과 만남 그리고, 부부가 직접 셀프 인테리어를 할 영역이 협의 되었다. 20년 전에 주점 비슷한 것을 운영한 경험이 있는데 문제는 어떻게 준비 했는지 기억이 없다는 점이다.

이 공간은 원래 술집이었고 원상복구를 대충 한 상태였다. 상하수도 배관의 위치를 옮기려 했지만 아래층과 위층의 상가 주인이 달라 포기했는데, 나중에 보니 주방의 위치를 옮기지 않은 것이 잘된 일이 된다. 벽에는 과거의 흔적과 임대계약이 빨리 이뤄지라는 상가 주인의 기도문이 4방의 구석진 곳 도배지 안에 붙어 있었다.

노출 천장을 하기로 하고 스프링클러가 있어서 조심스럽게 철거에 들어갔다. 스프링클러는 나중에 상향식으로 전환 작업을 하게 된다. 천장은 경량 철골이 아닌 목공 작업으로 이루어졌다. 고물 팔아 막걸리 값 보태자는 꿈은 사라지고 폐기물은 두 배로 늘었다. 미용실인 옆집과의 사이는 석고보드 가벽이고 파손된 부분이 많아 석고보드를 한 겹 덧대어 붙였다. 이 벽에 스크린이 설치되고 영상을 틀게 된다. 가게 이름이 〈채널 1995〉, 30년 전의 추억을, 기억을 소환한다.

철거를 하고 보니 천장과 벽에는 수백 개의 못과 철사가 뾰족이 솟아 있어서 모두 잘라냈다. 목공 작업의 대부분은 총 연장 길이가 7m가 넘는 바 테이블을 만드는 일과, 6m 길이의 주방 뒷벽을 가득 채워 오디오장과 스피커장, 술병을 놓을 장식장을 만드는 일이다. 자재는 일반 합판과 코어 합판을 적절

히 사용했고 상판은 뭍바우 집성목으로 마감했다. 상가 주인은 많은 사람이 오라는 주문을 적은 종이에 현금 3만 원을 접어 넣어 한구석의 벽지에 감춰 두었다. 어수선하던 천장에 진회색 칠을 하고 나니 다소 정리된 느낌이 든다.

바 테이블이 워낙 크다 보니 웅장한 느낌이 든다. 바 테이블의 앞판과 측판은 템바보드를 취부하고 테이블 하부에 간접 조명을 설치하게 된다. 홀 좌측에 사선으로 된 창이 있는데 그곳에는 상부에 책장을 만들어 고정하여 설치하고 창턱은 붙박이 테이블을 만들어 손님들이 창밖을 내다보며 술을 마실 수 있도록 설계했다.

셀프 인테리어를 하는 데 있어서 가장 어려운 점 하나가 도면을 그리는 것이다. 일반인이 스케치업이

나 캐드 같은 프로그램으로 사용하는 일은 드물어 직접 도면을 그리는 일은 쉽지 않다. 그러나 서류작업을 해 본 경험이 있는 분들이라면 파워포인트나 엑셀 프로그램 정도는 다루어 보았을 것이다. 엑셀이나 파워포인트 같은 프로그램으로 선을 그리는 작업을 할 수 있다면, 줄을 그릴 수 있다면 도면도 그릴 수 있다는 것을 의미한다.

작업 일수를 줄이는 일은 그만큼 비용을 줄이는 일이다. 처음 인테리어 작업 계획을 세울 때는 작업에 걸리는 총 기간을 15일쯤으로 잡고 순수 작업 일수를 12일쯤으로 예상했다. 하지만 일부 벽과 목재로 제작할 집기류의 도색을 주인장 부부가 셀프로 진행하기로 하면서 공사기간은 10일 정도로 잡고 작업 일수를 8일로 잡았다. 빠듯해 보이기는 했지만, 천재지변이 일어나지 않고, 자재 수급에 문제가 생

기지 않는다는 가정하에 충분히 가능할 듯했다.

작업하기 까다로운 천장과 포인트 벽은 철거가 진행되고 석고보드를 취부하면서 바로 도색 작업에 들어갔다. 포인트 벽은 2차 퍼티를 하고 샌딩으로 면을 고르게 했고 목공 작업이 진행되면서 천장의 도색도 바로 진행하여 여기저기 보양하는 번거로움을 피했다. 이로써 작업 기간도 2일 정도 단축했다.

천장 도색작업이 끝났다는 것은 조명 설치를 위한 전선 배선 및 배관 작업을 진행해도 된다는 것을 의미한다. 물론 천장형 냉난방기의 설치도 가능해진다.

바 테이블, 오디오장, 장식장, 수납장 등을 만들기 위해 목재, 합판의 절단작업이 끝나고 정리를 하는데 톱밥이 쌀자루로 다섯 자루쯤 나온 듯하다. 그만큼 많은 양의 자재가 들어갔다. 최근 2~3년 사이 작업한 현장 중에서 자재가 가장 많이 들어간 현장일 듯싶다.

주방 뒷벽에 입을 커다랗게 벌리고 있는 두 개의 장은 스피커가 올려지게 되는데 스피커의 무게가 80kg이 넘는다고 해서 프레임을 철재 파이프로 제작한 후에 합판으로 덧붙여 제작했다.

레코드 바 〈채널 1995〉 사장님 부부가 집기류의 도색을 위해 본격 투입되었다. 두 분이 지난 20년 가까이 타투이스트로 활동을 했고 여사장님은 지금도 활동하는 현직 화가이시다. 때문에 작업의 섬세함이나 감각에 있어서 전문가 수준이다. 포기해야 할 것과 집중해야 할 것에 대해서, 그러니까 선택과 집중이 확실한 그런 분들이라 일하기가 매우 편했다.

레코드 바 〈채널 1995〉 주인장 부부를 돕기 위해 인근에서 카페를 운영한다는 후배가 도색작업 지원을 나와 작업의 속도는 더욱 빨라졌다. 비용을 아낀다며 페인트 작업 정도는 셀프로 하겠다는 경우가 여러 번 있었다. 하지만 대부분은 걸림돌이 되는 경우가 많은데 이번의 경우는 긍정적인 효과가 훨씬 컸다. 목재로 제작한 집기의 90% 이상을 주인장 부부와 지원 나온 지인들이 도색 작업했고 포인트 벽을 제외한 나머지 벽도 셀프로 진행했다. 집기에 도색을 하면서 하나씩 위치에 놓으니 이제 비로소 작업의 결과가 형태를 갖춰 가는 듯하다.

천장 도색이 완료되고 집기 제작도 마무리되어 갈 즈음, 〈채널 1995〉 주인장 부부가 수집한 조명을 설치했다. 그중 가장 재미있었던 것은 미러볼 설치다. 총 10개의 미러볼 중에서 단 한 개만이 회전을 하는데 회전 속도는 1분에 1회전. 매우 느린 속도 같은데 천장과 벽, 바닥에 반영된 별빛 같은 수천수만 개의 불빛이 환상적인 상황을 연출한다. 미러볼을 설치할 예정이라고 했을 때, 처음에는 좀 촌스럽지 않을까 생각했었지만 막상 설치하고 보니 재미도 있고 분위기도 그럴듯하다. 이것만으로도 레트로는 완성된 듯하다.

미러볼 한 개당 앵커 볼트 구멍 한 개씩 뚫어야 한다. 스트롱 앵커를 박고 아이너트로 미러볼의 체인을 걸었다. 기본 조명은 레일 조명이고 조광기로 밝기를 조절하도록 했다. 주인장 부부는 오래전부터 레트로풍 엘피 바를 구상하고 있었기에 조명을 비롯한 많은 인테리어 소품을 수집해 왔다고 한다. 때

문에 인테리어 작업의 마무리를 직접 할 수 있었을 것이다.

9월 14일 작업을 시작허 조명 설치를 한 날이 9월 21일이니 작업일 수 8일 차다. 조명 설치를 마친 후에 에폭시 하도를 도포했다. 바닥의 최종 마감은 회색 펄이 들어간 에폭시 마블이다. 작업일 수 8일 차, 오후에 청소를 하고 에폭시 프라이머를 도포했다. 기존 바닥에는 타일을 철거한 자국, 해머 드릴로 철거하다 패인 자국, 갈라지고 튼 자국이 그대로 남아 있었고 우리는 그 흔적들을 반쯤은 노출을 할 계획이다.

작업 9일째, 벽면에 스크린 설치 작업이 두세 시간 진행되었다. 에폭시 라이닝 마블 작업은 스크린 설치 완료 후에 진행했다. 일반적으로 에폭시 마블은 마블 효과를 주는 펄이 혼합된 재료를 사용하게 된다. 하지만 혼합된 상태로 판매되는 에폭시 마블을 사용하게 되면 노출 콘크리트 효과를 볼 수 없다. 기존 바닥을 완전히 덮어버리기 때문이다.

이번 〈채널 1995〉 에폭시 마블 작업은 투명 에폭시 라이닝을 구매하고 회색 펄을 별도로 구입했다. 펄은 한 병에 200g이 들어있는데 원래 라이닝 한 말 통에 펄 한 병을 혼합하게 된다. 그런데 우리는 절반인 100g 정도만을 혼합했다. 그 정도만 해도 목적한 회색 빛깔이 진하게 나온다.

에폭시 마블 작업을 한 다음 날 테이블 냉장고가 들어오기로 했다고 하는데 주방의 공간이 좁고 바 테이블이 높아 설치가 어려울 것이라며 영업담당자가 추가 설치비 20만 원이 더 발생할 수 있다고 엄포를 놓는다. 결국 테이블이 도착하는 시간에 맞춰 〈채널 1995〉 대표님과 합이 네 명이 다시 현장으로 갔다. 20만 원 추가 설치비는 없었다.

10월 13일 오픈 예정일 이틀 전에 다시 레코드 바 〈채널 1995〉를 방문했다. POS 위치의 바 테이블에 전선 구멍을 뚫어 달라는 요청이 있었고, 집기 비품이 들어와 설치되고 오디오가 설치된 모습도 보고 싶었다.

미니멀리즘이 오랫동안 유행을 하다가 다시 맥시멀리즘이 도래하고 모더니즘이 오랫동안 유행을 하다가 레트로가 다시 찾아왔다. 유행은 그렇게 돌고 도는 것인가 보다.

타투이스트이며 화가인 레코드 바 〈채널 1995〉 대표님 부부가 완성한 인테리어 마감을 보면서 그리고 오픈 후, 〈차널 1995〉 인테리어와 분위기를 호평하는 손님들의 반응을 보면서 현재와 미래는 다르지 않고 과거는 끝난 것이 아니라 반복된다는 생각을 해 본다.

소고기로 김치찌개를 한다고?

용산의 〈양지수육 김치찌개〉

용산역 맞은편 푸르지오 서밋 지하 1층에 〈곰터먹촌〉이라는 김치말이국수와 양지닭곰탕을 하는 식당이 있었다. 주인장은 《밥상무비》라는 타이틀로 영화와 드라마를 배경으로 한 음식 칼럼을 연재하여 유명해진 정작가였다. 그런데 집안 사정으로 부득이 식당을 접어야 했는데 마침 정작가의 오랜 친구인 마스터셰프 코리아 출신의 박지윤 셰프가 이 가게를 물려받기로 하면서 두 사람 모두와 친한 내게 가게 리뉴얼 작업의 책임이 떠넘겨졌다.

메뉴는 김치찌개와 국밥인데 주 재료가 소고기 양지수육이고, 혼밥족들이 편하게 식사할 수 있도록 인테리어가 아닌 개조를 해 달라는 부탁은 최소한의 비용으로 하는 것이 전제 조건이었다.

외부 간판과 조명을 달고 기존 간판 위에 포맥스를 붙이고 프린트한 필름을 붙였다. 유리창의 액자도 그림만 교체하고 기존어 있던 조명의 각도만 바꿔 줬다. 출입구 좌측의 장식장은 박지윤 셰프가 가지고 있던 소품들과 과거 요리집을 할 때 사용했던 내부 간판을 얹어 요리집 단골들이 왔을 때 추억을 회상할 수 있도록 했다.

홀의 구조를 변경하기 전에는 좌측에 2인용 테이블 세 개와 우측에 4인용 테이블 세 개가 놓여 있었다. 그런데 건물이 오피스텔이라 혼밥족들이 많아서 2인용 테이블에는 대부분 1인이 앉아 식사를 했고 4인용 테이블에도 1인 또는 2인이 앉아 식사를 하는 경우가 많았다. 꽉 차야 18인인데 혼밥족이 많으니 10인이 앉으면 만석이나 다름없었다. 이런 테이블 점유율은 가게의 매출에 심각한 영향을 준다. 그래서 좌측의 2인용 테이블 세 개를 없애고 대신 벽에 길게 붙박이 테이블을 설치했다. 그리고 정면의 주방 앞에 있는 바 T-입의 작업대를 돌려놓아 주방에서 작업대로 사용하던 곳에도 손님이 앉아 식

사를 할 수 있도록 재배치하기로 했다. 이렇게 하면 총 10개의 1인용 좌석이 생기게 됨으로써 짧은 점심시간의 피크타임에 좌석 점유율을 최대한 높일 수 있다.

국밥집에서 김치찌개 집으로 바뀌면 뚝배기를 많이 사용하게 되기에 가스레인지는 작은 화구가 많은 것으로 교체했다. 신당동 중앙시장에서 구입한 가스레인지 가격은 50만 원인데, 설치비가 100만 원가량 나왔다. 화구가 많아지고 가스 용량이 늘어나면서 계량기까지 교체해야 했기 때문이다. 이번 리뉴얼 작업에서 가장 많은 비용이 들어갔다.

지하상가는 천장고가 높다. 그래서 좌우 폭이 좁고 안쪽으로 긴 가게는 좁고 답답한 느낌이 든다. 허전했던 우측 벽에 테이블을 만들고 남은 합판으로 선반을 만들어 설치하고 버려질 뻔했던 조화 화분을 올렸다.

도끼 셰프 박지윤의 양지수육 김치찌개의 인테리어 작업은 불과 3일 만에 마무리했다. 다행히 식당이라는 업종이 같았기 때문에 주방도 가스레인지를 교체하고 냉장고와 작업대를 재배치하는 수준이라 최소비용이 들었고 홀도 벽에 붙박이 테이블을 제작해 설치하는 작업을 했지만 사실 큰 비용이 드는 일이 아니다.

조명은 지나치게 과해서 형광등 몇 개를 사용하지 못하게 함으로써 분위기가 더 좋아졌다. 간판의 조명도 전구까지 합쳐서 세트당 1만 원가량. 전 주인과 새 주인이 친구이고 두 사람과 지인인 사람으로서 최소비용에 획기적 변화를 모색하는 일은 부담스럽고 쉽지 않았지만, 3일 만에 작업을 마무리 짓고 즐겁게 한 잔할 수 있었다.

1년에 고작 5개월 상권이라는 을왕리
닭강정 전문점 〈안녕하닭〉

인천공항이 있는 영종도를 지나 용유도에 있는 을왕리 해수욕장에 닭강정 집을 차리겠다고 해서 처음 찾아간 날은 2월의 마지막 날 29일이었다. 바다는 아직 겨울 분위기였고, 백사장을 산책하는 사람들은 두터운 외투로 꽁꽁 싸매고 있었다. 건물을 지은 지 2년이 되어가는데 상가는 아직 세 칸이 비어 있었지만 탕후루 집과 10원 빵집은 이미 맛집으로 등극해 주말이면 사람들이 몰렸다. 세 곳은 무인점포였는데 무인점프 중간에 있는 빈 공간이 닭강정 집으로 재탄생하게 된다.

을왕리 해수욕장은 서울에서 가장 쉽게 찾아갈 수 있는 해변이다. 첫 방문하여 실측하고 도면을 그린 후 보름 만에 현장에 자재 반입을 하고 작업 준비에 들어갔다.

닭강정 집을 운영할 멤버는 모두 세 분인데, 김 대표님은 수원 신갈에 집이 있고 메뉴 개발을 맡은 고 선생님과 고 선생님을 돕는 한 분은 집이 전북 남원이다. 필자는 처음에 이곳에 닭강정집을 한다고 했을 때 말렸다. 김 대표님이 사업계획서를 보여 주는데 월 매출을 1억을 넘게 산정하고 있었다. 이 얘기를 듣고 사업계획을 전면 수정하길 권했다. 계획대로라면 1일 330만 원 이상 매출을 올려야 한다. 그런데 김 대표님은 다른 이유가 있다며 강행했다.

그런데 멤버 세 분 모두 반경 50km 안에 연고도 없고 숙소도 없었다. 숙소를 해결해야 하는데 가게 한쪽에 접이식 간이침대를 놓고 생활할 예정이라고 한다. 비용이 조금 들더라도 다락방을 만들자고 제안을 했다. 천장이 4.5m로 매우 높기 때문에 충분히 가능한 일이었다. 그 다음 문제는 샤워를 하는 것인데 공용 화장실을 이용하겠다고 한다. 그래서 창고처럼 이용될 다락방 아래 한쪽 공간에 샤워실을 만들어 주겠다고 제안을 했다. 화장실을 만드는 일은 정화조로 연결하는 배관 작업 때문에 구조적

으로 어려움이 있지만 샤워실을 만드는 일은 어렵지 않기 때문이다. 이로써 세 분의 근무 환경은 출퇴근(?) 없는 재택근무가 가닌 수용소 근무가 되었다.

다락방 골조는 100×50mm 각파이프로 제작했고 벽을 세우고 계단을 만드는 일을 진행했다. 불과 3일 만에 다락방 바닥이 설치되었고 벽도 완성이 되었다. 다락방에는 상가 뒤쪽 통로 유리창에 채광 창을 만들어 빛이 들어와 답답하지 않도록 했고 홀 쪽으로는 미닫이창을 만들어 휴식 중인 멤버와 작업 중인 멤버가 쉽게 소통할 수 있도록 했다.

고민은 위층의 하수도 배관과 소방배관이 노출되어 있는데 이를 어떻게 처리할 것인가였다. 상하수도 배관이 주방으로 가는 중간에 샤워실을 배치함으로써 배관 작업은 비교적 단순해졌다. 계단을 마주 보는 샤워실은 샤워를 마친 후에 바로 계단을 올라 침실인 다락방으로 갈 수 있다. 샤워실의 벽 코너 부분은 실리콘으로 1차 방수를 하고 바닥과 벽이 만나는 부분은 모르타르 방수를 했다. 물론 그 위에 다시 모르타르 방수를 하고 타일을 붙이게 된다.

닭강정 집은 대부분의 조리 과정이 기름에 튀기는 일이라 유증기가 매우 많이 발생하기 때문에 강력한 환기 시스템이 필요하다. 이에 필요한 시로코팬의 설치 위치가 출입문 상단의 제일 작은 유리창이다. 200mm 관이 빠져나갈 수 있도록 유리를 타공해야 한다.

창문 쪽에 진열대를 주방과 손님이 들어올 홀을 구분하는 곳에 오더 테이블 겸 포장 작업대를 합판으로 제작해 설치했다. 이때까지도 을왕리 닭강정 집 〈안녕하닭〉의 대표님과 멤버들은 〈안녕하닭〉의 브랜드 컬러를 결정하지 못하고 있었다. 일반 벽은 그레이로 임의 결정하고 칠을 했고 다락방 내부는 화이트 컬러로 칠을 했다. 그때까지도 포인트 벽과 파사드 컬러에 대한 의견들이 없어서 고민이 계속되었다.

3월 20일경 혹독한 꽃샘추위가 찾아왔다. 자재를 구입하러 목재소에 갔다가 만난 중년 부부는 장사가 되지 않아 카페 문을 닫을 예정이라고 했다. 200kg이 넘는 커피 로스터기를 창고로 사용하는 컨테이너에 보관할 예정이라 바닥에 깔 단단한 합판을 구입했는데 승용차를 타고 와서 운반해 줄 차량이 필요하다고 한다. 마음이 쓰여 합판을 운반해 주고 커피 한 잔을 얻어 마시고 두 부부와 얘기를 나누다 왔다. 초저가 커피 전문점인 메가커피와 컴포즈, 빽다방의 약진은 동네 군소 카페들을 말살시키고 있다고 한다.

다락방 계단 쪽에는 추락 방지를 위해 내장용 목재로 난간을 만들었고 미닫이창도 MDF 합판으로 간단하게 제작했다. 샤워실은 벽 코너 부분은 실리콘으로 1차 방수를 하고 바닥과 벽이 만나는 부분은 모르타르 방수를 했다. 지하층이 없기 때문에 큰 걱정은 없지만 주방이나 창고로 누수가 되면 곰팡이가 피는 등 여러모로 불편할 것이다. 샤워실의 벽과 바닥에 타일을 붙여 마무리했다. 벽타일은 타일 본드인 세라픽스를 사용했고 바닥은 백색 압착시멘트에 방수액을 섞어 반죽을 해서 붙였다. 모르타르

작업을 할 때 배수를 위한 경사를 잡아 두었기 때문에 막상 타일 작업은 어려움이 없었다.

조명용 레일과, 환기 덕트와 후드를 설치하기 전에 천장 도색을 한다. 후드와 배관 및 시로코팬 설치를 공조 전문가에게 의뢰를 하면 100만 원이 훨씬 넘는 견적이 나올 것이다. 그러나 직접 설계도를 그린 후에 자재상에 가서 후드 제작을 의뢰하고 자재를 구입해 설치하면 반값에 가능하다. 인천 서구 경명대로에는 거의 모든 건축자재상이 있는데 그곳에 있는 타일 가게와 목재소와 공조 덕트 집에서 대부분의 자재를 직접 구입해 사용했다.

홀 바닥은 투명 에폭시 마감으로 노출 콘크리트의 자연스러움을 살렸다. 콘크리트의 갈라진 틈을 에폭시 퍼티로 메우자는 의견이 있었지만 방수가 목적이 아니고 에폭시는 어디까지나 인테리어 효과가

목적이니 빈티지한 느낌을 살리는 방향으로 결정을 했다. 에폭시 하도를 바르고 두세 시간이 지난 후에 중도인 라이너를 듬뿍 발랐다. 다락방 바닥도 에폭시를 도포했는데 12mm 합판 위에 면이 매끄러운 9mm MDF를 한 장 덧댄 후에 에폭시 라이너로 마무리했다. 이렇게 하면 장판이나 데코타일을 깔지 않아도 된다.

에폭시 양생을 위해 하루를 쉬고 조명을 설치했다. 고민하던 시그니처 컬러의 도색 작업도 들어갔다. 합판으로 제작돈 집기는 페르시안 레드를 다소 연하게 칠하고 상판은 투명 우레탄 바니시로 도막을 올렸다. 출입구 기둥과 진열장과 맞닿은 벽도 시그니처 컬러로 파사드 느낌을 살렸다. 그리고 맨 뒤쪽, 창고 겸 샤워실과 분리되는 벽을 포인트 컬러로 도색을 하자 칙칙하던 실내가 화사하게 살아난다. 후

에 전통음식 연구가이신 고광자 선생님이 이 컬러 작업에 극찬을 해 주셨다.

을왕리 닭강정 맛집 〈안녕하닭〉의 인기 메뉴로 등극한 닭강떡강, 닭강소강과 닭강정 꽂이는 필자가 제안한 아이디어 메뉴다. 길거리 음식은 가능한 한 손에 들고 먹을 수 있어야 한다. 닭 꼬치나, 회오리 감자, 핫도그 등이 그렇다. 그런데 닭강정은 컵이나 상자에 담아 주고 꼬치로 찍어서 먹게 하는데 그럴 바에 아예 꼬치에 꽂아서 팔자는 것이 필자의 생각이었다. 커플들은 서로 손을 잡고 한 손에는 각각 꽂이 형태의 길거리 음식을 들고 산책을 한다. 엄마들은 한 손에 아이 손을 잡고 한 손에는 간식을, 아이도 한 손에는 간스을 들고 다닌다. 길거리 음식을 선택할 때 맛있는 것을 선택의 기준으로 삼기도 하지만 먹기 편한 포장을 선택하기도 한다. 여기에서 착안한 것이 닭강정꽂이이며, 떡과 소시지의 결합인 소떡소떡의 아이디어를 차용해서 닭강소강과 닭강떡강 등의 메뉴를 제안하게 되었다.

을왕리 닭강정 맛집이 될 〈안녕하닭〉의 에폭시 작업을 하고 하루를 쉰 후에 같은 건물 빈 상가에 수집해 보관하던 중고 기기들을 배치하고 설치를 했다. 이 작업은 원래 견적에 없는 것이지만 을왕리에 닭강정 집을 준비한 대표님과 팀원들의 노력을 알기에 흔쾌히 재능기부를 했다. 장비들은 그냥 옮겨 놓기만 하는 것이 아니라 전원을 연결하고 상하수도를 연결하는 작업이 필수적이라 결코 쉬운 일은 아니다. 때문에 혼자서는 할 수 없는 일이라 인건비와 경비가 발생한다.

인테리어를 하는 사람은 현장을 잘 분석하고 효율적인 설계와 디자인을 한 후에 그에 적합한 시공을 하면 된다. 그런게 인테리어 상담을 하다 보면 예비창업자인 상담자가 아직 창업 준비가 덜 되었다고 느껴질 때가 있다. 그럴 때는 부족한 점을 채워줄 선배 창업자의 창업 과정을 지켜본 내용들을 알려주고 문제 해결방법 등을 같이 고민하기도 한다.

을왕리 해수욕장이라는 특수(1년에 단 5개월이 성수기인, 휴일 장사) 상권을 분석하고 메뉴 개발 및 메뉴 포장 방법을 구상해 제안하고 원가 분석을 하여 가격 책정을 하는 것까지 도와드렸다. 을왕리 닭강정 집 〈안녕하닭〉이 그러한 경우에 해당된다.

주방 공사를 이상하게 합니다!
멕시코 샌드위치 전문점 〈소깔로〉

용인 수지에 멕시코 샌드위치 전문점을 하고 싶다는 연락을 받은 것은 24년 12월 15일이다. 1월 중순쯤 잔금을 치러야 현장을 볼 수 있다고 해서 느긋하게 생각했고 12월 말까지 인테리어와 관련한 대화를 몇 차례 더 주고 받았다.

북가좌동에서 독일 베이커리 카페 공사 작업이 끝나갈 무렵, 1월 3일 수지의 멕시코 샌드위치 전문점을 준비하던 사장님께 상가 방문 및 실측이 가능한지 연락을 했다. 그런데 뜻밖의 답장이 왔다. 필자가 바쁜 듯해서 다른 인테리어 업자와 계약을 하고 진행하고 있다고 있다는 것이다. 그래서 흔쾌히 작업을 포기하고 북가좌동 작업을 끝내고 여행 삼아 간 통영의 미륵도에서 다급한 연락을 받았다. 1월12일 이른 아침이었다. 인테리어 공사가 이상하게 돌아가고 있는데 도와 달라는 요청이다. 다음 날 수지의 현장을 방문했다.

홀 가운데 홀을 반으로 가르는 청테이프가 붙어있는데 여기까지 20여 센티 높이의 콘크리트가 타설되어 있다. 카페, 베이커리, 샌드위치 전문점은 아주 특별한 경우를 제외하고는 바닥 배수를 하지 않는다. 싱크대와 식기세척기 정도가 설치되고 오븐이나 발효기 등에 급배수가 필요하기는 하지만 배관이 가늘기 때문에 벽을 따라 노출을 해도 된다. 그런데 이 공간은 천장고가 230cm 정도로 낮은 곳인 데다가 천장 속에 각종 솔비 배관이 가득 차 있어서 천장을 노출 천장으로 할 수도 없다.

주인장이 직접 주방을 건식으로 설계하고 설계 도면을 인테리어 사장님께 드렸는데 공사 첫날 배관을 하고 콘크리트 타설을 준비했다고 한다. 돌아가는 상황이 설계와 달라 이의를 제기했지만 모든 주방은 이렇게 하는 것이라며 막무가내로 가장자리에 벽돌을 쌓고 20센티 두께로 콘크리트를 타설해

버렸다. 주인장 부부는 잠을 이루지 못하고 밤새 고민을 하다가 다음 날 아침 내게 조심스러운 문자를 보내 왔던 것이다. 공사를 중단시키고 다음 날 찾아가 의논하고 기존 업체에게 부탁하여 바닥을 철거해서 철수시키고 이틀 후부터 작업에 들어갔다. 기존 업체 사장님은 스스로가 이런 인테리어는 처음 해 보는 것이라며 고백하고 계약금 중 일부를 반환하고 떠나셨다. 나중에 알고 보니 이분은 상하수도 설비가 전공이던 종합 인테리어는 한 번도 해 본 적이 없는 분이었다. 동네 설비 가게를 운영하시며 간판에 종합 인테리어라고 써 붙여 놓은 것을 보고 샌드위치 가게를 준비하던 부부가 찾아가 인테리어 상담을 하고 계약을 한 것이 사단이 되었다.

칸막이 공사를 시작하는데 주인장은 3일 후에 주방기기가 들어오는데 괜찮을까요?라고 묻는다. 칸막이를 한 후에 벽과 바닥에 타일 공사도 해야 하는데 현실적으로 불가능해 보였다. 의논 끝에 벽은 세라믹 타일 그대로 진행하고 바닥은 공사기간이 짧은 데코타일로 변경하기로 했다. 협력업체 10여 곳에 전화를 해서 자재를 수급하고 인력을 조달했다. 하지만 하루의 시간이 더 필요해서 주방업체에게 납품 일자를 하루만 연기해 달라고 부탁을 했다.

주인장이 인터넷을 통해 완성한 그림을 보면 설비 사장님이 주방에 콘크리트를 타설할 만하다는 생각도 든다. 왼쪽으로 긴 복도 같은 공간이 보이는데 이는 가게를 두 개의 매장으로 나누어서 왼쪽은 민간 의료용품점을, 오른쪽은 샌드위치 전문점을 할 생각이었다. 그런데 왼쪽의 복도 같은 가게의 폭이 겨우 1.5m 정도로 좁게 형성이 되도록 설계되었다.

필자는 이를 숍인숍 가념으로 바꾸어 칸막이를 하지 말고 홀은 통합하되 주방과 창고만 칸막이를 하자고 제안을 했다. 의료용품은 좌측 벽에 진열장을 세우고 진열을 하고 샌드위치 손님들도 제품을 구경할 수 있게 하면 공사비용은 줄고 홀은 넓어지면서 두 가게가 서로 시너지 효과를 줄 수 있다고 설득을 했다. 다행히 주인장 부부는 필자의 생각에 동의하고 설계변경을 통해 공간을 재구성하고 일부 마감재료도 변경하는 데 흔쾌하게 동의를 했다. 칸막이가 완성되어야 주방 안쪽 벽타일을 붙일 수 있고, 이후 바닥 데코타일 시공도 가능하므로 목수님들이 서둘러 작업을 해야 했다.

황급히 가벽을 세워 칸막이했다. 소방시설과 냉난방 등 공조 시스템이 추가 설치되지 않아도 되도록 기존 천장에서 35센티 정도 낮게 설치한 가벽을 본 관리실 소방 담당자가 누구 생각인지 아이디어가 좋다는 칭찬을 던져 주었다. 처음 관리실에 제출한 도면에는 가벽을 모두 천장까지 높게 설치하는 것이었다.

타일을 부착해도 될 만큼 목공 작업을 진행하고 오더 테이블과 작업대 제작은 별도의 작업장에서 하기로 했다. 원래 주방 벽타일을 먼저 붙일 계획이었는데 작업자의 일정이 맞지를 않아 데코타일을 먼저 시공했다. 녹색 데코타일과 세라믹 타일의 경계 부분에 칸막이가 서고 통유리창 한 개를 철거하고 자동문을 설치한다는 계획이었으나 비용과 공간의 효율성을 설명하여 공간 구분을 오직 바닥의 소재로만 구분 짓기로 했다. 결과는 매우 만족스럽다.

주방 벽타일을 분홍색(핑크)으로 결정했다. 멕시코 교민 출신인 안주인의 안목이다. 매우 컬러풀한 스페인계 인테리어 디자인을 추구한다. 바닥의 그린과 벽의 핑크, 천장도 화려한 컬러로 선정되어 있는데 페인트 작업을 하고 나면 대한민국에서 가장 컬러풀한 샌드위치 가게가 탄생하게 된다.

벽타일을 붙이고 있는데 주방기기가 도착해 서둘러 줄눈 작업을 했다. 마치 번갯불에 콩 볶는 기분이었다. 다음 날 홀 쪽 세라믹 타일 작업이 진행되었다. 예전의 타일러들은 손과 눈의 감각만으로 타일의 줄과 높이를 맞췄는데 요즘은 다양한 보조 기구들이 동원된다.

신축 건물인데도 불구하고 눈으로는 확인되지 않지만 바닥의 높낮이 편차가 심해서 큰 타일을 붙이는데 어려움이 많았다. 때문에 접착제를 압착 본드와 에폭시 본드, 실리콘 등 세 종류를 번갈아가며 시공했다.

인테리어 디자인을 할 때, 실내의 마감재로 표현되는 컬러의 수를 최소한으로 하는 것을 원칙으로 한다. 너무 다양한 컬러가 들어가면 혼잡스럽고 자칫 조잡스러워질 수 있기 때문이다. 그런데 우리나라는 유난히 무채색을 강조한다. 이는 자연환경 때문에 생겨난 문화적 현상이라고 한다.

사계절이 뚜렷하여 계절별로 자연이 연출하는 컬러가 워낙 다양하고 화려하기 때문에 회화나 실내 장식에서 극도로 절제하는 전통이 생겼다는 것이다. 이를 반증하듯 사막 지방이나 열대지역 국가들의 인테리어 컬러는 매우 휘황찬란하다. 스페인이나 멕시코 또한 그렇다.

데코타일의 장점은 자재의 가격이 저렴하고 시공시간이 짧다는 점이다. 뿐만 아니라 시공을 하고 나면 바로 밟고 다닐 수 있다. 세라믹 타일은 견고하고 물청소가 용이하며 스크래치가 생기지 않는 장점이 있다. 반면 데코타일에 비해 가격이 비싸고 시공시간도 두 배 이상 길며 시공 후에는 최소한 하루 이상 양생 시간을 가져야 한다. 시공 후에 이틀 정도는 밟지 못하기 때문에 다른 공정을 진행할 수 없다.

이번 멕시코 샌드위치 전문점 〈소깔로〉는 홀 바닥을 세라믹 타일로 시공을 했는데 겨울이라 양생 기간을 이틀을 잡았다. 그래서 집기 제작은 안성의 작업실에서 진행했다. 집기를 제작하며 수시로 사진

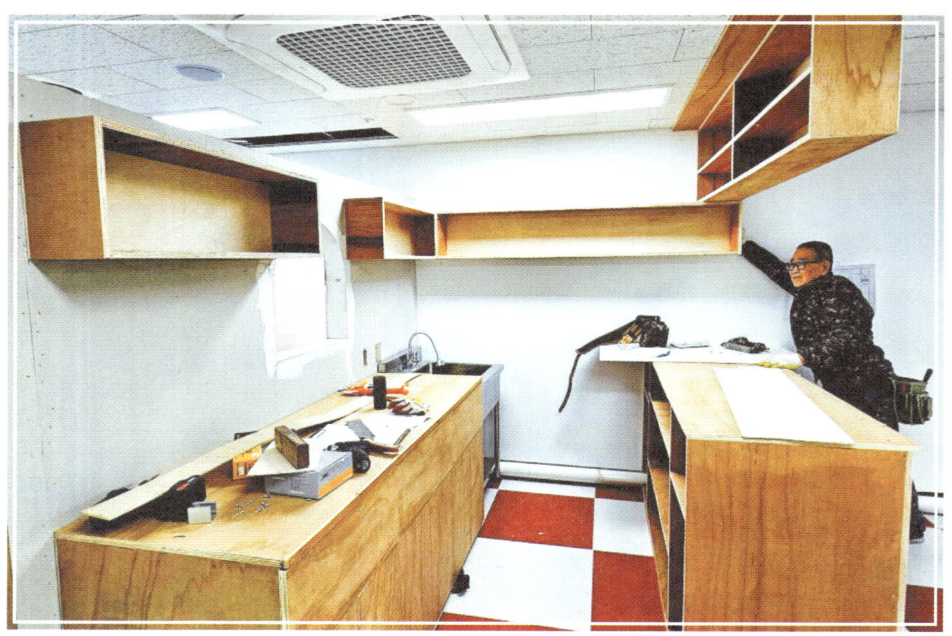

을 찍어 주인장 부부에게 보내드리며 체크를 했다. 작업실에서 제작해온 집기를 위치로 옮겨 놓았더니 모든 일이 다 이루어진 듯 보인다. 하지만 여기까지가 작업의 딱 절반 정도다.

천장과 벽뿐만 아니라 제작한 집기도 도색 및 타일 마감을 해야 하기 때문이고 전기공사도 해야 하기 때문이다. 작업대와 싱크대 상부에 기역자 형태로 통 선반을 제작해 설치하니 완벽한 하나의 공간이 탄생했다.

20여 년간 카페 인테리어를 하면서 이번만큼 다양한 색상을 적용해 보긴 처음이다. 벽과 천장 집기들의 컬러까지 합치면 모두 아홉 가지 컬러가 연출되었다. 일반적으로 카페를 디자인할 때 세 종류에서 네 종류를 넘지 않는 게 상식이기 때문에 이의 두 배를 사용한 것이다.

이렇듯 다양한 컬러를 사용할 경우 마감자재의 비용도 증가하고 작업 속도도 두 배로 늘어나게 된다. 컬러가 바뀔 때마다 도구를 바꾸고 보양을 하고 테이핑을 해야 하기 때문이다. 홀 천장과 일부 벽은 그린으로 칠을 하고 주방과 창고 천장은 수성페인트 핑크색을 칠했는데 합판으로 제작한 주방과 창고의 문짝도 에나멜페인트 핑크색 마감을 했다. 주인장은 단순히 같은 색으로 칠해 달라고 했지만 문짝의 경우는 손때가 덜 타는 유성페인트로 마감을 해야 한다.

테이블을 장식한 모자이크 타일도 색상이 화려하다. 컬러를 필자 혼자 선택했더라면 이렇듯 과감하게 시도하지는 못했을 듯하다. 주인장은 거주하는 아파트 실내 사진을 보여 주는데 역시 파스텔톤으로 방마다 색이 다른 도배를 했고 주방의 싱크대 또한 전혀 다른 그린 컬러를 적용했다. 인테리어 업자가 안된다고 하는 것을 우기고 우겨서 한 것이라고 한다. 도색 작업이 마무리될 무렵 전기 작업이 병행되었다. 10개가 넘는 콘센트가 신설되었고 그리들과 인덕션용 고압 전선이 추가 설치되었다.

이번 멕시코 샌드위치 인테리어 작업은 가게 주인 부부가 직접 디자인을 하고 설계를 한 후에 다른 인테리어 업자에게 맡겼다가 문제가 생겨서 계약 해지를 하고 우리 팀이 작업을 넘겨받아 진행했다. 게다가 주방기기가 들어와야 하는 촉박한 일정에서 진행하다 보니 다소 무리가 따랐다. 하지만 협력업체들의 순발력 있는 대응으로 계획했던 일정에 맞춰 작업이 종료되었다. 잘못 설계된 공간의 조성에 대해서도 주인장 부부와 의사소통이 잘 되어서 비용은 절감하면서 좀 더 효율적인 공간을 구성할 수 있게 된 점도 큰 보람이다.

인테리어는 특히 카페 인테리어는 주인들이 완성한다. 요구하는 선반 등의 수납공간을 만들고 색을 칠하고 조명을 달고 백날 해봐야 모두 비어있는 공간이다. 각종 장비와 제품과 인테리어 소품들이 빈 곳에 들어찼을 때 비로소 인테리어는 완성된다. 그전까지 인테리어 업자가 할 일은 주인장이 무엇을 원하는지, 무엇을 하고 싶은지 그것을 알아채는 일이다.

멕시코풍, 스페인풍의 컬러를 요구하고 요청해서 온통 울긋불긋하게 작업했지만, 거기에 더해 주인장이 채워 넣은 화려함은 상상을 뛰어넘는다. 덕분에 필자도 그동안 갇혀있던 컬러에 대한 규정에서 벗어날 수 있었다. 탱고와 마초, 카우보이와 그와 이어지는 이미지로 가득 찬 공간. 오픈 후 한달 이지나 타일 한 장이 깨졌다며 보수를 부탁해 와서 타일 교체작업을 끝내고 나니 맛을 보라며 닭고기 샌드위치를 잘라 주는데 닭 한 마리가 가득 들어있는 느낌이다.

멕시코 전통 샌드위치 전문점 〈소깔로〉가 오픈을 한 지 26년 2월 현재 1년이 되어간다. 용인시 수지의 비교적 외진 곳에 위치하지만 주차를 하기에는 편하다. 남미 여행을 추억하고 싶거나 멕시코 음식이 그리운 사람들에게 꼭 가 보라고 권한다. 멕시코 교민 생활 30년을 하다가 결혼을 하면서 국내에 정착한 주인장이 멕시코 음식이 그리워서 여기저기 찾아다녀 봤지만 멕시코에서 먹던 그 맛을 국내에서는 찾을 수가 없어서 직접 만들어 먹다가 가게까지 차리게 되었다.

정부 창업지원금 받은 청년

정선 사북의 아이스크림 카페 〈정선담아〉

전라남도 장성에서 농촌 체류형 쉼터 건설 작업이 한창 진행 중일 때, 강원도 정선의 사북에 아이스크림 카페 창업을 준비 중이라는 젊은 예비창업자의 연락을 받았다. 청년의 거주지는 서울이었고 회사원인데 취업을 하기 전부터 창업을 고민했다고 한다.

그러다 지자체들의 각종 지원 사업. 특히 청년들을 위한 전국적으로 실시되고 있는 전통시장의 청년몰에 관심을 갖고 부모님이 은퇴 후 귀촌해 자리 잡고 있는 영월과 가까운 정선군의 사북읍 사북 전통시장 내에 있는 청년몰 상가를 임대한 것이다. 예비창업자는 정부가 시행하는 창업비 지원 공모전에 사업계획서와 기획안을 제출했고 거기에 당선되어 약 1천5백만 원가량을 지원받게 되었다.

사북읍은 정선 카지노와 하이원 리조트가 있는 강원도의 대표적인 관광지다. 주말 및 휴가철, 계절별 여행자가 많이 찾아오는 곳이라 비교적 상권이 잘 형성된 곳이다. 하지만 강원도의 지역적 특성상 타 지역에 비하면 겨울이 더 길다는 측면에서 보면 아이스크림 가게는 맞지 않는 상품이다. 그런 지역적, 계절적 단점을 극복할 아이디어를 갖고 젊은 예비 창업자는 사업 준비를 시작했고 그를 도와 인테리어 작업을 시행했다.

손님이 앉는 홀은 만들지 않기로 했다. 다만 기다리는 시간 동안 앉을 수 있는 벤치를 창가에 배치할 예정이다. 상가는 삼각형 형태인데 돌출 기둥이 많아 정작 활용 가능한 공간은 면적의 절반 정도에 불과했다. 게다가 상수도와 하수도의 위치가 확인되지 않는 난감한 상태였다. 상수도는 5m 높이의 천장에서 발견했고 매립된 하수구는 도면의 위치에 있지 않았다. 수소문 끝에 5년 전 바닥 데코타일 시공 전의 사진을 전 가게 주인으로부터 제공받아 어렵게 위치를 찾아 연결했다. 하지만 난관은 여기서 끝

나지 않았다.

바닥 데코타일은 재활용하기로 하고 전체 공정의 70%가량 되는 목공 작업을 서둘렀다. 약 7평가량 되는 좁은 공간에 별도의 창고가 없어서 수납공간을 최대한 많이 만들기로 했다. 싱크대와 조리대, 냉장고 등이 들어서는 곳의 상부에 꽉 차게 수납장을 제작해 설치한 것이다. 전기 분전반이 있는 우측의 삼각 꼭짓점 부분에 기둥을 중심으로 좌우의 깊은 곳도 수납장을 만들어 끼워 넣고 기둥을 합판으로 감싸서 수납장과 기둥을 일체화시켰더니 복잡한 구조가 정리되면서 유용한 공간으로 탈바꿈했다.

어렵게 매립된 하수구를 찾아 배관을 하고 물을 흘리니 얼마 후에 배수구에서 물이 넘쳤다. 오랫동안 사용하지 않아서 외부의 배관과 연결되는 곳에서 막힌 것으로 내시경 검사를 통해 확인을 했지만 막

힌 곳을 뚫지는 못해 난관에 봉착했다. 배관을 새로 하려면 4~5백만 원가량 든다는 설비업자의 예상 견적이 나왔다. 난감해 하는 예비창업자에게 문제를 해결하는 데 시간은 걸리겠지만 걱정하지 말라고 했다.

사북 전통시장 청년몰 건물은 정선군청 소유이다. 다음 날 하수구 내시경 동영상과 장비로 뚫는 작업을 시도한 사진 자료를 들고 예비창업자를 동반하여 정선 군청을 찾아가 문제를 해결해 줄 것을 요청했다. 한 번도 사·용하지 않은 하수구가 막힌 것은 건물주가 해결해 줘야 할 책임이 있다고 주장했다.

다행히 다음 날 군청의 담당 직원이 현장을 방문하고 자세한 설명을 들은 뒤에 보고서를 제출하기로 했다. 그리고 인테리어 작업을 끝내고 귀가한 지 대략 일주일 후에 새로운 하수도 배관 공사가 진행되었고 비용은 군청이 지불했다는 연락이 왔다. 얼마인지는 묻지 않았지만 예상 견적보다는 많았을 것으로 추정된다.

하수구 문제가 해결되지 않은 상태에서 인테리어 작업은 완료되었고 아이스크림 장비와 냉장고, 쇼케이스 등이 설치되는 과정을 지켜보고 사북 현지에서 철수를 했다. 아이스크림 기계는 중형과 대형 두 대가 설치되었는데 스탠드형의 대형은 무게가 30kg이 넘는 대형 인버터가 별도로 설치되어야 하는데 사전에 자료가 제공되지 않아 난감했다. 다행히 상부 수납장이 매우 튼튼하게 설치되어 상부장 위에 올리는 것으로 해결을 했다. 무거운 인버터가 있는 것을 미리 알았더라면 보이지 않는 곳에 설치하도록 공간을 마련할 수 있었는데 하는 아쉬움이 있다.

정선군 사북읍 사북 전통시장 청년몰 아이스크림 카페 〈정선담아〉 인테리어 작업을 준비하면서 예비 창업자와는 다섯 번쯤 미팅을 했다. 청년은 정부가 시행하는 청년 창업자를 위한 지원 사업비 신청 공모에 지원을 하면서 사업 기획안과 사업계획서를 작성한 경험이 있어서 준비가 제법 꼼꼼했다.

하지만 인테리어나 공간 구성에 관해서는 기획안에 없었는지 아이디어를 전혀 제시하지 못해 난감했다. 때문에 결국 "알아서 해 주세요"가 되어버려서 작업을 맡아 하는 게 옳은 것인지 고민을 했다. 알아서 해 달라는 고객치고 나중에 뒷말 없는 사람을 못 봤고 그로 인해 정신적, 경제적 고통을 당한 적이 있기 때문이다. 심지어 작업 과정에서 몇 번이고 확인하고 만들어낸 결과물을 놓고도 페인트 같은 마감 작업이 끝난 한참 후에야 "제가 원하는 건 이게 아닌데요"라고 하기도 한다.

그런데 이번 경우는 좀 다르다는 판단이 섰고 작업이 끝난 후에는 100% 만족한다는 답을 들었다. 100%가 어디 있겠냐마는 젊은 예비창업자는 흡족해했다.

독일 방식으로 하자고? 아니! 여긴 한국이야!

독일인 빵집 〈레커레커〉

〈독일 사람과 같기하는 반 셀프 인테리어〉

2024년 12월 21일부터 시작된 은평구의 한 독일 빵집 공사는 길고 긴 겨울보다 더 길게 또는 더디게 진행되었다. 12월 21일 아침 6시 50분에 도착한 불광천에는 느닷없는 폭설이 내렸다.

중식당이었던 공간의 주방 쪽은 원상복구를 한다며 철거를 했고, 출입구가 있는 홀 쪽은 원래 모습 그대로 두고 당근마켓을 통해 미리 구입해 둔 장비와 가구들이 자리를 잡고 있다. 노출 콘크리트 또는 유럽 미장을 하기로 했던 벽을 먼저 보수하고 상하수도 배관 작업을 했다. 독일인 남편은 배수관이 벽을 따라 노출되더도 된다고 했지만 철거된 바닥에는 배관이 있었던 자리에 홈이 있고 이 홈을 조금만 더 파면 배관을 노출시키지 않고 원하는 자리까지 연장시킬 수 있어 바닥에 매립 배관을 했다. 독일 사람은 바닥 배관을 하면 일이 복잡하기 때문에 비용이 더 나올 것으로 추측했던 듯하다. 시간이 더 걸리기에 비용은 더 발생하겠지만 좁은 공간에서 벽을 따라 노출되는 배관은 의외로 많은 공간을 잠식하고 미관상으로나 위생적으로나 좋을 리가 없다.

현장에서 가까운 곳에 사는 전기기사를 새로이 영입했다. 아직 20대인 전기기사는 일손이 더디기는 하지만 무척 꼼꼼했고 성실했으며 원칙주의자다. 다르게 말하면 융통성이 부족하고 현장 여건에 따른 순발력이 좀 더 갖춰져야 하는 초보다. 그런데 대반전이 있었다. 통역하는 전기기사가 나타난 것이다. 한국말을 못 하는 독일인 빵집 주인과 소통을 할 때는 한국인 부인인 신영 씨가 통역을 하게 되는데 신영 씨가 자리에 없을 때는 전기기사가 유창한 영어로 필자의 말을 통역했다. 무역회사를 몇 년 다니다 비전이 없어 보여 퇴사하고 부친의 평생 직업인 전기 일을 배우고 자격증을 획득했고 한다. 전 직

장의 주특기인 영어가 노가다 현장에서 유용하게 쓰이게 된 것이다.

오래된 주택, 반지하의 내벽들을 철거하고 H빔으로 구조보강을 해 상가로 만들어진 공간이라 곳곳에 기둥이 있고 천장의 모서리를 따라서 빙 둘러 H빔이 들보 역할을 하고 있다. 천장이 높고 공간이 넓다면 빔을 과감히 노출하겠지만 모양도 보기에 좋지 않은 데다가 무수한 전선들이 오가고 있어서 MDF 합판으로 감싸고 전선 결선 지점에 점검구를 설치했다.

전기, 상하수도 등의 기초 작업을 한 후에 바닥 타일을 하기로 했다. 독일 빵집 주인장 메티는 바닥 타일공사가 끝난 후에 칸막이 공사가 진행되길 원했다. 주방 쪽은 가벽을 쌓아 막을 예정인데 주방이나 홀 바닥이 일체화되고 그 위에 가벽이 들어서길 원했다. 그 이유는 혹여나 나중에 주방을 확장할 수도

있는데 가벽 하부가 타일에 묻혀 버리면 확장 작업을 할 때 공정이 복잡해질 것이라는 생각이었다. 그의 말은 맞는 말이다.

철거와 상하수도 배관 작업, 벽 보수작업이 완료되고 타일 공사를 했다. 바닥의 절반 정도에 기존 타일이 붙어있었고 주방이었던 곳과 일부 들뜬 곳에만 시공하면 되는데 다행히 동일한 타일을 구할 수 있었다.

독일 빵집 〈레커 레커〉의 인테리어 작업은 반 셀프 형태로 진행하기로 했다. 설계와 기본 디자인을 남편 메티가 하고 이를 현장에 맞게 수정 보완해서 작업을 하기로 한 것. 공사도 기본 골조, 가벽, 전기, 상하수도, 바닥 타일 작업은 우리가 하고 유럽 미장 일부와 페인트 작업은 메티와 신영 씨 두 부부가 하기로 했다. 그런데 재미있는 것은 독일인 메티가 계약서 작성을 요구한 것이다. 일반적으로 반 셀프 공사를 할 때는 계약서 같은 요식 행위를 생략한다. 메티는 계약서에 도장을 찍기 위해 일부러 도장까지 파는 등 치밀한 준비를 했다. 계약서에는 상가를 공동 소유하고 있는 부부가 같이 공동 명의로 계약을 해야 한다고 해서 갑이 두 사람이고 을이 한 사람이다.

반 셀프 인테리어라는 것이 소비자의 입장에서는 경제적일 수 있지만 인테리어 업자의 입장에서는 생각보다 많이 번거롭고 귀찮은 작업이 될 수 있다. 소비자가 현장에 상존하면서 작업하는 과정 하나하나를 살피며 그때그때 수정을 요구하게 되면 작업의 효율이 급격히 떨어지게 되기 때문이다. 당연히 이는 비용으로 연결되고 이를 소비자나 업자가 부담해야 한다. 반 셀프 공사로 비용을 줄이려던 것이 도리어 역효과를 볼 수도 있다는 것이다. 이를 방지하기 위해서는 사전 설계 작업의 완성도 및 소비자와 인테리어 업자 간으 의견 조율이 매우 중요하다.

이런 문제점이 발생할 수 있다는 것을 알면서도 의사소통도 잘되지 않는 독일인과 반 셀프 인테리어 공사 계약을 한 것은 순전히 유럽 사람, 독일인과의 협업에 대한 호기심과 그로 인해 필자가 배울 수 있는 것이 많을 것이라는 기대감 때문이었다.

독일 사람 메티가 요구하는 인테리어의 수준은 그렇게 화려하거나 고급진 것은 아니었다. 주방과 홀이 분리가 되었으면 했고, 홀에서는 주방이 들여다보이지 않지만 주방에서는 홀을 쉽게 관찰할 수 있었으면 했다. 창문과 출입문을 목재 질감으로 바꿨으면 했고 조명도 딱히 비싼 것을 원하지 않았다. 다만, 요소요소에 대한 다이디어가 너무 많아서 작업시간이 예상보다 길어졌다. 창틀과 문틀을 합판으로 감쌌다. 페인트 마근은 부부가 셀프로 한다.

주방 안쪽에서는 철거해 두었던 후드를 개조하여 식기세척기용 후드를 설치하고 타일 공사가 끝나고 양생이 된 후에 본격즌인 칸막이 작업이 시작되었다. 가벽 칸막이가 설치되기 시작하면 공간은 급속히 좁아지며, 때문에 작업을 하는 데 어려움이 따른다. 특히 길거나 넓은 큰 자재를 이용해야 하는 작업이 있다면 칸막이 작업 이전에 하고 작업 순서상 그게 되지 않는다면 미리 자재를 절단하거나 재단,

가공해 두는 것이 좋다. 칸막이 작업에 앞서 창문과 후드 작업을 먼저 한 것도 같은 이유에서다.

독일 빵집 〈레커레커〉 인테리어 디자인의 포인트는 가벽의 루버다. 홀의 한쪽을 기역자 형태로 가벽을 쳐서 주방 공간을 구분하는데 완전히 밀폐된 느낌보다는 답답하지 않을 정도의 개방된 느낌을 원했다. 메티와 필자가 합의한 아이템이 루버 창이었다. 홀 우측 안쪽은 골방 같은 느낌이 드는 좁은 통로를 지나게 되는데 좁은 통로에 커튼을 치면 독립된 공간이 되기도 한다. 바로 그 독립된 공간과 주방을 연결하는 창을 루버와 다이아몬드 철망으로 만들었다.

루버 창은 나왕각재를 주로 사용한다. 간혹 미송각재를 사용하기도 하는데 미송 다루끼는 습도에 따라서 틀어짐 현상이 발생하기 때문에 가격이 세 배 이상 비싼 나왕 각재가 루버 자재로 선택된다.

카운터와 빵 진열장이 위치할 출입구 정면을 바라보는 주방 출입구 옆 창은 바닥에서 천장까지 높게 루버 창을 설치했고 안쪽 골방 같은 홀 쪽 창은 앉은 사람 눈높이에 맞췄는데 주방에서 보면 작업대 위의 적당한 높이가 되어서 주방의 어수선한 곳에 고객의 시선이 미치지 않도록 한 위치이다.

메티는 이 창을 5등분 하여 세 개는 루버를, 두 개는 메탈 다이아몬드 펜스로 만들어 주길 바랐다. 음식을 연구하는 사람들은 대부분 미적 감각과 공간 감각이 뛰어난 편인데 메티도 그러한 듯하다. 폭이 2m가량 되는 창을 모두 루버로만 처리한다면 이 또한 단조롭고 답답한 느낌이 들 수 있는데 전혀 다른 패턴의 다이아몬드 철망을 두 칸 배치함으로써 단조로움을 깨면서 다소 역동적인 변화를 줄 수 있다. 다이아몬드 철망을 구하려면 전문 상가에 가야 하는 번거로움이 있지만 흔쾌히 Meti OK. 영등포 공구상가로 달려가 메티가 원하는 철망을 구입해 설치했다. 가벽을 세우고 루버 창을 만드는 사이에 메티와 신영 씨 쿠부는 유럽 미장을 마무리하고 가벽의 페인트칠을 위해 테이핑 작업을 했다. 페인트 마감을 셀프로 하기로 했기 때문에 벽 보수를 하면서 유럽 미장 또는 빈티지 미장 작업의 요령을 알려 주었다.

재료를 구입할 대도 같이 페인트 가게에 가서 컬러 및 샘플을 확인하고 주문을 했다. 빈티지 미장 재료는 페인트 가게에서 파는데 대부분의 페인트 가게가 샘플만을 가지고 있기 때문에 주문을 하면 하

루나 이틀 후에 제품을 찾을 수 있다.

부부가 두 분 다 꼼꼼하고 열성적으로 일을 즐기는 편이어서 다행이란 생각이 들었다. 신영 씨는 독일 스타일 메티와 한국 스타일의 중간에서 의견 조율을 하느라 몸살이 나기는 했지만… 셀프 작업을 희망했던 많은 분들이 폼만 잡고 포기했었다.

주방 출입구 쪽 루버 창은 탈부착이 가능하도록 철물로 고정을 했는데 인테리어 공사가 끝나고 난 후에 데크 오븐이나 냉장고 같은 덩치 큰 장비들이 들어와야 하는데 출입구 폭이 좁은 편이다. 때문에 루버 창을 탈착하여 기기를 원활하게 반입을 할 수 있도록 하기 위해서다. 메티의 아이디어가 또 빛나는 요소다.

주방 안에서 보는 가벽 풍경은 양쪽의 고정 창으로 인해 답답함이 전혀 느껴지지 않는다. 주인장 부부는 주방 안에서 작업을 하면서도 고객이 머무는 공간과 출입하는 동선을 편하게 확인할 수 있다.

베이커리 카페는 전기 공사도 매우 복잡하다. 주방에 많은 장비가 필요하기 때문에 전기 용량에 따른 단독 배선이 필요하고 홀과 주방, 진열장과 POS 테이블 등에도 조명과 전열 등이 별도로 진행되어야 하기 때문이다. 조만간 전기기사가 다시 등장해서 배관 배선 작업을 마무리해야 하는데 메티는 이때까지만 해도 조경 설계에 관한 구체적 확신을 하지 못하고 있었다. 인테리어 작업이라는 것이 설계하고 디자인하고 시공하면 되는 단순한 것 같지만 막상 시작하고 보면 클라이언트와 의견 충돌이 많다. 이는 모든 것이 머릿속 이미지와 메모지에서 출발하여 공간이라는 3차원적인 곳에 형태적인 존재물로 만들어 내는 작업이기 때문이다. 이에 대한 사전 경험이 없는 사람들은 머릿속 이미지와 만들어지는 사물을 마주하며 느끼는 것을 전문가인 우리와는 많이 다르다. 그래서 사전에 끊임없이 논의하고 확인하는 작업이 필요하고 작업 과정에서도 중간중간 확인하고 협의하는 과정이 필요하다.

하루를 쉬고 25년 1월 1일부터 이틀간 페인트 현장 강습을 했다. 페인트 작업을 메티와 신영 씨 부부가 하기로 했지만 페인트와 시너의 혼합 비율, 붓과 롤러의 사용법, 작업의 순서 등을 알려 주는 것이 실패와 반복의 횟수를 줄일 수 있을 것이라 생각했다.

독일인 메티가 셀프로 하고 싶었던 것은 페인트 말고도 POS 테이블 제작과 빵 진열장 제작, 그리고 조명의 배치였다. POS 테이블은 직접 제작할 예정이고 빵 진열장은 주문 제작할 예정이라고 했다. 조명 설치를 위해 전기기사가 다시 투입된 것은 해가 바뀐 25년 1월 1일이다.

새로 만들어진 벽에 콘센트를 달고 메티가 추가 구상한 전선도 추가 배선을 해야 했다. 전기 공사도 원래 이미 끝내야 했으나 독일인 메티의 생각이 정리되지 않은 데다 추가되는 것이 많아서 3일 정도 더 진행 되었다.

창틀의 컬러에 대한 결정도 마지막까지 보류되었다. 처음 생각한 이미지는 밝은색이었지만 메티는 시간이 흐르면서 고향의 파스텔톤을 떠올리는 듯했는데 결국은 다크한 갈색 오일 스테인을 선택했다. 외부에 결정된 컬러는 나중에 내부의 컬러에도 영향을 미치고 조명을 선택하는 데도 영향을 미치게 된다.

자기주장이 강한 남편 메티(독일식이라고 말한다)는 생각을 많이, 오래 하고 그 생각을 말로 표현을 하는데, 말이 없는 부인 신영 씨는 듣기만 하고 행동하는 행동파다. 때문에 부부가 같이 찍힌 사진을 보면 신영 씨는 뭔가 도구를 들고 작업을 하고 있고 메티는 가만히 서서 뭔가를 구상하고 있다.

인테리어 작업을 하다 보면 벽과 쪼가리 합판은 도화지나 메모장이 된다. 반짝 생각나는 아이디어를 적기도 하고 현장에서 만들 가벽이나 집기의 설계도를 그리기도 한다. 전기기사도 목수도 벽에 많은 것을 그리고 메모하는데 페인트공이 나타나면 모두 지워지기 마련이다.

늘 장소가 바뀌는 인테리어란 직업은 여행과 같아서 마음먹기에 따라서는 즐길 수 있는 요소가 의외로 많다. 그중 하나가 음식인데 이번 작업을 하는 장소의 도보 거리 안에 유명한 감자탕 골목, 순댓국집, 설렁탕집, 칼국숫집, 백반집 등이 두루 포진되어 있어서 매일매일 맛집 순례를 하는 기분이었다.

북가좌동에는 오랜 단골 목재소가 있다. 아들이 대를 잇고 있는 〈중앙 목재소〉인데 메티가 POS 테이블을 직접 만들어 보고 싶다고 해서 직접 데리고 가서 소개를 했다. 목공 기계가 전혀 없는 메티가 합판을 켜고 자르그 조립하는 일을 하는 데는 다소 무리가 있다고 판단했기 때문이다. 〈중앙 목재소〉는 소정의 비용을 받고 합판을 재단해 주는데 도면을 대충 그려 가도 설명을 듣고 적당한 크기로 재단을 해 준다.

2025년 1월 2일, 메티에게 〈중앙 목재소〉를 소개하면서 필자의 마지막 임무를 끝냈고 오픈을 하면 연락을 달라고 신영 씨에게 신신당부를 하고 다른 일정 속으로 떠났다.

수유리 맛집 강남 진출기
일본 라멘 전문점 〈U라멘〉

강남역과 신논현역 사이에 일본 라멘집 〈U라멘〉.

25년 5월부터 7월 말까지 최종 디자인이 결정되는 2개월 동안 8차에 걸쳐 진행된 콘셉트 미팅 결과는 수집한 사진들과는 다소 다른 모습으로 탄생되었지만 사진들이 역설적, 또는 역발상의 계기가 되었다는 점에서 자료 사진의 주인인 인테리어 디자이너분들과 사진을 인터넷에 올려 준 모든 분들에게 감사드린다. 모든 결과는 배우고 또 배우는 과정에서 나온다.

강남의 〈U라멘〉의 탄생은 강북의 수유리에 있는 10평 남짓한 〈수유라멘〉에서 시작된다. 대략 5년 전에 탄생한 〈수유라멘〉은 빠른 속도로 수유리 맛집으로 등극했고 3년 후에 선릉역 인근에 수유라멘 2호점 격인 〈코지라멘〉을 탄생시킨다. 〈수유라멘〉의 메뉴와 레시피, 그리고 운영 철학과 매뉴얼을 그대로 반영한 〈코지라멘〉도 짧은 시간에 자리를 잡고 선릉역 맛집으로 등극했다. 하지만 상호도 다르고 대표도 달라 진정한 〈수유라멘〉 2호점이라고 할 수는 없다.

〈수유라멘〉의 창업자 이희철 대표는 〈코지라멘〉의 성공을 바탕으로 본격적인 사업을 구상했고 이를 실현할 베이스캠프로 〈U라멘〉을 구상했다. 〈수유라멘〉과 〈코지라멘〉을 창업하면서 이희철 대표님이 가장 큰 어려움으로 느낀 것이 인테리어 작업 과정이었다고 한다. 그래서 다양한 인테리어 업체를 조사하고 최종적으로 3곳을 섭외하고 미팅을 한 후에 견적을 받고 디자인 협의를 했다. 이희철 대표의 인테리어 업체 선정 기준은 짐작하건대 첫 번째가 본인이 구상하는 사업에 대한 이해도, 두 번째는 디자인과 설계 및 작업에 대한 집중력과 지속성(체인점 운영에 대한 파트너십까지), 세 번째가 비용 대비 효율(가성비).

상담은 대략 3개월에 걸쳐 진행되었고 그 기간 동안 〈수유라멘〉을 세 번 방문하고 강남의 신규점 오픈 예정지 두 곳을 사전 방문을 해서 상권분석 및 입지 분석을 하고 사업의 타당성을 분석한 후에 지금의 자리를 계약하는 데 도움을 드렸다. 계약한 상가의 도면을 그리고 견적서를 제출한 업체가 우리를 포함해서 세 곳이었는데 건축자재를 생산하는 큰 업체와 작은 인테리어 업체, 그리고 매우 소규모의 별동부대 같은 인테리어 업체인 우리 팀. 최종 견적서 제출하고 선정되기까지 모두 8차례의 미팅이 있었는데 다른 업체는 2~3회에 그친 것으로 나중에 알았다. 이희철 대표는 처음부터 우리 팀과 작업할 것을 염두게 두고 있었다고 한다.

기존에 운영하던 매장이 있다는 것은 신규 매장을 디자인하고 설계하는 데 도움이 되기도 하지만 부담이 되기도 한다. 더 저렴하면서 더 나은 결과를 도출해 내야 하기 때문이다. 물론 계약자를 설득해 더 많은 비용을 들여 훨씬 더 좋은 결과를 얻는 방법도 있지만, 현실은 디자인도 미니멀을 추구하고 비용도 미니멀을 추구하는 시대다.

인테리어 작업을 시작하기 전의 빈 상가는 전에 대만 음식 전문점이었으나 폐업을 하고 원상복구를 한 상태에서 건물주가 외부에 무슨 작업을 한다며 장비와 자재를 방치하고 있었다. 창과 문은 그대로 활용을 하면서 문 손잡이를 바꾸고 컬러를 변경하기로 했다. 주방의 배관과 벽과 바닥 타일을 모두 철거한 상태였는데 모르타르를 채우지 않고 방수층이 남아 있어서 비용이 다소 절감되었다.

인테리어 작업은 대부분 덜어 내는 것에서부터 시작된다. 전 상가 주인이 원상복구를 하면서 철거를 했다고는 하지만 새롭게 인테리어를 하려고 보면 미진한 부분이 많다. 특히 주방은 그전 업체와 같은 음식점이라 하더라도 메뉴가 다르면 주방기기 및 설비의 위치가 달라서 상하수도 배관 및 전기의 배선이 전혀 다르게 설계된다.

현장에 장비와 자재를 반입하면서 부분적인 철거를 시작했다. 철거는 불필요한 돌출된 부위를 헐어 내고 변경될 전기의 배선 배관과 상하수도 배관 그리고 새로 설치될 배관을 위한 홈파기 등이다.

우리 팀의 장비는 대부분 여행용 가방에 담겨 운반되는데 가방마다 각 공종별 공구와 도구 및 부품, 소모품이 들어있다. 가령 전기 관련 가방, 상하수도 설비 가방, 페인트 관련, 앵글 그라인더와 소모품 등의 형식으로 분류해 놓았다. 또 수공구는 별도의 공구가방이 있다.

주방의 벽에는 10개 이상의 상수도 배관이 필요해서 모두 홈파기를 했고 원상복구 시 벽타일을 철거하면서 너무 대충 했던 터라 벽면 고르기를 모두 다시 해야 했다. 그렇지 않으면 벽타일 시공에 불편함이 많다. 철거와 타공 후에 청소를 하고 손상된 방수층을 보수한다. 사실 이 작업은 아래 방수시트가 있어서 하지 않아도 되었지만 방수는 지나치다 싶을 만큼 하는 것이 좋다는 것이 우리 팀의 생각이다.

음식점을 운영하는 사장님들 중 대부분이 주방 바닥의 누수로 고민을 하고 적지 않은 비용을 지출한 경험이 있다. 수유라멘 역시 누수 문제로 고역을 치른 터라 이희철 대표님 또한 누차 방수에 관해 이야기하시기도 했다. 그리고 이 작업을 한 후에 방수 시트를 추가 시공하게 되는데 이때 시트의 들뜸 현상을 방지하기 위한 목적도 있다.

홀 바닥과 주방의 벽과 바닥은 타일을 시공할 계획이다. 벽과 창호의 섀시 도색을 서둘렀다. 타일을 시공한 후에 도색을 하게 되면 모든 곳을 보양을 해야 한다. 시간과 비용 면에서 매우 불리해진다. 천장은 노출 천장으로 콘크리트의 면과 색이 좋아서 도색을 하지 않기로 했다. 벽과 섀시의 색을 바꾸고 나니 조명을 설치하지 않았는데도 실내가 훤하게 느껴진다. 주방은 바닥을 보수하고 난 후에 아스팔트 프라이머를 도포하고 그 위에 방수 시트를 시공했다. 기존의 방수층 위에 다시 방수층을 만들어 만에 하나에 대비한 것이다.

주방은 육수를 끓이는 별도의 공간을 만들기로 했다. 때문에 방수 공사를 하고 칸막이 공사 및 상하수도 배관 및 주방의 콘센트와 전등 스위치 등, 벽에 들어갈 전선관 배관 작업을 먼저 했다. 상하수도 배관 작업을 할 따, 특히 배수관은 구배(경사)를 잘 맞추어야 하수의 역류를 방지하고 하수구 막힘 현상을 최소화할 수 있다. 그런데 설비업자는 배관하고 구배를 잡을 때 배관 아래 벽돌 같은 것으로 고여 구배를 주는데, 타일을 시공하다 보면 자칫 벽돌이 빠지거나 비틀어지는 일이 종종 발생한다. 그래서 우리 팀은 벽돌로 고이고 꼭 모르타르를 반죽하여 고정을 시켜 놓는다. 그리고 타일 작업을 할 때도 사모래 작업을 할 때 꼭 방수액을 혼합하여 작업하도록 하고 있다. 방수액이 들어가면 시멘트의 강도와 밀도가 두 배 이상 강해진다.

1차 도색을 하고 방수공사와 배관 공사가 끝나고, 주방의 칸막이 작업까지 끝나자 타일 작업팀이 투입되었다. 5년 전까지만 해도 타일러들의 평균 연령이 60세가 넘었다. 하지만 요즘은 원로 타일러들이 거의 사라지고 30~40대의 젊은 청년 타일러들이 현장을 누빈다. 그런데 아쉬운 점이 많다. 2~3년의 경력으로 정식 기공 행세를 하지만 일의 마무리는 과거의 조공 수준에 머물러있는 경우가 많다.

주방의 벽과 바닥, 홀의 바닥에 타일이 시공되고 나니 공간이 더 넓어진 느낌이다. 건축에서 마감은 이렇듯 공간을 정리하고 안정화시키는 데 필수적 요건이다. 주방과 홀 사이에 벽돌 한 장 높이의 방수

턱을 만들었다. 사람은 넘나들기 편하지만 주방의 물은 넘어오기 힘든 그런 높이다.

상하수도 배관 주변을 보면 뭔가 마감이 덜 된 듯한 느낌이 드는데 이런 부분에서 경력의 차이가 난다. 육수를 끓이는 곰솥에 물을 공급할 수도관의 위치가 너무 낮게 설치되었다는 것을 타일 작업 과정에서 확인이 되었다. 타일 작업을 마무리 짓지 못하고 타일 팀은 빠졌고 배관을 수정한 후에 직접 타일 시공을 했다. 더불어 미흡했던 부분들도 모두 보완작업을 했다.

바 테이블(닷지)를 제작하기 전에 먼저 상부장을 설치한다. 상부장은 의외로 다양한 기능을 가지고 있다. 우선은 잡다한 1회 용품의 수납기능이다. 1회 용품 박스는 대부분 부피가 크지만 무겁지는 않다. 바닥에 놓으면 자리를 많이 차지한다. 따라서 별도의 창고가 없다면 꼭 만들기를 추천한다.

상부장의 장점을 살펴보면 홀과 주방의 공간을 분할해서 정리된, 안정감 있는 느낌을 준다. 주방은 다양한 장비와 후드와 덕트, 선반들로 구성되는데 자칫하면 어수선한 느낌을 줄 수 있다. 상부장은 그런 점을 확실히 커버해 준다. 또한 상부장 자체가 후드의 기능을 한다는 점이다. 주방의 더운 공기가 홀로 넘어오는 것을 상당 부분 막아 준다. 반대로 바 테이블은 차가운 공기의 흐름을 막는다. 이 두 개의 설치물이 주방과 홀의 공조를 구분 짓고 냉난방의 효율을 높일 뿐만 아니라 주방에서 조리하면서 발생하는 음식 냄새도 차단해 준다. 그렇다고 덕트와 후드를 설치하지 않아도 된다는 것은 아니다. 덕트와 후드의 설치가 전제되는 이야기다.

육수를 끓이는 공간과 메뉴를 조리하는 주방은 칸막이를 하고 행거 도어를 설치했다. 칸막이를 한 가장 큰 이유는 하루 종일 끓고 있는 곰솥의 열기와 수증기를 별도로 관리가 되게 하기 위함이다. 그렇지 않고 오픈이 되면 주방의 직원들은 하루 종일 높은 열기와 습도에 노출되어 피로감이 크기 때문이다.

바 테이블과 상부장의 백골이 완성되자 홀과 주방으로 공간 분할이 완성되었다. 이제 두 공간은 물과 공기의 흐름이 서로 다른 공간이 된다. 냉난방 효율이 극대화되고 에너지 효율 또한 높아진다. 배기와 흡기를 1:1로 맞춰줘야 한다. 여기서 간과해서는 안 되는 지점이 있다. 주방의 후드와 덕트를 통해서 실시간 많은 양의 공기가 외부로 배출이 되는데 만약 배출되는 만큼의 흡기구를 만들지 않으면 강렬한 공조 시스템은 홀의 공기를 끌어오게 되고 홀의 부족한 공기를 채우기 위해 출입문과 창문 틈으로 외부 공기를 빨아들이게 된다. 가끔 음식점에 가면 출입문을 여닫기가 불편하거나 안쪽으로 살짝 밀려 들어간 모습을 볼 수 있는데 주방에 흡기구를 만들지 않아서 발생하는 현상이다. 이렇게 되면 홀은 여름에는 덥고 겨울에는 춥다. 그리고 냉난방 비용은 천장부지가 된다.

바 테이블과 상부장의 전면은 백색 템바 보드로 마감을 하기로 했다. 반면 상부장 하부는 목재의 색감을 살리고 매입 조명을 설치하고 바 테이블의 상판도 목재를 살리면서 따뜻한 느낌을 살리기로 했다. 바 테이블은 주방 쪽에서는 테이블 냉장고와 작업대가 배치되고 나머지 공간은 수납선반이 된다. 그리고 테이블 하부는 타일을 부착해서 물청소를 할 때 합판이 물에 젖지 않도록 한다.

작업이 진행되는 과정 중에도 가게의 주인과는 끊임없는 대화를 한다. 서로 다른 생각이 충돌할 때는 공간을 다시 분석하고 자재를 검토한 후에 합당한 지점을 찾아 방향을 다시 잡는다. 그러다 보면 서로 한 발짝 물러서서 보게 되고 작업의 결과는 만족스러운 지점으로 가게 된다.

실내의 모든 구조물들이 설치되고 난 후에 본격적인 조명 설치작업을 했다. 바 테이블 상부장의 매입 조명은 목공 작업을 하면서 타공을 하고 설치했지만 템바 보드로 장식한 상부의 전면과 바 테이블의 전면에 들어갈 간접등을 설치하고 홀과 주방, 홀 쪽의 음료 작업 공간 등을 별도의 스위치로 구분이 되도록 배선을 했다. 닷지의 조명을 다소 화려하게 구성하는 대신에 홀과 주방 내부의 조명은 조명용 레일을 설치하고 바 타입의 라인 조명으로 단순하게 연출했다.

템바 보드는 매우 저렴하면서도 시공이 간편하고 템바 보드의 패턴이 주는 느낌은 고급스럽거나 세련된 느낌을 준다. 이번에 시공한 템바 보드는 반달형으로 하도(1차 도색)이 되어있는 제품이다. 하도가 된 제품은 백색인데 그 위에 원하는 다른 색 페인트를 도포하면 된다. 백골이라고 해서 하도가 되지 않은 제품이 20~30%가량 저렴한데 자칫하면 도색을 하는데 더 많은 비용이 들고 마감도 지저분하게 나올 우려가 있다. 그리고 필름이 래핑 된 제품이 있는데 원하는 컬러가 래핑 된 템바 보드가 있다면 그것을 선택하는 것이 시공에 효율적이다.

바 테이블과 상부장에 간접 조명 설치 작업을 하는데 〈U라멘〉 대표님의 제의가 들어왔다. 바 테이블에 하나의 단을(하이데스크 또는 잰다이라고도 한다) 더 만들었으면 좋겠다는 것. 다른 라멘집에 가면 양념통과 수저통을 올려놓은 단(하이테스크)이 있는데 처음 닷지를 설계할 때 포함되었던 것인데 대표님의 동료들이 답답한 느낌이 들 것 같다며 만들지 말자는 의견이 강해서 제외되었던 부분이다. 그런데 막상 닷지와 상부장을 만들어 놓고 조명까지 연출하고 보니 답답할 것으로 여겨졌던 공간이 아늑하고 포근하게 느껴졌고 그렇다면 실용성 있는 단을 만드는 당초의 안대로 시공하면 좋겠다는 것이다. 사실 이 단 하나가 주방의 작업자들을 얼마나 편안하게 해 주는지 아는 사람만 안다. 정말 많은 잡다한 것들을 감춰 준다.

실내의 천장 조명은 아주 단순한 직사각을 이룬다. 이는 노출 천장의 콘크리트보와 같은 직사각의 이미지를 반복시킨 것이다. 이런 직사각의 바 타입 라인조명의 이미지는 외부의 처마에도 적용을 시켰다. 외부 처마에는 다이아몬드 패턴의 철망으로 진홍색 페인트로 도색되어 있었다. 우리는 기존 철망에 섀시와 출입문에 칠한 회색으로 도장을 하여 그대로 사용했다. 컬러만 바꿨을 뿐인데도 전혀 다른 느낌을 준다. 조명 작업을 한다는 것은 인테리어 작업이 거의 마무리되어가고 있다는 것이다. 이때쯤이면 주방기구들이 들어와 자리를 잡기 시작한다. 주방이 세팅되는 동안 도색을 마무리하고 추가된 외부의 펜스 설치작업을 해야 한다.

인테리어 작업을 하다 보면 요소요소에 에피소드들이 있고 크고 작은 사건 사고가 있다. 여기에 갑과

을의 관계가 서로의 이익으로 맺어지다 보니 눈에 보이지 않는 충돌이 계속되고, 이를 작업 과정에서 해소하지 않으면 작업의 결과는 상호 불만족으로 인한 불신의 탑이 되고 만다. 불신의 해소는 작업 과정에서 끊임없는 대화로 해소시킬 수 있다.

입간판을 세우고 싶은데 마땅히 의지할 담이나 기둥이 없어서 무릎보다 조금 더 높은 코너 담장을 만들었다. 이동이 가능한 경량이 좋을 듯해서 방수 합판으로 틀을 짠 후에 방수액(아스팔트 프라이머)을 바르고 기존 건물의 외벽에 붙어있는 것과 같은 파벽돌을 붙였다. 제작된 코너 벽은 운반이 용이하도록 여섯 개의 바퀴를 달았고 이 벽과 연결해 각파이프로 제작한 펜스를 설치했다.

인테리어 작업이 끝나고 주방기기들이 들어와 자리를 잡아 빈 공간이 채워지기 시작하자 각각의 공간들이 활력을 찾아간다. 생각해 보면 인테리어는 채우는 것이 아니라 비워서 공간을 만드는 것이고 그림을 완성하는 액자를 만드는 것과 비슷하다는 생각이 든다.

여름을 뜨겁게 달구었던 일본 라멘 전문점 〈U라멘〉 인테리어 작업이 끝나고 오픈을 한 지 3개월 반이 지났다. 영업은 수조롭게 진행이 되고 있고 이미 입소문이 나서 멀리서 손님이 찾아온다. 천편일률적인 일본 라멘집 같은 일본 선술집 같은 그런 분위기를 배제하자던 콘셉트로 진행된 인테리어 디자인은 고객들로부터 카페 같은 분위기라는 평가를 받는다. 하지만 일본 여행을 다녀 온 사람들은 라멘집 같지가 않아 어색하다는 평가가 있었고 아직 일본을 가보지 못한 사람은 일본 라멘을 먹으면서 일본 본토의 분위기를 간접 체험하고 싶은데 아쉽다고 말한다.

오픈 6개월 만이 인테리어를 보완했다. 일명 '쿄토의 추억'이라는 이름으로 일본인들이 비와 햇빛을 가리기 위해 쓰는 삿갓과 역시 비와 햇빛을 가려 주는 일본 전통 건축물의 처마에서 모티브를 가져온 실내 처마를 제작해 설치했다. 그리고 진회색의 모던한 장테이블 두 개를 빼내고 2인용 테이블 일곱 개를 실내 처마 아래 배치를 했다.

오픈 3일째 완판 중입니다.

검단 쌀 베이글 전문점 〈코쿠루베이글〉

쌀 베이글 전문점 부부로부터 오픈했다고 소식이 온 것은 공사가 끝나고 한 달 보름이 지난 11월 10일이었다. 오픈을 하고 3일째 완판 중이라는 소식을 부부는 내게 가장 먼저 전하고 싶었다고 했다. 오픈 소식을 받은 지 두 달이 지나 26년 새해가 된 후에야 인테리어 공사 작업 과정을 블로그에 연재를 시작하면서 〈코쿠루베이글〉 주인장 부부의 따뜻하고 고운 심성부터 공개했다.

인테리어 작업이라는 것이 공간에 아무것도 없거나 또는 덕지덕지한 뭔가로 가득 차 있는 경우가 있다. 작업은 아무것도 없는 경우가 수월하지만 덕지덕지한 경우도 오랜 세월의 흔적을 더듬는 즐거움이 있다.

검단 신도시, 새로 지어진 상가 건물, 준공이 난 지 2년 가까이 되어가는데 1층 상가의 대부분이 비어 있다. 모든 상가가 같은 창과 문, 같은 천장과 바닥이다. 이를 최소비용으로 아름답고 효율적인 공간으로 만드는 일이 인테리어 작업이다. 첫 창업을 하는 예비 창업자들은 예쁜 인테리어가 첫 번째이고 창업에 경험이 있는 사른은 효율적인 공간 구성을 첫 번째로 꼽는다. 우리는 두 가지 모두를 목표로 한다. 단 순서는 효율이 으선이다.

쌀 베이글 예비 창업자 부부 중 남편이 제품을 개발하는 파티시에이고 아내는 현업이 브랜드 디자이너로서 기획과 디자인, 마케팅을 담당한다. 서너 차례 미팅을 통해 브랜드 디자이너인 아내가 사업계획안과 인테리어 설계 도면이자 인테리어 디자인을 완성해 내게 주었다. 기획안에는 외부와 내부의 디자인에 대한 주인장 부부의 생각과 의도를 알 수 있는 자료 사진이 몇 컷 들어 있었고 이 정도면 디자인은 완성되었다고 생각되었다.

조명 배치도와 구매하고자 하는 조명의 예시 사진들도 전기 공사를 사전에 어떻게 해야 하는지 한눈에 알아볼 수 있다. 각종 장비에 대한 제원과 전기 소모량을 표시한 장비 리스트, 인테리어 작업 시작 전에 이런 정보가 모두 제공되는 경우는 드물다. 쌀 베이글 전문점 〈코쿠루베이글〉 주인장 부부는 역할 분담이 확실하고 서로가 맡은 바에 대한 역할에 매우 충실했다. 필자의 블로그와 졸저《작은 가게 인테리어 싸게하기》를 탐독한 결과라며 은근히 졸저를 칭찬한다.

예비 창업자 부부가 준비한 기획안을 토대로 주방을 작업실과 포장 판매 공간으로 구분을 하고 작업실은 가벽을 만들어 독립적인 공간이 되도록 하자고 제안을 했다. 제품을 만드는 남편의 신장이 180cm가 넘어서 작업대와 선반의 높이를 평균치에서 2~3cm 또는 10cm 이상 높게 설정했다. 오븐

이 놓일 곳 상부는 합판으로 후드를 만들고 천장 속에 시로코팬을 설치하여 오븐에서 발생하는 열기를 건물의 공조 덕트에 연결했다.

기존의 획일적인 상가 윈도우는 섀시를 합판으로 감싼 뒤에 통유리에는 각목으로 격자 틀을 만들어 안과 밖에서 고정하여 유럽 스타일의 윈도우를 연출했다. 통상적으로 요식업소의 주방에 있는 후드는 함석이나 스테인리스로 제작된다. 습기와 열기, 유증기에 강한 소재를 선택하는 것이다. 하지만 베이커리는 습기와 유증기는 거의 없고 오븐의 열기만 배출하면 되기 때문에 굳이 비싼 재료를 선택할 필요가 없다. 우리는 카페나 베이커리의 주방에 설치하는 후드는 특별한 요구가 없는 한 목재와 합판으로 현장에서 제작해 설치하여 비용 부담을 절반으로 줄여 준다.

쌀 베이글 전문점 〈코쿠루베이글〉의 작업실 상부에는 오븐과 싱크대가 놓이는 쪽 상부는 합판으로 만든 후드가 설치되었고 나머지 3면은 상부 선반을 만들어 수납공간을 극대화했다. 주인장 부부는 예상하지 못했던 새로 생긴 수납공간에 흡족해하는 모습이다.

카운터는 오쿠머 합판(내수성이 강하고 무늬가 간결하다)으로 제작했는데 기본 디자인은 레트로하지만 백색으로 도장을 함으로써 존재감을 낮추게 된다. 부부가 원한 컬러가 전체적으로 화이트함이라 벽도 가구도 창틀까지 모두 미색이 스치듯 가미된 백색으로 꾸며졌다.

홀의 한쪽 벽면에 붙박이 의자를 현장 제작 설치했는데 하부 앞쪽에 두 짝의 미닫이문을 달아 의자 내부 공간에 수납이 가능하도록 했다. 창가에 놓을 붙박이 테이블은 아카시아 집성목으로 제작한 후에 앤티크 컬러의 스테인으로 착색을 하고 우레탄 바니시로 마감을 했다. 제작한 테이블에도 학교 책상처럼 테이블 상판 아래 선반을 만들어 책이나 소도구 수납이 가능하도록 했다.

브랜드 디자이너인 안주인은 셀프 인테리어를 해 보는 것이 로망이었다. 그래서 자투리 합판으로 A형 입간판을 만들어 직접 도색을 하도록 했다. 그동안 수집해 두었던 낡은 액자와 인테리어 소품들도 들고 나와 사포질을 하고 도색을 하면서 동지애 같은 것이 생기기도 했다.

많은 사람들이 창업을 꿈꾸고 셀프 인테리어를 생각한다. 그래서 관련하여 인터넷 검색을 하고 책을 구입하여 읽고 유튜브를 보고 학습을 하지만 막상 상가를 계약하고 나면 학습했던 셀프 인테리어는 거의 의미가 없음을 깨닫게 된다. 도구/공구/연장, 최소한의 손기술, 자재 구입 요령, 이런 것들 앞에서 두 손을 들게 되는 것이다. 하지만 줄자와 노트와 연필만 있다면 인테리어의 시작이 되는 설계도는 그릴 수 있다.

카페나 베이커리 인테리어 공사에 필요한 자재는 구조체를 만드는 데는 목재, 합판을 주로 많이 사용하고 마감재로는 페인트, 타일 등이 주로 선택된다. 인조대리석, 유리, 파벽돌, 스테인리스 같은 금속들도 흔히 쓰이는 자재들이다. 여기서 유의할 점은 자재나 재료에 따라서 전문 기술자가 각기 따로 동원이 되어야 할 수도 있다는 점이다. 다양한 자재, 재료를 선택하게 되면 인건비가 대폭 증가하고 공사

기간도 늘어나게 된다. 모두 돈이다. 결국 단지 자재의 잘못된 선택만으로도 공사 비용이 천장부지로 올라갈 수 있다. 그래서 설계를 할 때 우리는 자재의 종류를 최소화시키려 노력을 하고 인테리어를 의뢰해오는 예비창업자에게도 설계와 디자인을 하면서 이를 주지시킨다. 비용의 절감을 얘기하는데 싫다 할 사람은 없다.

목재 가구에 스테인으로 착색을 하고 우레탄 바니시를 바르고 물과 밀가루 반죽 등으로 오염이 쉽게 될 새로 만든 가벽의 안쪽은 세라믹 타일을 부착한다. 외부는 기존의 벽과 같은 백색 수성페인트를 칠하고 통일감을 준다.

조명을 선택하고 구입하는 일은 100% 안주인의 몫이었다. 검색을 하여 제품 사진을 캡처해 내게 보내오면 길이와 넓이, 밝기와 취부 방식에 대해 확인하고 구입 결정을 했다. 물론 설계 당시에 조명의 위치를 80% 이상 확정했기 때문에 적정한 위치에 조명용 전선이 이미 배치되어 있다.

상가 앞에는 잔디밭이 있고 산책로가 있다. 여기에 벤치와 야외용 테이블을 놓을 계획이다. 주택이든 상가든 인테리어를 구상하고 시행하는 일은 디자이너 혼자의 일이 아니다. 공간 소유자의 구상과 계획, 그리고 취향과 성격이 구현되는 일이며 이를 올바른 자재와 전문 인력을 동원해 마치 오케스트라 연주를 하듯 각 분야의 전문가가 하모니를 맞춰 공간을 창조하는 일이다. 조명의 선택과 적정한 위치를 잡아 설치하는 일, 마지막 순간에 전원 스위치를 켜며 환호성을 부르는 일이 인테리어 작업이다.

빵 진열대로 사용할 앤티크 테이블은 당근을 통해 오래전에 구입해 놓은 것이다. 이 테이블의 컬러에 맞춰 카운터 테이블 상판도 앤티크 컬러로 착색을 하고 코팅을 했다. 당근에서 구입한 테이블의 상판 아래에 자투리 합판과 목재로 선반을 추가 제작해 부착하여 포장 용기들을 보관할 수 있도록 수납 기능을 추가했다.

조명을 달고 인테리어 작업이 끝나자 집기 비품, 주방기기들이 도착했다. 가장 먼저 온 쇼케이스가 카운터 테이블에 빌트인으로 자리 잡고 에스프레소 머신과 핫워터 등이 테이블에 올려졌다. 안쪽 주방에도 냉장고와 싱크대가 설치되는 것을 보면서 10여 일의 검단의 쌀 베이글 전문점 〈코쿠루베이글〉의 인테리어 작업이라는 대장정을 마무리했다.

그리고 두 달이 되어 갈 무렵 연락이 왔다. 오픈 3일째, 완판 행진을 이어가고 있다고. 쌀 베이글 전문점 〈코쿠루베이글〉 부부가 직접 찍어 보내온 사진을 보면서 인테리어 공사가 끝나고 나서도 주인장들이 해야 할 일이 얼마나 많은지 여실히 느끼게 된다. 9월 2일 인테리어 작업을 시작하여 11일 만에 작업을 끝냈다. 예상보다 2~3일 빨리 완료되었는데 이는 주인장 부부가 업무 분담을 확실히 했고 작업을 시작하기 전에 인테리어 디자인에 대한 콘셉트가 정확하게 확정되었기 때문이다. 상가가 아무것도 없는 공실인 신축 상가인 점, 자재 반입을 위한 차량 출입이 용이했던 점도 시간을 압축하는 데 도움이 되었다.

이런 곳에서 비싼 일본 라멘집을 한다고?

공릉동 〈수유라멘〉 2호점

수유리 수유역 1번 출구 뒤 골목에 있는 〈수유라멘〉은 선릉역에 있는 〈코지라멘〉과 강남역에 있는 〈U 라멘〉을 분출한 어미 화산이다. 〈코지라멘〉이나 〈U라멘〉 둘 다 〈수유라멘〉에서 탄생했지만 상호는 달리했다. 하지만 공릉동 한국과학기술대학교 앞에 새롭게 준비한 지점은 〈수유라멘 2호점〉이란 상호로 출발을 한다.

임대한 건물은 45년쯤 된 2층 건물인데 천장은 3겹, 벽은 무려 5겹이나 된다. 천장을 철거하니 50cm가 높아졌고 벽을 모두 뜯어내니 25cm가 넓어졌다. 평수로는 대략 1.5평이 늘어났다. 당연히 폐기물은 상상을 초월한 양이다. 합판 벽을 철거하고 나니 파벽돌이 나와서 이 벽돌을 살릴까 잠시 고민을 했지만, 파벽돌과 그 뒤의 석고보드를 철거하면 공간이 15cm가 늘어나기에 결국 모두 철거를 했다.

퍼티 미장으로 거친 파턴의 벽을 만드는 것이 한때 유행했다. 물결 같은 패턴을 긁어내고 핸디코트로 면을 고르고 다듬었다. 천장이 거친 콘크리트 노출이라 보 아래로는 고운 느낌을 주자는 의도였다.

작업은 총 4명이 투입되었다. 가구 제작을 맡은 목공 반장님, 벽과 천장 도장을 담당해 준 정일 작가님, 주방의 상하수도 설비 및 방수와 타일을 맡아 준 신호종 박사, 그리고 이 세 사람을 도우며 현장 정리를 맡아 준 신참 김 군. 이렇게 역할 분담을 하였지만 서로 누군가 도움이 필요하면 긴밀하게 협조가 이루어져 작업 속도가 빨랐다.

천장에 페인트가 칠해졌고 상부장이 설치되기 시작했다. 상부장은 슬라브에 앵커를 박아 매달고 좌측은 벽과 고정시키고 우측 끝은 새로 설치된 가벽의 기둥과 만난다. 어지간한 중량의 물건도 수납할 수가 있다. 육수를 끓이는 솥과 해면기에는 온수가 공급되어야 한다. 솥의 위치의 벽을 파고 130cm의

높이에 배관을 디리 한 후에 타일을 붙이게 된다.

기존의 플렉스 간판을 철거하고 방수가 되는 코팅 합판으로 새롭게 간판 바탕을 만들었다. 출입구 쪽에 작은 기와를 올린 작은 처마를 만들기 전에 1차 도색을 하고 퍼티를 하도록 했다. 목수가 목공 작업을 하고 나면 자연스럽게 철 조각가가 컬러 강판으로 제작된 기와를 올린다. 작은 처마에도 의외로 손이 많이 간다. 오랜 세월 중량을 견뎌야 하고 모진 비바람에도 꺾이지 않아야 하고 한겨울 폭설에도 버텨야 하기 때문이다. 거기에 조명까지 달아야 작업은 완성된다.

〈수유라멘〉의 전 대표가 강남으로 진출해 〈U라멘〉을 오픈하면서 현 〈수유라멘〉 대표님께 넘겼는데 새 대표님은 〈수유라멘〉을 인수받은 지 불과 6개월 만에 2호점을 오픈하는 순발력을 보인다. 인테리

어 디자인 콘셉트는 기존 〈수유라멘〉 1호점의 컬러와 재질을 기본으로 하는데 기와지붕 처마가 추가된 것이다.

나무, 합판으로 제작된 모든 것들은 앤티크 컬러로 착색을 했다. 기존의 〈수유라멘〉 1호점은 셀프로 도색을 하면서 오일 스테인을 발라 투박한 질감이 났지만, 2호점은 알코올 스테인으로 착색을 하여 나무의 결을 살리고 투명 바니시로 마감을 했다.

긴 통로의 벽에는 계단식 엣지 선반을 설치하고 선반 아래는 옷걸이를 부착해 손님들의 외투를 걸 수 있도록 했다. 통로 안쪽으로 들어가면 공간이 좁아지는 곳이 있는데 좁아지는 안쪽 벽 두께만큼 바 테이블 높이의 붙박이 테이블을 설치하여 2인의 커플석을 마련했다. 그리고 그 안쪽으로 들어가면 2인용 테이블을 놓았다.

공사 기간 내내 벽에 붙어있던 도면과 조감도를 보면 인테리어 작업은 거의 계획하고 의도한 것처럼 표현이 된 듯하다. 정리하고 청소하고 조명을 켜면 그제야 지난 10여 일간 무슨 일을 했는지 드러난다. 타일을 붙이그 최종 마감 도장을 하고 나면 지저분하고 어수선했던 분위기는 사라지고 아담하고 예쁜 공간이 탄생한다.

영하 10도 이하의 강추위가 계속되는 가운데 진행된 작업이지만 간판과 메뉴판까지 모두 설치되고 부착되었다. 주방기기 세팅과 테이블과 의자가 들어오고 4주 후 오픈을 했는데 오픈 첫날부터 줄을 세웠고 여전히 점심때면 문전성시를 이룬다.

일본 라멘집을 한다고 했을 때 비웃었던 여전히 파리 날리는 주변 상인들에게 말하고 싶다. 어떻게 하느냐에 따라 다르다고.

작은 가게,
돈 남기는 인테리어

초판 1쇄 발행 | 2026년 04월 28일

지은이 | 이민
펴낸이 | 김왕기
펴낸곳 | 푸른e미디어

편집부 | 원선화, 김한솔

주소 | 경기도 고양시 일산동구 장항동 865 코오롱레이크폴리스1차 A동 908호
전화 | (대표)031-925-2327, 070-7477-0386~9·팩스 | 031-925-2328
등록번호 | 제2005-24호 등록년월일 | 2005. 4. 15
홈페이지 | www.blueterritory.com
전자우편 | book@blueterritory.com

ⓒ이민, 2026

ISBN 979-11-88287-33-8   13590

* 잘못된 책은 바꾸어 드립니다.
* 값은 뒤표지에 있습니다.